高等数学(下册)

吕　陇　主编

李建生　郭中凯　蒙　頔
任秋艳　马　燕　副主编

清华大学出版社
北　京

内 容 简 介

本书是在高等教育大众化和办学层次多样化的新形势下，结合工科本科高等数学的教学基本要求，在独立学院多年教学经验的基础上编写而成.

全书分为上、下两册. 上册内容包括函数的极限与连续、一元函数微分学及应用、一元函数积分学及应用、微分方程. 下册内容包括向量代数与空间解析几何、多元函数微分学、重积分、曲线积分与曲面积分、无穷级数. 每节之后配有习题，每章之后配有总习题. 全书尽量从工程实例引入概念，削枝强干、分散难点，力求逻辑清晰、通俗易懂.

本书可供独立学院工科各专业学生使用，也可供广大教师、工程技术人员参考.

图书在版编目(CIP)数据

高等数学(下册)/吕陇主编. —北京：清华大学出版社，2017（2021.8 重印）
ISBN 978-7-302-48361-8

Ⅰ. ①高… Ⅱ. ①吕… Ⅲ. ①高等数学—高等学校—教材 Ⅳ. ①O13

中国版本图书馆 CIP 数据核字(2017)第 216426 号

责任编辑： 陈立静
封面设计： 李 坤
责任校对： 吴春华
责任印制： 宋 林
出版发行： 清华大学出版社
网 址： http://www.tup.com.cn, http://www.wqbook.com
地 址： 北京清华大学学研大厦 A 座 **邮 编：** 100084
社 总 机： 010-62770175 **邮 购：** 010-62786544
投稿与读者服务： 010-62776969, c-service@tup.tsinghua.edu.cn
质量反馈： 010-62772015, zhiliang@tup.tsinghua.edu.cn
课件下载： http://www.tup.com.cn, 010-62791865
印 装 者： 北京国马印刷厂
经 销： 全国新华书店
开 本： 185mm×260mm **印 张：** 11 **字 数：** 264 千字
版 次： 2017 年 9 月第 1 版 **印 次：** 2021 年 8 月第 6 次印刷
定 价： 28.00 元

产品编号：076942-01

前　言

数学科学不仅是自然科学的基础，也是一切重要工程技术发展的基础. 数学素质是培养高层次创新人才的重要基础. 高等数学学习是大学生数学素质培养的基础阶段，对不同层次的人才培养，教材建设起到了举足轻重的作用.

随着我国高等教育大众化和办学层次及形式的多样化，因材施教是当前教学改革和课程建设的重要内容之一. 本书是在这样的形势下，根据国家质量工程全面提高本科生素质教育的指导思想，结合工科本科高等数学的教学基本要求，在独立学院多年教学经验的基础上编写而成. 近年来的教学实践与研究表明，独立学院的数学教学必须与独立学院的人才培养层次与模式紧密联系. 因而，本书的编写不仅强调有利于学生掌握高等数学的基本概念、基本方法与基本技巧，而且强调培养学生利用数学工具分析和解决工程实际问题的能力.

本书分为上、下两册. 上册内容包括函数的极限与连续、一元函数微分学及其应用、一元函数积分学及其应用、微分方程. 下册内容包括向量代数与空间解析几何、多元函数微分学及其应用、重积分及其应用、曲线积分与曲面积分、无穷级数. 每节之后配有习题，每章之后配有总习题.

本书在编写上尽量体现以下几个特点.

(1) 从独立学院工科类专业学生的基础出发，适度弱化一些纯数学理论及一些有难度的定理的证明，而代之以直观和形象的例子说明。

(2) 结合独立学院工科类专业学生的实际需要，在编写过程中尽量削枝强干、分散难点,力求结构合理、逻辑清晰、通俗易懂。

(3) 侧重于培养学生的应用意识与应用能力，介绍了一些工程背景和应用性实例，期望能够提高学生学习数学的兴趣，在例题与习题选编上，侧重于应用.

本书由吕陇任主编，李建生、郭中凯、蒙頔、任秋艳、马燕任副主编。具体分工如下：第 11、12 章由吕陇编写，第 2、8 章由李建生编写，第 4、5 章由郭中凯编写，第 9、10 章由蒙頔编写，第 3、7 章由任秋艳编写，第 1、6 章由马燕编写. 全书由吕陇统稿. 本书的编写得到了兰州理工大学技术工程学院的支持与多方帮助，在此表示衷心的感谢.

由于编者水平所限，书中尚有不妥及错误之处，恳请同行和读者批评指正.

编　者

目　录

第 8 章　向量代数与空间解析几何

本章的核心内容是空间解析几何，即用代数方法研究空间几何图形，它是平面解析几何的推广，为学习多元函数微积分学奠定了基础. 而向量代数作为研究空间解析几何的工具，在物理学、力学及工程技术上具有广泛的应用.

8.1　向量及其线性运算

8.1.1　空间直角坐标系

问题　圆是平面图形，在平面直角坐标系中，其方程可表示为$(x-x_0)^2+(y-y_0)^2=a^2$，而球面是空间图形，那么怎样用代数的方法表达其方程呢？首先需要建立空间直角坐标系，进而建立空间点与有序数组之间的对应关系.

过空间一个定点O，作三条互相垂直的数轴，它们都以O点为原点，且具有相同的单位长度，这三条数轴分别称为x轴(横轴)、y轴(纵轴)和z轴(竖轴)，统称为坐标轴. 坐标轴的正向要符合右手法则：即伸开右手，让并拢的四指与大拇指垂直，并使四指先指向x轴的正向，然后让四指沿握拳的方向旋转 90° 指向y轴的正向，此时大拇指的指向即为z轴的正向(见图 8.1.1). 这样的三条坐标轴就组成了一个空间直角坐标系(一般将x轴和y轴放置在水平面上)，点O叫作坐标原点或原点.

在空间直角坐标系中，每两条坐标轴可以确定一个平面，称为坐标面. 其中x轴与y轴确定的平面叫作xOy坐标面，类似地有yOz坐标面、zOx坐标面. 三个坐标面把空间分成八个部分，每一部分称为一个卦限，含有x轴、y轴与z轴正半轴的那个卦限称为第Ⅰ卦限. 在xOy坐标面的上方按逆时针方向依次为第Ⅱ卦限、第Ⅲ卦限、第Ⅳ卦限. 在xOy坐标面的下方，与第Ⅰ卦限对应的是第Ⅴ卦限，其余第Ⅵ卦限至第Ⅷ卦限仍按逆时针方向顺次确定(见图 8.1.2).

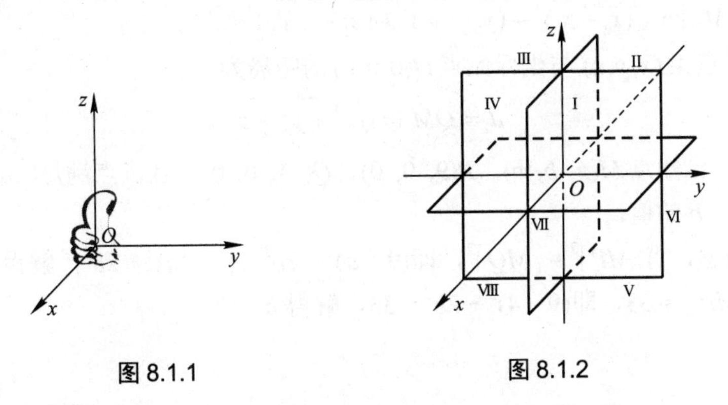

图 8.1.1　　图 8.1.2

通过空间角坐标系，我们可以建立空间点与有序数组之间的对应关系.

设M为空间一点，过点M分别作垂直于x轴、y轴与z轴的平面，它们与x轴、y轴和z轴分别交于点P、Q和R(见图 8.1.3)．设这三个点在三个坐标轴上的坐标分别为x、y和z，于是点M就确定了唯一的一个有序数组(x,y,z)；反过来，对于给定的有序数组(x,y,z)，可分别在x轴、y轴与z轴上找到点P、Q和R，使其坐标分别为x、y和z；过点P，Q和R分别作垂直于x轴、y轴与z轴的平面，这三个平面必相交于空间唯一一点M．这样就建立了空间点M和有序数组(x,y,z)之间的一一对应关系．将有序数组(x,y,z)称为点M的坐标，记作$M(x,y,z)$．x、y和z依次称为点M的横坐标、纵坐标和竖坐标．

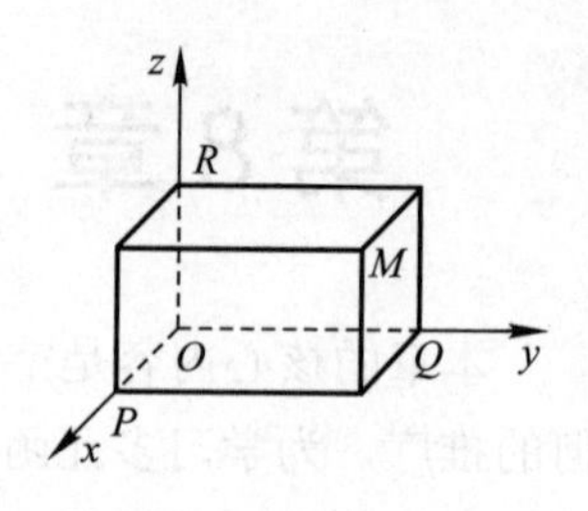

图 8.1.3

按照点的坐标的规定，位于坐标轴和坐标面上的点，其坐标各有一定的特征．在x轴、y轴及z轴上的点的坐标分别是$(x, 0, 0)$，$(0, y, 0)$，$(0, 0, z)$；在xOy坐标面、yOz坐标面及zOx坐标面上的点的坐标分别是$(x, y, 0)$，$(0, y, z)$，$(x, 0, z)$，原点O的坐标是$(0, 0, 0)$.

8.1.2 空间两点间的距离

设$M_1(x_1,y_1,z_1)$，$M_2(x_2,y_2,z_2)$为空间两点，则这两点之间的距离d为

$$d=|M_1M_2|=\sqrt{(x_2-x_1)^2+(y_2-y_1)^2+(z_2-z_1)^2}$$

证明 过点M_1、M_2各作三个分别垂直于三条坐标轴的平面，则这六个平面围成一个以M_1、M_2为对角线的长方体(见图 8.1.4)．由于$\triangle M_1NM_2$和$\triangle M_1PN$均为直角三角形，所以

$$d^2=|M_1M_2|^2=|M_1N|^2+|NM_2|^2$$
$$=|M_1P|^2+|PN|^2+|NM_2|^2.$$

由于$|M_1P|=|x_2-x_1|$，$PN=|y_2-y_1|$，$NM_2=|z_2-z_1|$，所以

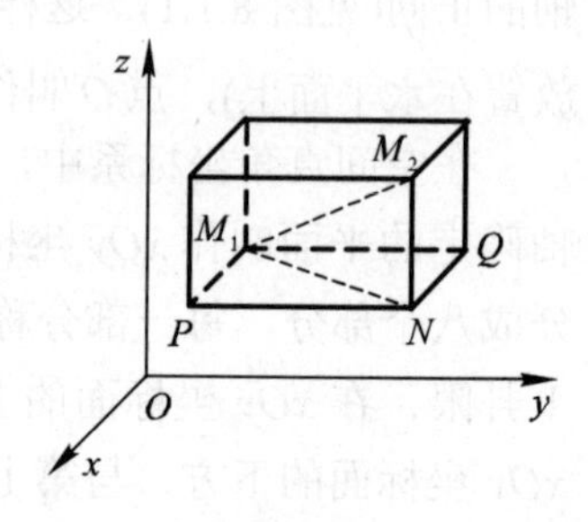

图 8.1.4

$$d=|M_1M_2|=\sqrt{(x_2-x_1)^2+(y_2-y_1)^2+(z_2-z_1)^2}.$$

特殊地，点$M(x,y,z)$与坐标原点$O(0,0,0)$的距离为

$$d=|OM|=\sqrt{x^2+y^2+z^2}.$$

例 8.1.1 已知点$M(a, b, b)$，$P(9, 0, 0)$，$Q(-1, 0, 0)$，且三点满足$|MP|^2=|MQ|^2=33$，试确定a，b的值.

解 由题意，有$|MP|^2=|MQ|^2$，即$(9-a)^2+2b^2=(-1-a)^2+2b^2$，解得$a=4$.
又因为$|MP|^2=33$，即$(9-4)^2+2b^2=33$，解得$b=\pm 2$.

8.1.3　向量及其表示

在物理学及其他学科领域，我们常见到两类量：一类只有大小没有方向，因此用一个数字就完全可以表示的量，如温度、长度、质量等，这类量称为**数量或标量**；还有一类量，它们既有大小又有方向，如力、速度、加速度等，这类量称为**向量或矢量**.

在印刷体中，一般用黑斜体字母表示向量，如 $\boldsymbol{a}$，$\boldsymbol{b}$，$\boldsymbol{i}$，$\boldsymbol{F}$ 等. 有时为了书写方便也用字母上方加箭头的方法表示向量，如 $\vec{a}$，$\vec{b}$，$\vec{i}$，$\vec{F}$ 等. 几何上，常用有向线段来表示向量，有向线段的长度表示向量的大小，有向线段的指向表示向量的方向，如起点为 A、终点为 B 的向量记为 $\overrightarrow{AB}$，如图 8.1.5 所示.

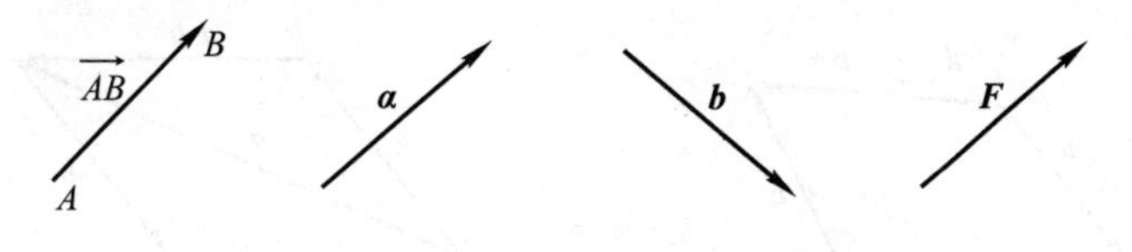

图 8.1.5

向量 $\boldsymbol{a}$ 的大小称为向量 $\boldsymbol{a}$ 的模，记作$|\boldsymbol{a}|$. 特别地，模为 0 的向量称为零向量，记作 $\boldsymbol{0}$，规定零向量的方向为任意方向. 模为 1 的向量称为单位向量. 与非零向量 $\boldsymbol{a}$ 同方向的单位向量称为向量 $\boldsymbol{a}$ 的单位向量，记作 $\boldsymbol{a}^{\circ}$. 与向量 $\boldsymbol{a}$ 大小相等，而方向相反的向量称为 $\boldsymbol{a}$ 的负向量，记作$-\boldsymbol{a}$.

如果向量 $\boldsymbol{a}$ 和 $\boldsymbol{b}$ 的模相等，且方向相同，则称向量 $\boldsymbol{a}$ 与 $\boldsymbol{b}$ 相等，记为 $\boldsymbol{a}=\boldsymbol{b}$.

在实际问题中，有些向量与其起点有关，有些向量与其起点无关，我们只研究与起点无关的向量. 由向量相等定义可知，向量在空间平移前后相等，从而也称为自由向量.

8.1.4　向量的线性运算

1. 向量的加减法

定义 8.1.1　将向量 $\boldsymbol{a}$ 和 $\boldsymbol{b}$ 的起点重合，以 $\boldsymbol{a}$ 与 $\boldsymbol{b}$ 为邻边作平行四边形，则从起点到平行四边形的对角顶点的向量称为向量 $\boldsymbol{a}$ 与 $\boldsymbol{b}$ 的和向量，记作 $\boldsymbol{a}+\boldsymbol{b}$(见图 8.1.6).

这就是向量加法的**平行四边形法则**，由此还可推出两向量加法的**三角形法则**以及有限个向量加法的**多边形法则**.

两向量加法的三角形法则：平移向量 $\boldsymbol{b}$，将向量 $\boldsymbol{b}$ 的起点移到向量 $\boldsymbol{a}$ 的终点上，则从 $\boldsymbol{a}$ 的起点到 $\boldsymbol{b}$ 的终点的向量就是向量 $\boldsymbol{a}$ 和 $\boldsymbol{b}$ 的和向量(见图 8.1.7).

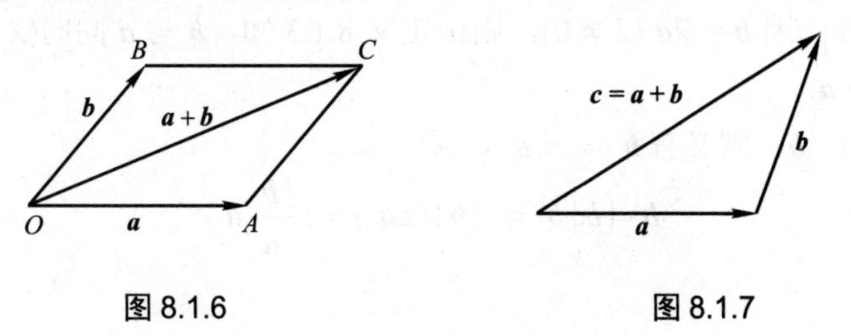

图 8.1.6　　图 8.1.7

有限个向量加法的多边形法则：将向量 $\boldsymbol{a}$、$\boldsymbol{b}$、$\boldsymbol{c}$ 依次首尾相接，则由第一个向量的起点到最后一个向量的终点的向量就是向量 $\boldsymbol{a}$、$\boldsymbol{b}$、$\boldsymbol{c}$ 的和向量，记作 $\boldsymbol{a}+\boldsymbol{b}+\boldsymbol{c}$(见图 8.1.8).

向量的加法满足下列性质：

(1) 交换律 $\boldsymbol{a}+\boldsymbol{b}=\boldsymbol{b}+\boldsymbol{a}$;

(2) 结合律 $(\boldsymbol{a}+\boldsymbol{b})+\boldsymbol{c}=\boldsymbol{a}+(\boldsymbol{b}+\boldsymbol{c})$;

(3) $\boldsymbol{a}+\boldsymbol{0}=\boldsymbol{a}$;

(4) $\boldsymbol{a}+(-\boldsymbol{a})=\boldsymbol{0}$.

定义 8.1.2　向量 $\boldsymbol{a}$ 与 $\boldsymbol{b}$ 的差记作 $\boldsymbol{a}-\boldsymbol{b}$，规定为 $\boldsymbol{a}$ 与 $\boldsymbol{b}$ 的负向量 $-\boldsymbol{b}$ 之和(见图 8.1.9). 即

$$\boldsymbol{a}-\boldsymbol{b}=\boldsymbol{a}+(-\boldsymbol{b}).$$

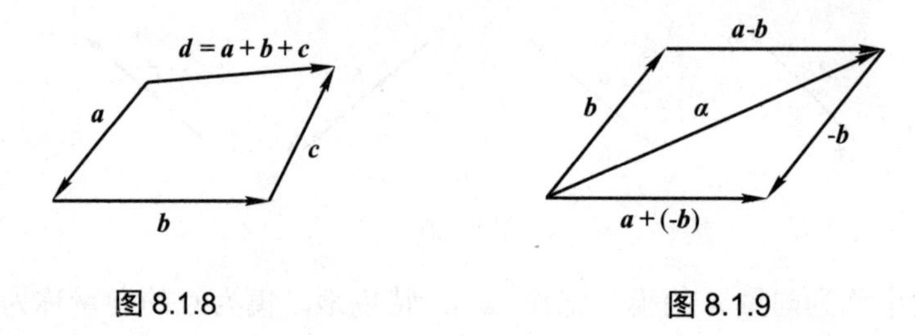

图 8.1.8　　　　图 8.1.9

2. 向量的数乘

定义 8.1.3　实数 λ 与向量 $\boldsymbol{a}$ 的乘积是一个向量, 记作 $\lambda\boldsymbol{a}$, 且规定

(1) 它的模 $|\lambda\boldsymbol{a}|=|\lambda||\boldsymbol{a}|$;

(2) 其方向当 $\lambda>0$ 时与 $\boldsymbol{a}$ 同向，当 $\lambda<0$ 时与 $\boldsymbol{a}$ 反向.

显然，向量 $\boldsymbol{a}$ 的负向量 $-\boldsymbol{a}$ 可看作向量 $\boldsymbol{a}$ 与 -1 的乘积，即 $-\boldsymbol{a}=(-1)\,\boldsymbol{a}$.

向量的数乘满足下列性质(λ，μ 为实数)：

(1) 结合律：$\lambda(\mu\boldsymbol{a})=(\lambda\mu)\boldsymbol{a}=\mu(\lambda\boldsymbol{a})$;

(2) 分配律：$(\lambda+\mu)\boldsymbol{a}=\lambda\boldsymbol{a}+\mu\boldsymbol{a}$，$\lambda(\boldsymbol{a}+\boldsymbol{b})=\lambda\boldsymbol{a}+\lambda\boldsymbol{b}$;

(3) 当 $\lambda=0$ 或 $\boldsymbol{a}=\boldsymbol{0}$ 时，规定 $\lambda\boldsymbol{a}=\boldsymbol{0}$.

一般地，向量的**加法运算**与**数乘运算**统称为向量的**线性运算**.

另外，若 $\boldsymbol{a}$ 为非零向量，则由向量数乘定义可将向量 $\boldsymbol{a}$ 的单位向量表示为

$$\boldsymbol{a}^{\circ}=\frac{\boldsymbol{a}}{|\boldsymbol{a}|}.$$

由此，$\boldsymbol{a}=|\boldsymbol{a}|\boldsymbol{a}^{\circ}$，即任何非零向量都可以表示为它的模与其单位向量的乘积.

例 8.1.2　证明两非零向量 $\boldsymbol{a}$ 与 $\boldsymbol{b}$ 平行的充分必要条件为 $\boldsymbol{b}=\lambda\boldsymbol{a}\ (\lambda\neq 0)$.

证明　充分性：因 $\boldsymbol{b}=\lambda\boldsymbol{a}\ (\lambda\neq 0)$，则由定义 8.1.3 知，$\boldsymbol{b}$ 与 $\boldsymbol{a}$ 同向($\lambda>0$)或者反向($\lambda<0$)，因此必有 $\boldsymbol{b}/\!/\boldsymbol{a}$.

必要性：因 $\boldsymbol{a}/\!/\boldsymbol{b}$，则必有 $\boldsymbol{b}^{\circ}=\pm\boldsymbol{a}^{\circ}$，又

$$\boldsymbol{b}=|\boldsymbol{b}|\boldsymbol{b}^{\circ}=|\boldsymbol{b}|(\pm\boldsymbol{a}^{\circ})=\pm\frac{|\boldsymbol{b}|}{|\boldsymbol{a}|}\boldsymbol{a},$$

若取 $\lambda = \pm\dfrac{|\boldsymbol{b}|}{|\boldsymbol{a}|} \neq 0$，则有 $\boldsymbol{b} = \lambda\boldsymbol{a}$.

例 8.1.3　已知平面上四边形的对角线互相平分，证明该四边形为平行四边形.

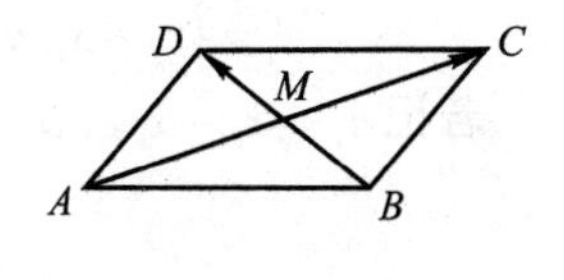

图 8.1.10

证明　设四边形为 $ABCD$，如图 8.1.10 所示，令 $\overrightarrow{AC} = \boldsymbol{a}, \overrightarrow{BD} = \boldsymbol{b}$，则

$$\overrightarrow{AM} = \overrightarrow{MC} = \frac{1}{2}\overrightarrow{AC} = \frac{1}{2}\boldsymbol{a},$$

$$\overrightarrow{MD} = \overrightarrow{BM} = \frac{1}{2}\overrightarrow{BD} = \frac{1}{2}\boldsymbol{b},$$

从而，$\overrightarrow{AD} = \overrightarrow{AM} + \overrightarrow{MD} = \dfrac{1}{2}(\boldsymbol{a}+\boldsymbol{b})$，　$\overrightarrow{BC} = \overrightarrow{BM} + \overrightarrow{MC} = \dfrac{1}{2}(\boldsymbol{a}+\boldsymbol{b})$，所以，$|\overrightarrow{AD}| = |\overrightarrow{BC}|$ 且 $\overrightarrow{AD} \mathbin{//} \overrightarrow{BC}$，即四边形 $ABCD$ 为平行四边形.

8.1.5　向量的分解与向量的坐标

1. 向径的坐标

在空间直角坐标系中，以 $\boldsymbol{i}$、$\boldsymbol{j}$、$\boldsymbol{k}$ 分别表示沿 x 轴、y 轴、z 轴正向的单位向量，并称它们为基本单位向量. 起点在坐标原点 O、终点为空间点 M 的向量 $\overrightarrow{OM}$ 称为点 M 的向径，记为 $\boldsymbol{r}$，即 $\boldsymbol{r} = \overrightarrow{OM}$. 下面讨论如何用基本单位向量表示向径.

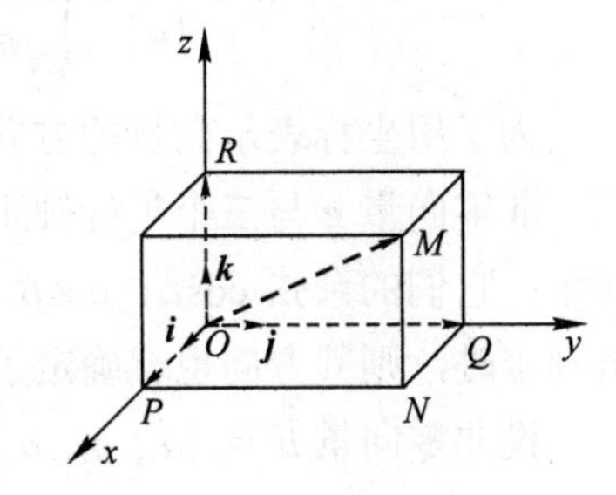

图 8.1.11

设 $M(x, y, z)$为空间点，N 为 M 在 xOy 面上的投影. 过点 M 分别作三条坐标轴的垂面，交 x 轴、y 轴、z 轴于点 P、Q、R(见图 8.1.11). 显然，向量 $\overrightarrow{OP} = x\boldsymbol{i}$、$\overrightarrow{OQ} = y\boldsymbol{j}$、$\overrightarrow{OR} = z\boldsymbol{k}$. 从而有

$$\boldsymbol{r} = \overrightarrow{OM} = \overrightarrow{ON} + \overrightarrow{NM} = \overrightarrow{OP} + \overrightarrow{OQ} + \overrightarrow{OR} = x\boldsymbol{i} + y\boldsymbol{j} + z\boldsymbol{k}.$$

称上式为向径 $\boldsymbol{r}$ 的分解式.

由此可知，向径 $\boldsymbol{r}$ 可以唯一确定出有序数组(x, y, z)；反之，有序数组(x, y, z)也可以唯一确定出向径 $\boldsymbol{r}$. 因此，向径 $\boldsymbol{r}$ 与有序数组(x, y, z)一一对应. 我们把有序数组(x, y, z)称为向径 $\boldsymbol{r}$ 的坐标，并将 $\boldsymbol{r}$ 简记为 $\boldsymbol{r} = \{x, y, z\}$，并称上式为向径 $\boldsymbol{r}$ 的坐标表示式.

2. 向量的坐标

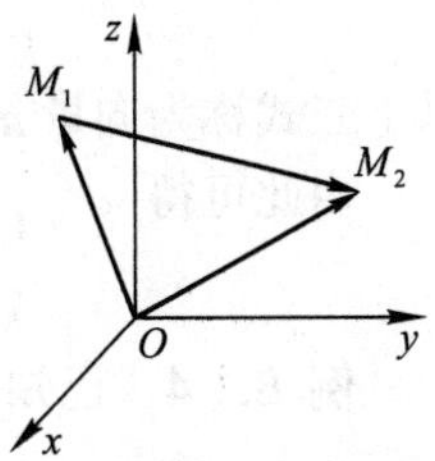

图 8.1.12

设空间一般向量 $\boldsymbol{a}$ 以 $M_1(x_1, y_1, z_1)$为起点，以 $M_2(x_2, y_2, z_2)$为终点(见图 8.1.12)，连接 OM_1, OM_2，则有

$$\overrightarrow{OM_2} = x_2\boldsymbol{i} + y_2\boldsymbol{j} + z_2\boldsymbol{k} = \{x_2, y_2, z_2\},$$

$$\overrightarrow{OM_1} = x_1\boldsymbol{i} + y_1\boldsymbol{j} + z_1\boldsymbol{k} = \{x_1, y_1, z_1\},$$

$$\begin{aligned}\boldsymbol{a}&=\overrightarrow{M_1M_2}=\overrightarrow{OM}_2-\overrightarrow{OM}_1\\&=(x_2\boldsymbol{i}+y_2\boldsymbol{j}+z_2\boldsymbol{k})-(x_1\boldsymbol{i}+y_1\boldsymbol{j}+z_1\boldsymbol{k})\\&=(x_2-x_1)\boldsymbol{i}+(y_2-y_1)\boldsymbol{j}+(z_2-z_1)\boldsymbol{k}\\&=\{x_2-x_1,y_2-y_1,z_2-z_1\}.\end{aligned}$$

若记 $a_x=x_2-x_1$，$a_y=y_2-y_1$，$a_z=z_2-z_1$，则有

$$\boldsymbol{a}=a_x\boldsymbol{i}+a_y\boldsymbol{j}+a_z\boldsymbol{k}=\{a_x,a_y,a_z\},$$

其中，a_x, a_y, a_z 称为向量 $\boldsymbol{a}$ 的坐标，$a_x\boldsymbol{i}+a_y\boldsymbol{j}+a_z\boldsymbol{k}$ 称为向量 $\boldsymbol{a}$ 的分解式，$\{a_x, a_y, a_z\}$称为向量 $\boldsymbol{a}$ 的坐标式．由此可知，向量的坐标等于它的终点与起点的对应坐标之差．

8.1.6 向量的模与方向余弦的坐标表示

设向量 $\boldsymbol{a}=\{a_x, a_y, a_z\}$，它可以看作是以原点为起点、以 $M(a_x, a_y, a_z)$为终点的向量，由两点间的距离公式得

$$|\boldsymbol{a}|=\sqrt{a_x^2+a_y^2+a_z^2}.$$

上式称为向量的模的坐标表示式．若 $\boldsymbol{a}$ 为非零向量，即 $\boldsymbol{a}\neq\boldsymbol{0}$，则有

$$\boldsymbol{a}^\circ=\frac{\boldsymbol{a}}{|\boldsymbol{a}|}=\left\{\frac{a_x}{\sqrt{a_x^2+a_y^2+a_z^2}},\frac{a_y}{\sqrt{a_x^2+a_y^2+a_z^2}},\frac{a_z}{\sqrt{a_x^2+a_y^2+a_z^2}}\right\}.$$

为了用坐标表示向量的方向，我们引入向量的方向角与方向余弦的概念．

非零向量 $\boldsymbol{a}$ 与三个坐标轴正向的夹角α、β、γ ($0\leqslant\alpha$、β、$\gamma\leqslant\pi$)，称为向量 $\boldsymbol{a}$ 的方向角；它们的余弦 $\cos\alpha$、$\cos\beta$、$\cos\gamma$称为向量 $\boldsymbol{a}$ 的方向余弦．当一个非零向量的三个方向角确定时，则其方向也就确定了．

设非零向量 $\boldsymbol{a}=\{a_x, a_y, a_z\}$，方向角为$\alpha$、$\beta$、$\gamma$．由于 $\boldsymbol{a}$ 与以点 $M(a_x, a_y, a_z)$为终点的向径$\overrightarrow{OM}$ 相等，所以$\overrightarrow{OM}$ 的方向角也为α、β、γ．由图 8.1.13 可知

$$\cos\alpha=\frac{a_x}{|\boldsymbol{a}|}=\frac{a_x}{\sqrt{a_x^2+a_y^2+a_z^2}},$$

$$\cos\beta=\frac{a_y}{|\boldsymbol{a}|}=\frac{a_y}{\sqrt{a_x^2+a_y^2+a_z^2}},$$

$$\cos\gamma=\frac{a_z}{|\boldsymbol{a}|}=\frac{a_z}{\sqrt{a_x^2+a_y^2+a_z^2}}.$$

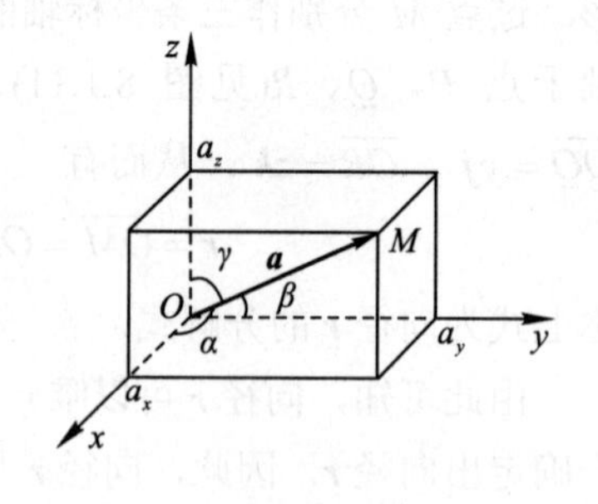

图 8.1.13

以上三式称为向量 $\boldsymbol{a}$ 的方向余弦的坐标表示式．

由此可得

$$\cos^2\alpha+\cos^2\beta+\cos^2\gamma=1;$$

$$\boldsymbol{a}^\circ=\{\cos\alpha,\cos\beta,\cos\gamma\}.$$

例 8.1.4 已知空间两点 $A(2,2,\sqrt{2})$ 和 $B(1,3,0)$．求向量 $\overrightarrow{AB}$ 的坐标表示式、模、方向余弦、方向角及其单位向量．

解 由题意知 $\overrightarrow{AB}=\{1-2,\ 3-2,\ 0-\sqrt{2}\}=\{-1,\ 1,\ -\sqrt{2}\}$，故

$$|\overrightarrow{AB}|=\sqrt{(-1)^2+1^2+(-\sqrt{2})^2}=2,$$

$$\cos\alpha=-\frac{1}{2},\ \cos\beta=\frac{1}{2},\ \cos\gamma=-\frac{\sqrt{2}}{2},$$

$$\alpha=\frac{2\pi}{3},\ \beta=\frac{\pi}{3},\ \gamma=\frac{3\pi}{4},$$

$$\overrightarrow{AB}^{\circ}=\{\cos\alpha,\ \cos\beta,\ \cos\gamma\}=\left\{-\frac{1}{2},\ \frac{1}{2},\ -\frac{\sqrt{2}}{2}\right\}.$$

8.1.7　向量线性运算的坐标表示

引入向量的坐标表示式以后，便能用坐标来进行向量的线性运算．设向量 $\boldsymbol{a}=a_x\boldsymbol{i}+a_y\boldsymbol{j}+a_z\boldsymbol{k}$，$\boldsymbol{b}=b_x\boldsymbol{i}+b_y\boldsymbol{j}+b_z\boldsymbol{k}$，$\lambda$为实数，则有

(1) $\boldsymbol{a}\pm\boldsymbol{b}=(a_x\pm b_x)\boldsymbol{i}+(a_y\pm b_y)\boldsymbol{j}+(a_z\pm b_z)\boldsymbol{k}=\{a_x\pm b_x,a_y\pm b_y,a_z\pm b_z\}$；

(2) $\lambda\boldsymbol{a}=\lambda(a_x\boldsymbol{i}+a_y\boldsymbol{j}+a_z\boldsymbol{k})=\lambda a_x\boldsymbol{i}+\lambda a_y\boldsymbol{j}+\lambda a_z\boldsymbol{k}=\{\lambda a_x,\lambda a_y,\lambda a_z\}$．

例 8.1.5　设力 $\boldsymbol{F}_1=\{1, 2, 3\}$，$\boldsymbol{F}_2=\{-2, 3, -4\}$，$\boldsymbol{F}_3=\{3, -4, 5\}$同时作用于一点，求合力 $\boldsymbol{R}$ 的大小．

解　由题意知

$$\boldsymbol{R}=\boldsymbol{F}_1+\boldsymbol{F}_2+\boldsymbol{F}_3=\{1+(-2)+3, 2+3+(-4), 3+(-4)+5\}=\{2, 1, 4\},$$

故合力 $\boldsymbol{R}$ 的大小为$|\boldsymbol{R}|=\sqrt{2^2+1^2+4^2}=\sqrt{21}$．

习题

1. 指出下列各点位置的特殊性质．

(1) (4, 0, 0)；　(2) (0, −7, 0)；　(3) (0, −7, 2)；　(4) (4, 0, 3)．

2. 当 P 点处于以下位置时，指出它的坐标所具有的特点．

(1) P 点在 zOx 面上；

(2) P 点在 x 轴上；

(3) P 点在与 yOz 面平行且相互距离为 2 的平面上；

(4) P 点在与 z 轴垂直且与原点相距为 5 的平面上．

3. 在平面直角坐标系和空间直角坐标系中，$x=a$ (常数)的点构成的图形分别是什么？

4. 一立方体放置在 xOy 面上，其底面中心与原点重合，底面的顶点在 x 轴与 y 轴上，已知立方体的边长为 a，求它各顶点的坐标．

5. 求点 $M(1, -2, 3)$到坐标原点和各坐标轴之间的距离．

6. 证明：以 $A(4, 1, 9)$，$B(10, -1, 6)$，$C(2, 4, 3)$为顶点的三角形是等腰直角三角形．

7. 在 z 轴上求与两点 $A(-4, 1, 7)$和 $B(3, 5, -2)$等距离的点．

8. 证明：三角形两边中点的连线平行于第三边且等于第三边的一半．

9. 已知向量 $\overrightarrow{AB}$ 的终点 $B(2,-1,7)$，$\overrightarrow{AB}=4\boldsymbol{i}-4\boldsymbol{j}+7\boldsymbol{k}$，求起点 A 的坐标．

10. 已知向量 $\boldsymbol{a}=\{3,5,-1\}$，$\boldsymbol{b}=\{2,2,3\}$，$\boldsymbol{c}=\{2,-1,-3\}$，求向量 $2\boldsymbol{a}-3\boldsymbol{b}+\boldsymbol{c}$．

11. 已知向量$\boldsymbol{a}$的模$|\boldsymbol{a}|=3$，$\cos\alpha=\dfrac{1}{3}$，$\cos\beta=\dfrac{2}{3}$，求向量$\boldsymbol{a}$的坐标表示式.

12. 已知向量$\boldsymbol{a}=\boldsymbol{i}+\boldsymbol{j}+\boldsymbol{k}$，$\boldsymbol{b}=2\boldsymbol{i}-3\boldsymbol{j}+5\boldsymbol{k}$及$\boldsymbol{c}=-2\boldsymbol{i}-\boldsymbol{j}+2\boldsymbol{k}$，试用对应的单位向量$\boldsymbol{a}^{\circ}$，$\boldsymbol{b}^{\circ}$，$\boldsymbol{c}^{\circ}$表示向量$\boldsymbol{a},\boldsymbol{b},\boldsymbol{c}$.

13. 求平行于向量$\boldsymbol{a}=\{6,7,-6\}$的单位向量.

14. 设向量$\boldsymbol{a}$的方向角为α,β,γ，已知其中两角，求第三角.

(1) $\alpha=60^{\circ},\ \beta=120^{\circ}$；　(2) $\alpha=135^{\circ},\ \beta=60^{\circ}$.

15. 已知点P到点$A(0,0,12)$的距离是7，$\overrightarrow{PA}$的方向余弦是$\dfrac{2}{7},\dfrac{3}{7},\dfrac{6}{7}$，求点$P$的坐标.

8.2 向量的乘积运算

8.2.1 向量的数量积

1. 数量积的定义

实例1 恒力做功问题

设一物体在恒力$\boldsymbol{F}$作用下沿直线从A点移动到B点，位移$\boldsymbol{s}=\overrightarrow{AB}$，$\theta$为$\boldsymbol{s}$与$\boldsymbol{F}$的夹角(见图8.2.1)，由物理学知道，力$\boldsymbol{F}$所做的功为

$$W=|\boldsymbol{F}||\boldsymbol{s}|\cos\theta .$$

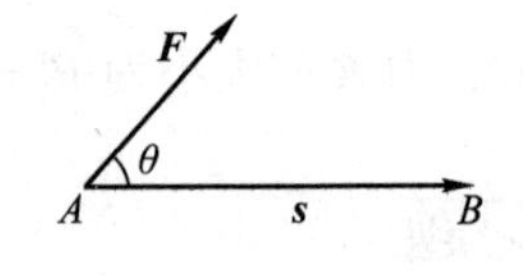

图8.2.1

两向量的这种运算结果是个数量，在数学上定义成一种乘法——数量积.

定义8.2.1 向量$\boldsymbol{a}$与$\boldsymbol{b}$的数量积等于$\boldsymbol{a}$与$\boldsymbol{b}$的模与它们之间夹角θ的余弦的乘积，记作$\boldsymbol{a}\cdot\boldsymbol{b}$，即

$$\boldsymbol{a}\cdot\boldsymbol{b}=|\boldsymbol{a}||\boldsymbol{b}|\cos\theta . \tag{8.2.1}$$

上述定义中两个向量$\boldsymbol{a}$与$\boldsymbol{b}$的夹角θ是指将它们移到同一起点所形成的不大于Π的角，也记作$(\widehat{\boldsymbol{a},\boldsymbol{b}})$.

式(8.2.1)中的因子$|\boldsymbol{b}|\cos\theta$称为向量$\boldsymbol{b}$在向量$\boldsymbol{a}$上的投影，记作$\mathrm{Prj}_a\boldsymbol{b}$，即$\mathrm{Prj}_a\boldsymbol{b}=|\boldsymbol{b}|\cos\theta$. 当$\theta$是锐角时，$\mathrm{Prj}_a\boldsymbol{b}$是$\boldsymbol{b}$在$\boldsymbol{a}$所在直线上投影线段的长度，当$\theta$是钝角时，$\mathrm{Prj}_a\boldsymbol{b}$是投影线段的长度的相反数. 同样，因子$|\boldsymbol{a}|\cos\theta$称为向量$\boldsymbol{a}$在向量$\boldsymbol{b}$上的投影，记作$\mathrm{Prj}_b\boldsymbol{a}$，即$\mathrm{Prj}_b\boldsymbol{a}=|\boldsymbol{a}|\cos\theta$. 因此，有投影公式

$$\boldsymbol{a}\cdot\boldsymbol{b}=|\boldsymbol{a}|\cdot\mathrm{Prj}_a\boldsymbol{b}=|\boldsymbol{b}|\cdot\mathrm{Prj}_b\boldsymbol{a}$$

根据数量积的定义，恒力$\boldsymbol{F}$所做的功是力$\boldsymbol{F}$和位移$\boldsymbol{s}$的数量积，即$W=\boldsymbol{F}\cdot\boldsymbol{s}$.

2. 数量积的基本性质

由向量数量积的定义，可以推得

(1) $\boldsymbol{a}\cdot\boldsymbol{a}=|\boldsymbol{a}||\boldsymbol{a}|\cos 0=|\boldsymbol{a}|^2$； $\boldsymbol{a}\cdot\boldsymbol{0}=0$；

(2) 两个非零向量 $\boldsymbol{a}$ 与 $\boldsymbol{b}$ 垂直的充分必要条件是 $\boldsymbol{a}\cdot\boldsymbol{b}=0$.

证明　(2) 由于 $\boldsymbol{a}\cdot\boldsymbol{b}=0\Leftrightarrow|\boldsymbol{a}|\cdot|\boldsymbol{b}|\cdot\cos\theta=0$ (而 $|\boldsymbol{a}|\neq 0,|\boldsymbol{b}|\neq 0$)

$$\Leftrightarrow\cos\theta=0\ (\text{又}\ \theta\in[0,\pi])\Leftrightarrow\theta=\frac{\pi}{2}\Leftrightarrow\boldsymbol{a}\perp\boldsymbol{b}.$$

注意：两向量的数量积用记号“·”表示乘积，因此数量积也称为点积或内积.

(1) 交换律　$\boldsymbol{a}\cdot\boldsymbol{b}=\boldsymbol{b}\cdot\boldsymbol{a}$；

(2) 分配律　$\boldsymbol{a}\cdot(\boldsymbol{b}+\boldsymbol{c})=\boldsymbol{a}\cdot\boldsymbol{b}+\boldsymbol{a}\cdot\boldsymbol{c}$；

(3) 结合律　$(\lambda\boldsymbol{a})\cdot\boldsymbol{b}=\lambda(\boldsymbol{a}\cdot\boldsymbol{b})=\boldsymbol{a}\cdot(\lambda\boldsymbol{b})$ (λ为常数).

证明　(2) $\boldsymbol{a}\cdot(\boldsymbol{b}+\boldsymbol{c})=|\boldsymbol{a}|\cdot\mathrm{Prj}_{\boldsymbol{a}}(\boldsymbol{b}+\boldsymbol{c})=|\boldsymbol{a}|\cdot(\mathrm{Prj}_{\boldsymbol{a}}\boldsymbol{b}+\mathrm{Prj}_{\boldsymbol{a}}\boldsymbol{c})$

$$=|\boldsymbol{a}|\cdot\mathrm{Prj}_{\boldsymbol{a}}\boldsymbol{b}+|\boldsymbol{a}|\cdot\mathrm{Prj}_{\boldsymbol{a}}\boldsymbol{c}=\boldsymbol{a}\cdot\boldsymbol{b}+\boldsymbol{a}\cdot\boldsymbol{c}$$

(3) 设向量 $\boldsymbol{a}$ 与 $\boldsymbol{b}$ 之间的夹角为 θ，

若 $\lambda>0$，$\lambda\boldsymbol{a}$ 与 $\boldsymbol{a}$ 同方向，故 $\lambda\boldsymbol{a}$ 与 $\boldsymbol{b}$ 的夹角仍为 θ，于是

$$(\lambda\boldsymbol{a})\cdot\boldsymbol{b}=|\lambda\boldsymbol{a}|\cdot|\boldsymbol{b}|\cdot\cos\theta=\lambda\cdot(|\boldsymbol{a}|\cdot|\boldsymbol{b}|\cdot\cos\theta)=\lambda(\boldsymbol{a}\cdot\boldsymbol{b}).$$

若 $\lambda<0$，$\lambda\boldsymbol{a}$ 与 $\boldsymbol{a}$ 反方向，故 $\lambda\boldsymbol{a}$ 与 $\boldsymbol{b}$ 的夹角仍为 $\pi-\theta$，于是

$$(\lambda\boldsymbol{a})\cdot\boldsymbol{b}=|\lambda\boldsymbol{a}|\cdot|\boldsymbol{b}|\cdot\cos(\pi-\theta)=\lambda\cdot(|\boldsymbol{a}|\cdot|\boldsymbol{b}|\cdot\cos\theta)=\lambda(\boldsymbol{a}\cdot\boldsymbol{b}).$$

若 $\lambda=0$，$(0\cdot\boldsymbol{a})\cdot\boldsymbol{b}=0\cdot\boldsymbol{b}=0\cdot|\boldsymbol{b}|\cdot\cos\theta=0=0\cdot(\boldsymbol{a}\cdot\boldsymbol{b})$.

综上，有 $(\lambda\boldsymbol{a})\cdot\boldsymbol{b}=\lambda(\boldsymbol{a}\cdot\boldsymbol{b})$ 成立.

类似可证 $\boldsymbol{a}\cdot(\lambda\boldsymbol{b})=\lambda(\boldsymbol{a}\cdot\boldsymbol{b})$.

例 8.2.1　证明向量 $(\boldsymbol{b}\cdot\boldsymbol{c})\boldsymbol{a}-(\boldsymbol{a}\cdot\boldsymbol{c})\boldsymbol{b}$ 与向量 $\boldsymbol{c}$ 垂直.

证明　因为

$$[(\boldsymbol{b}\cdot\boldsymbol{c})\boldsymbol{a}-(\boldsymbol{a}\cdot\boldsymbol{c})\boldsymbol{b}]\cdot\boldsymbol{c}=(\boldsymbol{b}\cdot\boldsymbol{c})(\boldsymbol{a}\cdot\boldsymbol{c})-(\boldsymbol{a}\cdot\boldsymbol{c})(\boldsymbol{b}\cdot\boldsymbol{c})=0,$$

所以原命题成立.

3. 数量积的坐标表示式

当向量以坐标形式给出时，两向量的数量积如何进行运算呢？

设向量 $\boldsymbol{a}=\{a_x,a_y,a_z\}$，$\boldsymbol{b}=\{b_x,b_y,b_z\}$，则

$$\boldsymbol{a}\cdot\boldsymbol{b}=(a_x\boldsymbol{i}+a_y\boldsymbol{j}+a_z\boldsymbol{k})\cdot(b_x\boldsymbol{i}+b_y\boldsymbol{j}+b_z\boldsymbol{k})=a_xb_x\boldsymbol{i}\cdot\boldsymbol{i}+a_xb_y\boldsymbol{i}\cdot\boldsymbol{j}+a_xb_z\boldsymbol{i}\cdot\boldsymbol{k}+$$
$$a_yb_x\boldsymbol{j}\cdot\boldsymbol{i}+a_yb_y\boldsymbol{j}\cdot\boldsymbol{j}+a_yb_z\boldsymbol{j}\cdot\boldsymbol{k}+a_zb_x\boldsymbol{k}\cdot\boldsymbol{i}+a_zb_y\boldsymbol{k}\cdot\boldsymbol{j}+a_zb_z\boldsymbol{k}\cdot\boldsymbol{k}.$$

由于 $\boldsymbol{i}$，$\boldsymbol{j}$，$\boldsymbol{k}$ 互相垂直且均为单位向量，所以

$$\boldsymbol{i}\cdot\boldsymbol{j}=\boldsymbol{j}\cdot\boldsymbol{k}=\boldsymbol{k}\cdot\boldsymbol{i}=0,\quad\boldsymbol{j}\cdot\boldsymbol{i}=\boldsymbol{k}\cdot\boldsymbol{j}=\boldsymbol{i}\cdot\boldsymbol{k}=0,\quad\boldsymbol{i}\cdot\boldsymbol{i}=\boldsymbol{j}\cdot\boldsymbol{j}=\boldsymbol{k}\cdot\boldsymbol{k}=1,$$

因而得

$$\boldsymbol{a}\cdot\boldsymbol{b}=a_xb_x+a_yb_y+a_zb_z.\tag{8.2.2}$$

式(8.2.2)就是两向量数量积的坐标表示式．即两个向量的数量积等于它们对应坐标的乘积之和.

由于 $\boldsymbol{a}\cdot\boldsymbol{b}=|\boldsymbol{a}||\boldsymbol{b}|\cos\theta$，所以当 $\boldsymbol{a}$，$\boldsymbol{b}$ 为非零向量时，

$$\cos\theta = \frac{\boldsymbol{a}\cdot\boldsymbol{b}}{|\boldsymbol{a}||\boldsymbol{b}|} = \frac{a_x b_x + a_y b_y + a_z b_z}{\sqrt{a_x^2+a_y^2+a_z^2}\sqrt{b_x^2+b_y^2+b_z^2}}. \tag{8.2.3}$$

式(8.2.3)就是两向量夹角余弦的坐标表示式．由此可得两个非零向量垂直的充分必要条件的坐标表示式为

$$a_x b_x + a_y b_y + a_z b_z = 0. \tag{8.2.4}$$

例 8.2.2 已知△ABC 的三个顶点为 $A(1,-1,0)$, $B(-1,0,-1)$, $C(3,4,1)$，证明△ABC 为直角三角形．

证明 三角形各边所在的向量为

$$\overrightarrow{AB} = \{(-1)-1,\ 0-(-1),\ -1-0\} = \{-2,1,-1\},$$
$$\overrightarrow{BC} = \{3-(-1),\ 4-0,\ 1-(-1)\} = \{4,4,2\},$$
$$\overrightarrow{CA} = \{1-3,\ -1-4,\ 0-1\} = \{-2,-5,-1\}.$$

因为
$$\overrightarrow{AB}\cdot\overrightarrow{CA} = (-2)\times(-2) + 1\times(-5) + (-1)\times(-1) = 0,$$

故由式(8.2.4)知 $\overrightarrow{AB}\perp\overrightarrow{CA}$，即△$ABC$ 为直角三角形．

例 8.2.3 设一质点受三个共点力 $\boldsymbol{F}_1=\{1,2,3\}$， $\boldsymbol{F}_2=\{-2,3,-4\}$，$\boldsymbol{F}_3=\{3,-4,5\}$作用，从原点沿直线移动到点 $A(2,1,-1)$．求合力 $\boldsymbol{R}$ 所做的功(力的单位为牛顿，距离的单位为米)，以及合力 $\boldsymbol{R}$ 与位移 $\overline{OA}$ 的夹角 θ．

解 由题意知，位移 $\overline{OA} = \{2,1,-1\}$，合力

$$\boldsymbol{R} = \boldsymbol{F}_1 + \boldsymbol{F}_2 + \boldsymbol{F}_3 = \{1-2+3,\ 2+3-4,\ 3-4+5\} = \{2,1,4\},$$

则合力所做的功为

$$W = \boldsymbol{R}\cdot\overline{OA} = 2\times2 + 1\times1 + 4\times(-1) = 1(\text{焦耳}).$$

由于
$$\cos\theta = \frac{\boldsymbol{R}\cdot\overline{OA}}{|\boldsymbol{R}||\overline{OA}|} = \frac{1}{\sqrt{21}\sqrt{6}} = \frac{1}{3\sqrt{14}},$$

所以
$$\theta = \arccos\frac{1}{3\sqrt{14}}.$$

8.2.2 向量的向量积

1. 向量积的定义

实例 2 力矩问题

如图 8.2.2 所示，设 O 为杠杆 L 的支点，力 $\boldsymbol{F}$ 作用于杠杆上 P 处，$\overrightarrow{OP} = \boldsymbol{r}$，$\boldsymbol{r}$ 与 $\boldsymbol{F}$ 的夹角为 θ．由力学知识可知，力 $\boldsymbol{F}$ 对支点 O 的力矩可用向量 $\boldsymbol{M}$ 表示，力矩的大小为

$$|\boldsymbol{M}| = |\boldsymbol{r}||\boldsymbol{F}|\sin\theta,$$

力矩 $\boldsymbol{M}$ 的方向垂直于 $\boldsymbol{r}$ 与 $\boldsymbol{F}$ 所确定的平面，且遵守右手法则，即四指指向由 $\boldsymbol{r}$ 弯向 $\boldsymbol{F}$ 时，拇指的指向即为力矩 $\boldsymbol{M}$ 的方向．

两向量的这种运算，在数学上定义为两个向量的向量积．

定义 8.2.2 两向量 $\boldsymbol{a}$ 与 $\boldsymbol{b}$ 的向量积是一个向量 $\boldsymbol{c}$，记为 $\boldsymbol{c} = \boldsymbol{a}\times\boldsymbol{b}$，且规定：

(1) $|\boldsymbol{c}|=|\boldsymbol{a}\times\boldsymbol{b}|=|\boldsymbol{a}||\boldsymbol{b}|\sin(\widehat{\boldsymbol{a},\boldsymbol{b}})\quad(0\leqslant(\widehat{\boldsymbol{a},\boldsymbol{b}})\leqslant\pi)$；

(2) $\boldsymbol{c}$ 垂直于 $\boldsymbol{a}$，$\boldsymbol{b}$ 所确定的平面($\boldsymbol{c}\perp\boldsymbol{a}$ 且 $\boldsymbol{c}\perp\boldsymbol{b}$)，且遵守右手法则，即四指指向由第一个向量 $\boldsymbol{a}$ 沿小于π的方向弯向第二个向量 $\boldsymbol{b}$ 时，拇指的指向即为 $\boldsymbol{c}$ 的方向(见图 8.2.3).

图 8.2.2　　图 8.2.3

根据向量积的定义，上述力 $\boldsymbol{F}$ 对支点 O 的力矩可表示为 $\boldsymbol{M}=\boldsymbol{r}\times\boldsymbol{F}$．

由向量积的定义可推得：

(1) $\boldsymbol{a}\times\boldsymbol{a}=\boldsymbol{0}$；$\boldsymbol{a}\times\boldsymbol{0}=\boldsymbol{0}$；

(2) 两个非零向量 $\boldsymbol{a}$ 与 $\boldsymbol{b}$ 平行的充分必要条件是 $\boldsymbol{a}\times\boldsymbol{b}=\boldsymbol{0}$.

关于两向量的向量积有以下说明：

(1) 两向量的向量积用“×”表示，因此也称叉积或外积；

(2) 两个向量的向量积是一个向量，并且$|\boldsymbol{a}\times\boldsymbol{b}|=|\boldsymbol{a}||\boldsymbol{b}|\sin\theta$在几何上表示以 $\boldsymbol{a}$ 与 $\boldsymbol{b}$ 为邻边的平行四边形的面积，$\boldsymbol{a}\times\boldsymbol{b}$ 的方向垂直于该平行四边形所在的平面(见图 8.2.3).

2. 向量积的基本性质

(1) 反交换律　$\boldsymbol{a}\times\boldsymbol{b}=-\boldsymbol{b}\times\boldsymbol{a}$;

(2) 分配律　$(\boldsymbol{a}+\boldsymbol{b})\times\boldsymbol{c}=\boldsymbol{a}\times\boldsymbol{c}+\boldsymbol{b}\times\boldsymbol{c}$；$\boldsymbol{a}\times(\boldsymbol{b}+\boldsymbol{c})=\boldsymbol{a}\times\boldsymbol{b}+\boldsymbol{a}\times\boldsymbol{c}$;

(3) 结合律　$(\lambda\boldsymbol{a})\times\boldsymbol{b}=\lambda(\boldsymbol{a}\times\boldsymbol{b})=\boldsymbol{a}\times(\lambda\boldsymbol{b})$　(λ为实数).

例 8.2.4　求证 $(\boldsymbol{a}-\boldsymbol{b})\times(\boldsymbol{a}+\boldsymbol{b})=2(\boldsymbol{a}\times\boldsymbol{b})$，并说明它的几何意义.

证明　$(\boldsymbol{a}-\boldsymbol{b})\times(\boldsymbol{a}+\boldsymbol{b})=\boldsymbol{a}\times\boldsymbol{a}-\boldsymbol{b}\times\boldsymbol{a}+\boldsymbol{a}\times\boldsymbol{b}-\boldsymbol{b}\times\boldsymbol{b}=2(\boldsymbol{a}\times\boldsymbol{b})$.

几何意义：平行四边形面积的两倍等于以它的对角线为邻边的平行四边形的面积.

3. 向量积的坐标表示式

当向量用坐标表示时，向量积也可用坐标表示，下面来推导向量积的坐标表示式.

设 $\boldsymbol{a}=\{a_x,a_y,a_z\}$, $\boldsymbol{b}=\{b_x,b_y,b_z\}$，由向量的运算性质，得

$$\begin{aligned}\boldsymbol{a}\times\boldsymbol{b}&=(a_x\boldsymbol{i}+a_y\boldsymbol{j}+a_z\boldsymbol{k})\times(b_x\boldsymbol{i}+b_y\boldsymbol{j}+b_z\boldsymbol{k})=a_xb_x(\boldsymbol{i}\times\boldsymbol{i})+a_xb_y(\boldsymbol{i}\times\boldsymbol{j})+a_xb_z(\boldsymbol{i}\times\boldsymbol{k})+\\&\quad a_yb_x(\boldsymbol{j}\times\boldsymbol{i})+a_yb_y(\boldsymbol{j}\times\boldsymbol{j})+a_yb_z(\boldsymbol{j}\times\boldsymbol{k})+a_zb_x(\boldsymbol{k}\times\boldsymbol{i})+a_zb_y(\boldsymbol{k}\times\boldsymbol{j})+a_zb_z(\boldsymbol{k}\times\boldsymbol{k}).\end{aligned}$$

由于 $\boldsymbol{i}\times\boldsymbol{i}=\boldsymbol{j}\times\boldsymbol{j}=\boldsymbol{k}\times\boldsymbol{k}=0,\ \boldsymbol{i}\times\boldsymbol{j}=\boldsymbol{k},\ \boldsymbol{j}\times\boldsymbol{k}=\boldsymbol{i},\ \boldsymbol{k}\times\boldsymbol{i}=\boldsymbol{j}$，所以得

$$\boldsymbol{a}\times\boldsymbol{b}=(a_yb_z-a_zb_y)\boldsymbol{i}+(a_zb_x-a_xb_z)\boldsymbol{j}+(a_xb_y-a_yb_x)\boldsymbol{k}\tag{8.2.5}$$

式(8.2.5)称为向量积的坐标表示式．为了便于记忆和计算，上式可借助行列式表示为

$$\boldsymbol{a}\times\boldsymbol{b}=\begin{vmatrix}\boldsymbol{i} & \boldsymbol{j} & \boldsymbol{k}\\ a_x & a_y & a_z\\ b_x & b_y & b_z\end{vmatrix}=\begin{vmatrix}a_y & a_z\\ b_y & b_z\end{vmatrix}\boldsymbol{i}-\begin{vmatrix}a_x & a_z\\ b_x & b_z\end{vmatrix}\boldsymbol{j}+\begin{vmatrix}a_x & a_y\\ b_x & b_y\end{vmatrix}\boldsymbol{k}.$$

$$=\left\{\begin{vmatrix}a_y & a_z\\ b_y & b_z\end{vmatrix},-\begin{vmatrix}a_x & a_z\\ b_x & b_z\end{vmatrix},\begin{vmatrix}a_x & a_y\\ b_x & b_y\end{vmatrix}\right\} \tag{8.2.6}$$

由式(8.2.5)，两非零向量 $\boldsymbol{a}$ 与 $\boldsymbol{b}$ 平行的充分必要条件又可表示为

$$a_yb_z-a_zb_y=a_zb_x-a_xb_z=a_xb_y-a_yb_x=0,$$

即

$$\frac{a_x}{b_x}=\frac{a_y}{b_y}=\frac{a_z}{b_z}. \tag{8.2.7}$$

例 8.2.5 求同时垂直于向量 $\boldsymbol{a}=\boldsymbol{i}+2\boldsymbol{j}-\boldsymbol{k}$ 与 $\boldsymbol{b}=2\boldsymbol{j}+3\boldsymbol{k}$ 的单位向量.

解 因为 $\boldsymbol{a}\times\boldsymbol{b}$ 为同时垂直于 $\boldsymbol{a}$ 与 $\boldsymbol{b}$ 的向量，所以先计算

$$\boldsymbol{a}\times\boldsymbol{b}=\begin{vmatrix}\boldsymbol{i} & \boldsymbol{j} & \boldsymbol{k}\\ 1 & 2 & -1\\ 0 & 2 & 3\end{vmatrix}=(-1)^{1+1}\begin{vmatrix}2 & -1\\ 2 & 3\end{vmatrix}\boldsymbol{i}+(-1)^{1+2}\begin{vmatrix}1 & -1\\ 0 & 3\end{vmatrix}\boldsymbol{j}+(-1)^{1+3}\begin{vmatrix}1 & 2\\ 0 & 2\end{vmatrix}\boldsymbol{k}$$

$$=8\boldsymbol{i}-3\boldsymbol{j}+2\boldsymbol{k}=\{8,\ -3,\ 2\}.$$

$$|\boldsymbol{a}\times\boldsymbol{b}|=\sqrt{8^2+(-3)^2+2^2}=\sqrt{77}.$$

故，同时垂直于向量 $\boldsymbol{a}$ 与 $\boldsymbol{b}$ 的单位向量为 $\pm\frac{1}{\sqrt{77}}\{8,\ -3,\ 2\}$.

例 8.2.6 设 $\boldsymbol{a}=2\boldsymbol{i}-3\boldsymbol{j}-\boldsymbol{k},\ \boldsymbol{b}=\boldsymbol{i}-\boldsymbol{k},\ \boldsymbol{c}=\boldsymbol{i}+\frac{1}{3}\boldsymbol{j}+\boldsymbol{k}$，求证 $\boldsymbol{a}\times\boldsymbol{b}/\!/\boldsymbol{c}$.

证明 由于

$$\boldsymbol{a}\times\boldsymbol{b}=\begin{vmatrix}\boldsymbol{i} & \boldsymbol{j} & \boldsymbol{k}\\ 2 & -3 & -1\\ 1 & 0 & -1\end{vmatrix}=3\boldsymbol{i}+\boldsymbol{j}+3\boldsymbol{k}=\{3,\ 1,\ 3\}=3\boldsymbol{c},$$

所以 $\boldsymbol{a}\times\boldsymbol{b}/\!/\boldsymbol{c}$.

例 8.2.7 已知△ABC 的顶点为 $A(-1,0\ 2,\ 3)$，$B(1,\ 1,\ 1)$和 $C(0,\ 0,\ 5)$，求∠A 及△ABC 的面积.

解 由于 $\overrightarrow{AB}=\{2,-1,-2\},\overrightarrow{AC}=\{1,-2,2\}$，从而 $|\overrightarrow{AB}|=3$，$|\overrightarrow{AC}|=3$，

$$\overrightarrow{AB}\times\overrightarrow{AC}=\{2,-6,-3\},\quad |\overrightarrow{AB}\times\overrightarrow{AC}|=7,$$

所以

$$\sin A=\frac{|\overrightarrow{AB}\times\overrightarrow{AC}|}{|\overrightarrow{AB}|\times|\overrightarrow{AC}|}=\frac{7}{9},\quad \angle A=\arcsin\frac{7}{9}.$$

$$S_{\triangle ABC}=\frac{1}{2}|\overrightarrow{AB}\times\overrightarrow{AC}|=\frac{7}{2}.$$

习题

1. 已知两向量的模及夹角 $|\boldsymbol{a}|=3$，$|\boldsymbol{b}|=4$，$(\hat{\boldsymbol{a},\boldsymbol{b}})=\frac{2}{3}\pi$，计算下列各题.

(1) $\boldsymbol{a}\cdot\boldsymbol{a}$；　(2) $(3\boldsymbol{a}-2\boldsymbol{b})\cdot(\boldsymbol{a}+2\boldsymbol{b})$；　(3) $|\boldsymbol{a}+\boldsymbol{b}|$；　(4) $|\boldsymbol{a}-\boldsymbol{b}|$.

2. 设 $\boldsymbol{a}=3\boldsymbol{i}-\boldsymbol{j}-2\boldsymbol{k}$，$\boldsymbol{b}=\boldsymbol{i}+2\boldsymbol{j}-\boldsymbol{k}$，求

(1) $\boldsymbol{a}\cdot\boldsymbol{b}$ 及 $\boldsymbol{a}\times\boldsymbol{b}$；　(2) $(-2\boldsymbol{a})\cdot 3\boldsymbol{b}$ 及 $\boldsymbol{a}\times 2\boldsymbol{b}$；　(3) $\boldsymbol{a},\boldsymbol{b}$ 夹角的余弦.

3. 已知△ABC 的顶点为 $A(-1, 2, 3)$，$B(1, 1, 1)$和 $C(0, 0, 5)$，求证：△ABC 为直角三角形，并求角 B.

4. 已知向量 $\boldsymbol{a}=2\boldsymbol{i}-\boldsymbol{j}+\boldsymbol{k}$, $\boldsymbol{b}=\boldsymbol{i}+2\boldsymbol{j}-\boldsymbol{k}$，求同时垂直于向量 $\boldsymbol{a}$ 和 $\boldsymbol{b}$ 的单位向量.

5. 设 $\overrightarrow{OA}=3\boldsymbol{i}+4\boldsymbol{j}$, $\overrightarrow{OB}=-4\boldsymbol{i}+3\boldsymbol{j}$，以 $\overrightarrow{OA}$, $\overrightarrow{OB}$ 为邻边作平行四边形 $OACB$.

(1) 证明此平行四边形的对角线互相垂直；

(2) 求此平行四边形的面积.

6. 求同时垂直于向量 $\boldsymbol{a}=\{3, 6, 8\}$和横轴的单位向量.

7. 设质量为 100 千克的物体从点 $M_1(3, 1, 8)$沿直线移动到点 $M_2(1, 4, 2)$，计算重力所做的功(长度单位为米，重力方向为 z 轴负方向).

8.3　空间平面及其方程

平面和直线是空间最简单、最基本而又十分重要的几何图形. 在本节和下一节里，我们将以向量为工具，建立空间平面和直线的方程.

8.3.1　平面的点法式方程

由立体几何知道，过空间一点可以作唯一一个垂直于已知直线的平面，下面我们就利用这个结论确定空间平面的方程.

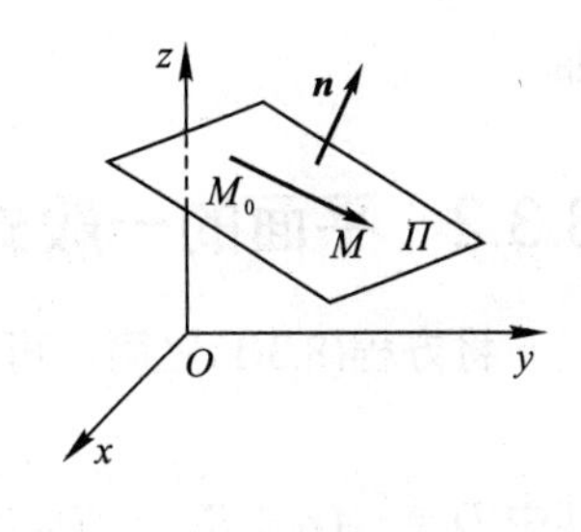

图 8.3.1

垂直于平面的任何非零向量称为该平面的**法向量**，记作 $\boldsymbol{n}$. 易知，平面内的任一向量均与该平面的法向量相互垂直. 在空间直角坐标系中，若平面 Π 经过点 $M_0\ (x_0, y_0, z_0)$，法向量 $\boldsymbol{n}=\{A, B, C\}$，则平面 Π 就可以由点 M_0 和法向量 $\boldsymbol{n}$ 完全确定了(见图 8.3.1). 下面我们根据这个几何条件来建立平面 Π 的方程.

在平面 Π 上任取一点 $M\ (x, y, z)$，那么向量 $\overrightarrow{M_0M}$ 必与 $\boldsymbol{n}$ 垂直，所以 $\boldsymbol{n}\cdot\overrightarrow{M_0M}=0$. 由于 $\boldsymbol{n}=\{A,B,C\}$，$\overrightarrow{M_0M}=\{x-x_0,y-y_0,z-z_0\}$，因此，

$$A(x-x_0)+B(y-y_0)+C(z-z_0)=0\ . \tag{8.3.1}$$

平面 Π 上任一点的坐标都满足方程(8.3.1)，而不在平面 Π 上的点的坐标都不满足该方程，所以方程(8.3.1)就是所求平面的方程.

由于该方程是由平面上一个点的坐标和平面的法向量所确定的，因此称为平面的点法式方程.

关于平面的法向量应注意以下两点.

(1) 法向量必须是非零向量，即 A、B、C 不全为零；

(2) 法向量不唯一．若 $\boldsymbol{n}$ 为平面的法向量，则与 $\boldsymbol{n}$ 平行的任何非零向量均为其法向量．

例 8.3.1 已知两点 $M_1(1,-2,3)$和 $M_2(3,0,-1)$，求线段 M_1M_2 的垂直平分面的方程．

解 依题意，只须求出 M_1M_2 的中点坐标和平面的法向量即可．

设 $M_0(x_0,y_0,z_0)$为线段 M_1M_2 的中点，则 $\overrightarrow{M_1M_0}=\overrightarrow{M_0M_2}$，而

$$\overrightarrow{M_1M_0}=\{x_0-1,y_0+2,z_0-3\}，\overrightarrow{M_0M_2}=\{3-x_0,0-y_0,-1-z_0\}，$$

因此可得 $M_0(2,-1,1)$．又因为向量 $\overrightarrow{M_1M_2}=\{2,2,-4\}=2\{1,1,-2\}$ 且垂直于平分面，所以可取 $\boldsymbol{n}=\{1,1,-2\}$为平分面的法向量，根据平面的点法式方程(8.3.1)，得所求垂直平分面的方程为

$$(x-2)+(y+1)-2(z-1)=0，$$

即

$$x+y-2z+1=0．$$

例 8.3.2 求过空间三点 $M_1(2,-1,4)$，$M_2(-1,3,-2)$和 $M_3(0,2,3)$的平面方程．

解 依题意，可取法向量 $\boldsymbol{n}=\overrightarrow{M_1M_2}\times\overrightarrow{M_1M_3}$．因为

$$\overrightarrow{M_1M_2}=\{-3,4,-6\}，\overrightarrow{M_1M_3}=\{-2,3,-1\}，$$

所以

$$\boldsymbol{n}=\overrightarrow{M_1M_2}\times\overrightarrow{M_1M_3}=\begin{vmatrix}\boldsymbol{i}&\boldsymbol{j}&\boldsymbol{k}\\-3&4&-6\\-2&3&-1\end{vmatrix}=14\boldsymbol{i}+9\boldsymbol{j}-\boldsymbol{k}=\{14,9,-1\}．$$

根据平面的点法式方程(8.3.1)，得所求平面的方程为

$$14(x-2)+9(y+1)-(z-4)=0，$$

即

$$14x+9y-z-15=0．$$

8.3.2 平面的一般式方程

将方程(8.3.1)化简，可得

$$Ax+By+Cz+D=0，$$

其中 $D=-Ax_0-By_0-Cz_0$ 是某一常数．这说明任意一个平面都可以用一个三元一次方程来表示．

反过来，对于三元一次方程

$$Ax+By+Cz+D=0,\quad (A^2+B^2+C^2\neq 0) \tag{8.3.2}$$

任取满足该方程的一组解(x_0,y_0,z_0)，即

$$Ax_0+By_0+Cz_0+D=0． \tag{8.3.3}$$

由方程(8.3.2)减去方程(8.3.3)，得

$$A(x-x_0)+B(y-y_0)+C(z-z_0)=0． \tag{8.3.4}$$

方程(8.3.4)表示通过点 $M_0(x_0,y_0,z_0)$且以 $\boldsymbol{n}=\{A,B,C\}$为法向量的平面．所以，任何一个三元一次方程均表示一个平面．方程(8.3.2)称为平面的一般式方程．

例 8.3.3　求与平面 $2x+3y-z+6=0$ 平行且过点$(3, 1, -1)$的平面方程.

解　由题意，可取已知平面的法向量作为所求平面的法向量，即可取 $\boldsymbol{n}=\{2, 3, -1\}$，则所求平面方程为

$$2(x-3)+3(y-1)-(z+1)=0,$$

即

$$2x+3y-z-10=0.$$

例 8.3.4　已知平面Π在三个坐标轴上的截距分别为 a, b, c (见图 8.3.2)，其中 $abc\neq 0$，求平面Π的方程.

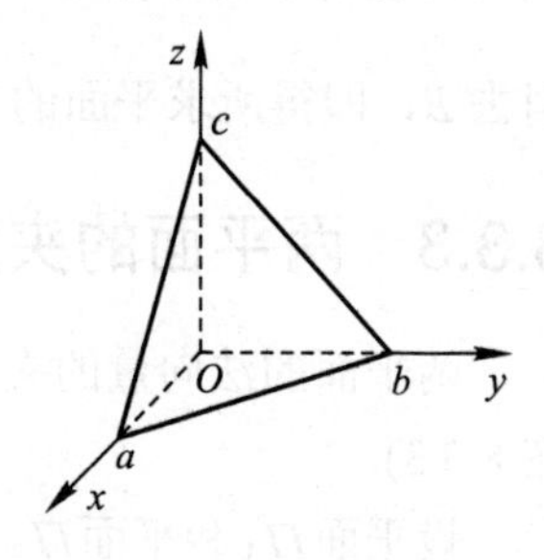

图 8.3.2

解　设平面Π的方程为

$$Ax+By+Cz+D=0.$$

因为 a, b, c 分别表示平面Π在 x 轴、y 轴、z 轴上的截距，所以平面通过三点$(a, 0, 0)$, $(0, b, 0)$, $(0, 0, c)$，即有

$$\begin{cases} Aa+D=0 \\ Bb+D=0 \\ Cc+D=0 \end{cases}，由此得 \begin{cases} A=-\dfrac{D}{a} \\ B=-\dfrac{D}{b} \\ C=-\dfrac{D}{c} \end{cases}.$$

将 A, B, C 代入平面Π的方程，并消去 D，便得平面Π的方程为

$$\frac{x}{a}+\frac{y}{b}+\frac{z}{c}=1. \tag{8.3.5}$$

方程(8.3.5)叫作平面的截距式方程，a, b, c 分别表示平面Π在 x 轴、y 轴、z 轴上的截距.

下面讨论一般式方程(8.3.2)中的系数 A, B, C 和常数 D 中有一个或几个为零时，它所表示的平面在空间直角坐标系中有特殊的位置.

(1) 当 $D=0$ 时，方程 $Ax+By+Cz=0$ 表示一个通过原点的平面.

(2) 当 $A=0$ 时，方程变为 $By+Cz+D=0$，平面的法向量 $\boldsymbol{n}=\{0, B, C\}$垂直于 x 轴，所以方程表示一个平行于 x 轴的平面. 同理可知，方程 $Ax+Cz+D=0$ 和方程 $Ax+By+D=0$ 分别表示平行于 y 轴和 z 轴的平面.

(3) 当 $A=D=0$ 时，方程 $By+Cz=0$ 表示通过 x 轴的平面. 同理，$Ax+Cz=0$ 和 $Ax+By=0$ 分别表示通过 y 轴和 z 轴的平面.

(4) 当 $A=B=0$ 时，方程 $Cz+D=0$. 因为此平面的法向量 $\boldsymbol{n}=\{0, 0, C\}$垂直于 xOy 面，所以平面 $Cz+D=0$ 平行于 xOy 面. 同理可知，$Ax+D=0$ 和 $By+D=0$ 分别表示平行于 yOz 面和 zOx 面的平面.

(5) 当 $A=B=D=0$ 时，方程 $z=0$ 表示 xOy 面. 同理，$x=0$ 和 $y=0$ 分别表示 yOz 面和 zOx 面.

例 8.3.5　设某一平面经过 z 轴及点 $M_0(4, 5, 1)$，求此平面方程.

解　因为所求平面经过 z 轴，所以可设其方程为 $Ax+By=0$，将点 M_0 的坐标代入，得

$$4A+5B=0 \text{，即 } A=-\frac{5}{4}B \text{，}$$

代入所设的平面方程得 $$-\frac{5}{4}Bx+By=0 \text{，}$$

消去 B，即得所求平面的方程为 $$5x-4y=0.$$

8.3.3 两平面的夹角

两平面的法向量的夹角(通常指锐角)称为**两平面的夹角**(见图 8.3.3).

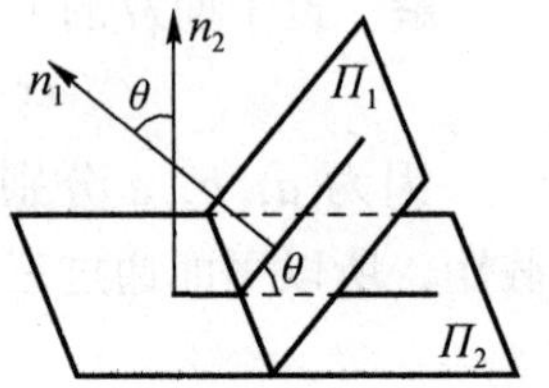

设平面Π_1和平面Π_2的方程分别为

Π_1：$A_1x+B_1y+C_1z+D_1=0$，法向量 $\boldsymbol{n}_1=\{A_1, B_1, C_1\}$，

Π_2：$A_2x+B_2y+C_2z+D_2=0$，法向量 $\boldsymbol{n}_2=\{A_2, B_2, C_2\}$.

图 8.3.3

根据两向量夹角的余弦公式，平面Π_1和平面Π_2的夹角θ的余弦为

$$\cos\theta=\frac{|A_1A_2+B_1B_2+C_1C_2|}{\sqrt{A_1^2+B_1^2+C_1^2}\sqrt{A_2^2+B_2^2+C_2^2}}. \tag{8.3.6}$$

由此得平面Π_1和平面Π_2垂直的充分必要条件是

$$A_1A_2+B_1B_2+C_1C_2=0.$$

平面Π_1和平面Π_2平行的充分必要条件是

$$\frac{A_1}{A_2}=\frac{B_1}{B_2}=\frac{C_1}{C_2}.$$

例 8.3.6 求两平面 $x-2y+2z-1=0$ 和 $-x+y+5=0$ 的夹角θ.

解 两平面的法向量分别为 $\boldsymbol{n}_1=\{1, -2, 2\}$, $\boldsymbol{n}_2=\{-1, 1, 0\}$，由式(8.3.6)得

$$\cos\theta=\frac{|1\times(-1)+(-2)\times1+2\times0|}{\sqrt{1^2+(-2)^2+2^2}\sqrt{(-1)^2+1^2+0^2}}=\frac{\sqrt{2}}{2}.$$

因此两平面的夹角θ为$\frac{\pi}{4}$.

8.3.4 点到平面的距离

设平面Π：$Ax+By+Cz+D=0$，$M_0(x_0, y_0, z_0)$为平面外一点，则 M_0 到平面Π的距离为

$$d=\frac{|Ax_0+By_0+Cz_0+D|}{\sqrt{A^2+B^2+C^2}}. \tag{8.3.7}$$

例 8.3.7 在 x 轴上求一点，使其与两平面 $2x-y+z-7=0$ 及 $x+y+2z-11=0$ 等距离.

解 设所求点为$(x, 0, 0)$，依题意得

$$\frac{|2x+(-1)\times 0+1\times 0-7|}{\sqrt{2^2+(-1)^2+1^2}}=\frac{|x+1\times 0+2\times 0-11|}{\sqrt{1^2+1^2+2^2}},$$

$$|2x-7|=|x-11| \text{ 或 } 2x-7=\pm(x-11),$$

解得 $x=6$ 或 $x=-4$，因此所求点为(6, 0, 0)或(−4, 0, 0).

习题

1. 已知点 $A\left(1,-1,-\frac{1}{2}\right), B\left(-1,0,\frac{5}{2}\right)$，求过点 A 且垂直于 AB 的平面方程.

2. 求过点 $(3, 0, -5)$ 且平行于 xOy 面的平面方程.

3. 确定下列方程中的 l 和 m 的值.

(1) 平面 $2x+ly+3z-5=0$ 和平面 $mx-6y-z+2=0$ 平行；

(2) 平面 $3x-5y+lz-3=0$ 和平面 $x+3y+2z+5=0$ 垂直.

4. 指出下列各平面的特殊位置.

(1) $x=2$；　(2) $2x-3y-6=0$；　(3) $4y+7z=0$.

5. 求下列平面在各坐标轴上的截距.

(1) $2x-3y-z+12=0$；　(2) $5x+y-3z-15=0$；　(3) $x-y+z-1=0$.

6. 设一平面过点(5, −7, 4)且在各坐标轴上的截距相等，求此平面方程.

7. 一平面经过点(4, −2, −1)且通过 y 轴，求此平面方程.

8. 求过点(2, 3, 0), (−2, −3, 4), (0, 6, 0)的平面方程.

9. 一平面经过点(1, 1, 1)且同时垂直于两个平面 $x-y+z=7$ 和 $3x+2y-12z+5=0$，求此平面方程.

10. 一平面过点 $M_1(1, 1, 1)$和 $M_2(0, 1, -1)$，同时垂直于平面 $x+y+z=0$，求该平面方程.

11. 求两平行平面 $3x+6y-2z-7=0$ 与 $3x+6y-2z+14=0$ 之间的距离.

8.4　直线及其方程

8.4.1　直线的点向式方程

由立体几何知道，过空间一点可以唯一地作出一条直线与已知直线平行. 下面根据这个结论来建立空间直线的方程.

平行于直线的任意非零向量，称为该直线的**方向向量**，记作 $\boldsymbol{s}$. 显然，直线的方向向量并不唯一，平行于直线的任一非零向量或直线上的任一非零向量都是该直线的方向向量.

当直线 L 上一点 $M_0(x_0, y_0, z_0)$ 和它的一个方向向量 $\boldsymbol{s}=\{m, n, p\}$为已知时，直线 L 就完全确定了. 下面根据上述几何条件推导直线 L 的方程.

设点 $M(x, y, z)$为直线 L 上的任一点，则

$$\overrightarrow{M_0M}=\{x-x_0, y-y_0, z-z_0\}.$$

由于向量$\overrightarrow{M_0M}$与 L 的方向向量 $\boldsymbol{s}$ 平行(见图 8.4.1)，从而有

$$\frac{x-x_0}{m}=\frac{y-y_0}{n}=\frac{z-z_0}{p}. \tag{8.4.1}$$

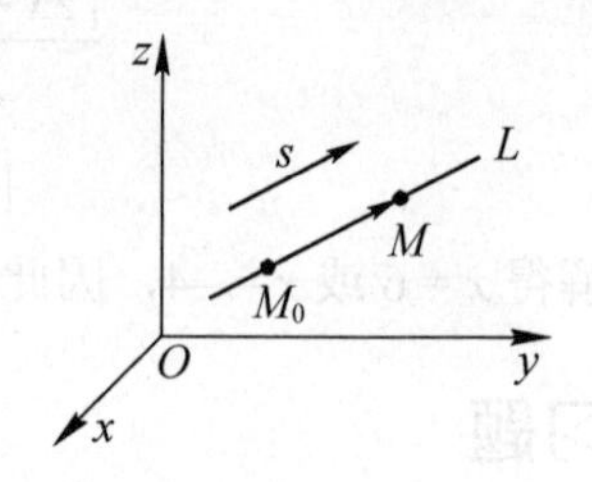

图 8.4.1

显然，直线 L 上任一点的坐标都满足方程(8.4.1)．直线 L 外的点的坐标都不满足方程(8.4.1)，故式(8.4.1)是直线 L 的方程．

由于该方程是由直线上一个点的坐标和直线的方向向量所确定的，因此称为直线的点**向式方程**，也称为**对称式方程**或**标准方程**，其中 m, n, p 称为该直线的一组方向数．

关于直线的点向式方程，注意以下两点．

(1) 由于直线上点的坐标选取不唯一，因此直线方程也不唯一．

(2) 直线的标准方程中，由于方向向量 $\boldsymbol{s}=\{m, n, p\}\neq 0$，所以方向数 m, n, p 不全为零，但其中可以有一个或两个为零．此时约定：当分母为零时，分子必为零，如：

当 m, n, p 中有一个为零，例如 $m=0$ 时，式(8.4.1)应理解为

$$\begin{cases} x-x_0=0 \\ \dfrac{y-y_0}{n}=\dfrac{z-z_0}{p} \end{cases};$$

当 m, n, p 中有两个为零，例如 $m=n=0$ 时，式(8.4.1)应理解为

$$\begin{cases} x-x_0=0 \\ y-y_0=0 \end{cases}.$$

例 8.4.1 求经过两点 $M_1(x_1, y_1, z_1)$，$M_2(x_2, y_2, z_2)$的直线方程．

解 依题意，可取向量$\overrightarrow{M_1M_2}$为直线的方向向量，即

$$\boldsymbol{s}=\overrightarrow{M_1M_2}=\{x_2-x_1, y_2-y_1, z_2-z_1\},$$

并选直线上一点 M_1，由直线的点向式方程(8.4.1)得

$$\frac{x-x_1}{x_2-x_1}=\frac{y-y_1}{y_2-y_1}=\frac{z-z_1}{z_2-z_1}. \tag{8.4.2}$$

式(8.4.2)称为**直线的两点式方程**．

8.4.2 直线的参数方程

在直线的点向式方程中，若引入一变量 t (称为参数)，即令

$$\frac{x-x_0}{m}=\frac{y-y_0}{n}=\frac{z-z_0}{p}=t,$$

则得

$$\begin{cases} x=x_0+mt \\ y=y_0+nt \\ z=z_0+pt \end{cases}. \quad (t\text{ 为参数}) \tag{8.4.3}$$

式(8.4.3)称为直线 L 的**参数式方程**．若参数 t 表示时间，则式(8.4.3)可视为一质点以 $M_0(x_0, y_0, z_0)$为始点，以速度 $\boldsymbol{v}=\{m, n, p\}$作直线运动的运动方程．

另外，从直线 L 的参数式方程中消去参数 t，可得直线 L 的点向式方程．

例 8.4.2　过点 $A(2, -1, 3)$作平面 $x-2y-2z+11=0$ 的垂线，求垂线方程及垂足的坐标．

解　取已知平面的法向量 $\boldsymbol{n}=\{1, -2, -2\}$作为垂线的方向向量，得垂线方程为

$$\frac{x-2}{1}=\frac{y+1}{-2}=\frac{z-3}{-2},$$

化为参数方程

$$x=2+t, y=-1-2t, z=3-2t .$$

代入平面方程中，得 $t=-1$，再代入参数式方程中，得垂足点坐标为(1, 1, 5).

8.4.3　空间直线的一般式方程

空间直线可以看作过该直线的两个相交平面的交线．设相交两平面方程为

$$A_1x+B_1y+C_1z+D_1=0 \text{ 和 } A_2x+B_2y+C_2z+D_2=0,$$

其中，系数 A_1, B_1, C_1 与 A_2, B_2, C_2 对应不成比例．

如果 L 是这两平面的交线，则 L 上任一点 $P(x, y, z)$必同时在这两平面上，如图 8.4.2 所示，因而平面上任一点 P 的坐标都满足方程组(8.4.4)；

$$\begin{cases} A_1x+B_1y+C_1z+D_1=0 \\ A_2x+B_2y+C_2z+D_2=0 \end{cases}. \tag{8.4.4}$$

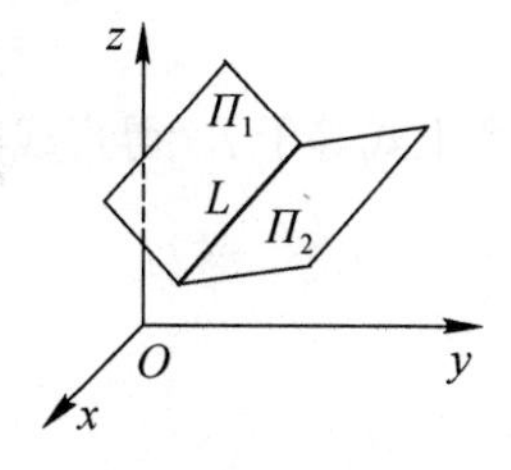

图 8.4.2

反之，不在直线 L 上的点，不可能同时位于两个平面上，即不能满足方程组(8.4.4)．故方程组(8.4.4)就表示两个平面的交线 L，称为直线 L 的**一般式方程**．

注意：由于过直线的平面有无穷多个，可以任取两个联立，便得直线的一般方程．因此，直线的一般方程形式不唯一．

由直线的一般式方程不易看出直线的方向向量和直线上的点的坐标，所以常需要将直线的一般式方程转化为点向式方程或参数式方程．**转化的方法是：**首先由式(8.4.4)求出直线上的一个点 $M_0(x_0, y_0, z_0)$，其次求出直线的一个方向向量 $\boldsymbol{s}=\{m, n, p\}$，最后代入式(8.4.4)或式(8.4.3)，就得到直线的点向式方程或参数式方程．由于 $\boldsymbol{s}$ 平行于式(8.4.4)中两平面的交线，所以 $\boldsymbol{s}$ 同时垂直于两平面的法向量 $\boldsymbol{n}_1=\{A_1, B_1, C_1\}$和 $\boldsymbol{n}_2=\{A_2, B_2, C_2\}$，因此可取 $\boldsymbol{s}=\boldsymbol{n}_1\times\boldsymbol{n}_2$．

直线的点向式方程(8.4.1)转化为直线的一般式方程(8.4.4)的方法是：将点向式方程(8.4.1)的两个等号所连接的式子写成两个平面方程的联立方程组即可，即

$$\begin{cases}\dfrac{x-x_0}{m}=\dfrac{y-y_0}{n}\\ \dfrac{y-y_0}{n}=\dfrac{z-z_0}{p}\end{cases}.$$

化简整理得直线的一般式方程为

$$\begin{cases}nx-my-nx_0+my_0=0\\ py-nz-py_0+nz_0=0\end{cases}.$$

例 8.4.3 将直线的一般式方程$\begin{cases}2x-3y+z-5=0\\ 3x+y-z-1=0\end{cases}$化为点向式方程及参数式方程.

解 首先，求此直线上一个点的坐标．为此可设$x=0$，代入原方程组，得

$$\begin{cases}-3y+z=5\\ y-z=1\end{cases},$$

解得$y=-3, z=-4$.

于是得该直线上的一个定点(0, −3, −4)．直线的方向向量为

$$\boldsymbol{s}=\boldsymbol{n}_1\times\boldsymbol{n}_2=\{2,-3,1\}\times\{3,1,-1\}=\{2,5,11\},$$

因此，直线的点向式方程为

$$\frac{x}{2}=\frac{y+3}{5}=\frac{z+4}{11},$$

令上式等于t，得直线的参数式方程为

$$\begin{cases}x=2t\\ y=-3+5t\\ z=-4+11t\end{cases}\quad(t\text{ 为参数}).$$

8.4.4 两直线的夹角

两直线的方向向量的夹角称为**两直线的夹角**(通常取锐角)．设有两直线

$$L_1:\ \frac{x-x_1}{m_1}=\frac{y-y_1}{n_1}=\frac{z-z_1}{p_1},\quad \boldsymbol{s}_1=\{m_1,n_1,p_1\};$$

$$L_2:\ \frac{x-x_2}{m_2}=\frac{y-y_2}{n_2}=\frac{z-z_2}{p_2},\quad \boldsymbol{s}_2=\{m_2,n_2,p_2\},$$

则直线L_1和L_2夹角的余弦为

$$\cos\theta=\frac{|m_1m_2+n_1n_2+p_1p_2|}{\sqrt{m_1^2+n_1^2+p_1^2}\sqrt{m_2^2+n_2^2+p_2^2}}. \tag{8.4.5}$$

由此得**两直线垂直**的充分必要条件是

$$m_1m_2+n_1n_2+p_1p_2=0.$$

两直线平行的充分必要条件是

$$\frac{m_1}{m_2}=\frac{n_1}{n_2}=\frac{p_1}{p_2}.$$

例 8.4.4　已知两直线

$$L_1:\ \frac{x-1}{1}=\frac{y}{-4}=\frac{z+3}{1},\quad L_2:\ \frac{x}{2}=\frac{y+2}{-2}=\frac{z}{-1}.$$

求：(1) 直线 L_1 和 L_2 的夹角 θ；

(2) 过点(2, 0, −1)且垂直于 L_1 与 L_2 的直线方程.

解　(1) 直线 L_1 与 L_2 的方向向量分别为 $\boldsymbol{s}_1=\{1,-4,1\}$，$\boldsymbol{s}_2=\{2,-2,-1\}$，则由式(8.4.5)得

$$\cos\theta=\frac{|1\times 2+(-4)\times(-2)+1\times(-1)|}{\sqrt{1^2+(-4)^2+1^2}\sqrt{2^2+(-2)^2+(-1)^2}}=\frac{\sqrt{2}}{2},$$

从而 $\theta=\dfrac{\pi}{4}$.

(2) 设所求直线的方向向量为 $\boldsymbol{s}=\{m,n,p\}$，由于所求直线与直线 L_1, L_2 分别垂直，从而 $\boldsymbol{s}\perp\boldsymbol{s}_1$，$\boldsymbol{s}\perp\boldsymbol{s}_2$，故可取

$$\boldsymbol{s}=\boldsymbol{s}_1\times\boldsymbol{s}_2=\{1,-4,1\}\times\{2,-2,-1\}=\{6,3,6\}.$$

又因为所求直线过点(2, 0, −1)，所以直线的点向式方程为

$$\frac{x-2}{6}=\frac{y}{3}=\frac{z+1}{6},\ \text{即}\ \frac{x-2}{2}=\frac{y}{1}=\frac{z+1}{2}.$$

8.4.5　直线与平面的夹角

定义　直线 L 与平面 Π 的夹角 θ 是直线 L 与它在平面 Π 上投影直线 L' 夹角的锐角(投影直线 L' 是指平面 Π 与过直线 L 且垂直于平面 Π 的平面 Π' 的交线)，如图 8.4.3 所示.

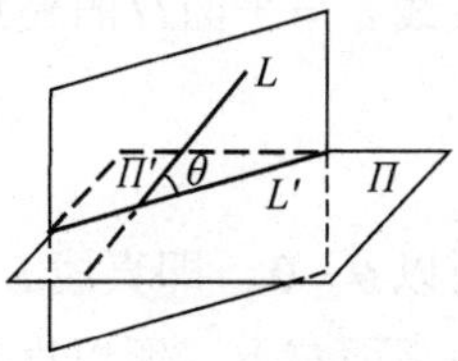

图 8.4.3

特别地，当 $L/\!/\Pi$ 时，$\theta=0$；当 $L\perp\Pi$ 时，$\theta=\dfrac{\pi}{2}$.

设直线 L 和平面 Π 的方程为

$$L:\ \frac{x-x_0}{m}=\frac{y-y_0}{n}=\frac{z-z_0}{p},\quad \boldsymbol{s}=\{m,n,p\},$$

$$\Pi:\ Ax+By+Cz+D=0,\quad \boldsymbol{n}=\{A,B,C\}.$$

$\boldsymbol{s}$ 与 $\boldsymbol{n}$ 之间的夹角为 φ，则直线 L 与平面 Π 的夹角 $\theta=\dfrac{\pi}{2}-\varphi$，所以

$$\sin\theta=|\cos\varphi|=\frac{|\boldsymbol{s}\cdot\boldsymbol{n}|}{|\boldsymbol{s}||\boldsymbol{n}|}=\frac{|Am+Bn+Cp|}{\sqrt{m^2+n^2+p^2}\sqrt{A^2+B^2+C^2}}. \tag{8.4.6}$$

因为直线与平面平行，相当于直线的方向向量与平面的法向量垂直. 所以直线 L 与平面 Π 平行的充分必要条件为

$$Am+Bn+Cp=0.$$

同理可得，直线 L 与平面 Π 垂直的充分必要条件为

$$\frac{A}{m}=\frac{B}{n}=\frac{C}{p}.$$

例 8.4.5 求过点(1, 2, 3)且平行于向量 $\boldsymbol{a}=\{1,-4,1\}$的直线与平面 $x+y+z=1$ 的交点以及直线与平面的夹角θ.

解 依题意知，直线方程为

$$\frac{x-1}{1}=\frac{y-2}{-4}=\frac{z-3}{1},$$

化成参数方程，得 $x=1+t,\quad y=2-4t,\quad z=3+t$，代入平面方程中，解得 $t=\frac{5}{2}$. 再把它代入直线的参数方程中，得

$$x=\frac{7}{2},\ y=-8,\ z=\frac{11}{2}.$$

所以，交点的坐标是$\left(\frac{7}{2},\ -8,\ \frac{11}{2}\right)$.

由式(8.4.6)得

$$\sin\theta=\frac{|1\times1+1\times(-4)+1\times1|}{\sqrt{1^2+1^2+1^2}\sqrt{1^2+(-4)^2+1^2}}=\frac{\sqrt{6}}{9},$$

从而

$$\theta=\arcsin\frac{\sqrt{6}}{9}.$$

例 8.4.6 讨论平面Π：$2x+3y+2z=8$ 与直线 L: $\frac{x}{1}=\frac{y-2}{-2}=\frac{z-1}{2}$的位置关系.

解 直线的方向向量与平面的法向量分别为

$$\boldsymbol{s}=\{1,-2,2\},\ \boldsymbol{n}=\{2,3,2\}.$$

直线 L 与平面Π的夹角正弦为

$$\sin\theta=\frac{|\boldsymbol{s}\cdot\boldsymbol{n}|}{|\boldsymbol{s}||\boldsymbol{n}|}=\frac{|1\times2-2\times3+2\times2|}{\sqrt{1^2+(-2)^2+2^2}\sqrt{2^2+3^2+2^2}}=0.$$

所以$\theta=0$，即直线 L 与平面Π平行或直线 L 在平面Π内. 容易验证，直线 L 上的点(0, 2, 1)在平面Π上，所以直线 L 在平面Π内.

习题

1. 求过点$(4,-1,3)$，且平行于直线$\frac{x-3}{2}=y=\frac{z-1}{5}$的直线方程.

2. 求满足下列条件的直线方程.

(1) 经过点 $A(1, 2, 1)$和 $B(1, 2, 3)$;

(2) 经过点 $A(0, -3, 2)$且与两点 $B(3, 4, -7)$和 $C(2, 7, -6)$的连线平行.

3. 求直线$\begin{cases}x-y+z=1\\2x+y+z=4\end{cases}$的点向式方程和参数方程.

4. 试确定下列各题中直线与平面间的位置关系.

(1) $\frac{x+3}{-2}=\frac{y+4}{-7}=\frac{z}{3}$ 和 $4x-2y-2z=3$；

(2) $\frac{x}{3}=\frac{y}{-2}=\frac{z}{7}$ 和 $3x-2y+7z=8$；

(3) $\frac{x-2}{3}=\frac{y+2}{1}=\frac{z-3}{-4}$ 和 $x+y+z=3$．

5. 求直线 $\begin{cases}x+2y+z-1=0\\x-2y+z+1=0\end{cases}$ 和直线 $\begin{cases}x-y-z-1=0\\x-y+2z+1=0\end{cases}$ 的夹角 θ．

6. 求直线 $\begin{cases}x+2y+3z=0\\x-y-z=0\end{cases}$ 和平面 $x-y-z+1=0$ 的夹角 θ．

7. 求过点 $A(0,2,4)$ 且与两平面 $x+2z=1$ 和 $y-3z=2$ 平行的直线方程.

8. 求过点 $(2,1,1)$ 且与直线 $\begin{cases}x+2y-z+1=0\\2x+y-z=0\end{cases}$ 垂直的平面方程.

8.5　曲面与曲线

前面我们讨论了空间的平面和直线，建立了它们的方程．而在现实生活中，我们经常会遇到各种曲面，如雷达天线、建筑物的屋顶、弧形反光板等，要设计和制造这些曲面，首先要了解这些曲面的性质和方程．这一节我们将讨论空间曲面和曲线的方程，并介绍几种常见的曲面.

8.5.1　曲面及其方程

在平面解析几何中，我们把平面曲线看成平面中按照一定规律运动的点的轨迹．同样地，在空间解析几何中，我们把曲面也看成空间中按照一定规律运动的点的轨迹．空间动点 $M(x,y,z)$所满足的条件通常可用关于 x,y,z 的方程 $F(x,y,z)=0$ 来表示，这个方程就是曲面的方程.

如果曲面 S 和方程 $F(x,y,z)=0$ 之间有下述关系：

(1) 曲面 S 上任一点的坐标都满足方程；

(2) 不在曲面 S 上的点的坐标都不满足方程，

则称方程 $F(x,y,z)=0$ 为曲面 S 的方程，而称曲面 S 为该方程的图形或轨迹，如图 8.5.1 所示.

例 8.5.1　一动点 M 与两点 $A(1,2,3)$和 $B(2,-1,4)$等距离，如图 8.5.2 所示，求动点轨迹的方程.

解　设动点 M 的坐标为(x,y,z)，依题有$|MA|=|MB|$，即

$$\sqrt{(x-1)^2+(y-2)^2+(z-3)^2}=\sqrt{(x-2)^2+(y+1)^2+(z-4)^2}.$$

两边平方，化简得

$$2x-6y+2z-7=0,$$

即为所求动点 M 轨迹的方程，显然，该轨迹是线段 AB 的垂直平分面.

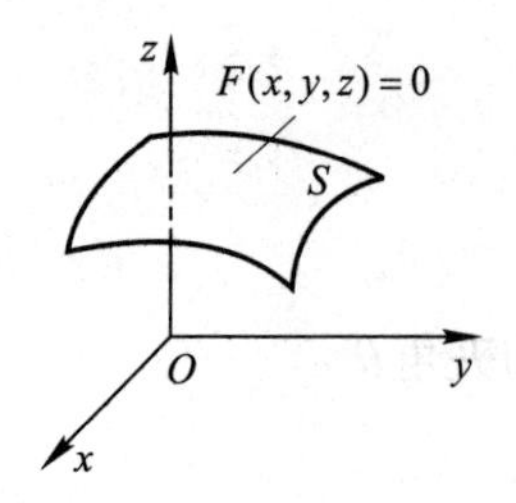

图 8.5.1

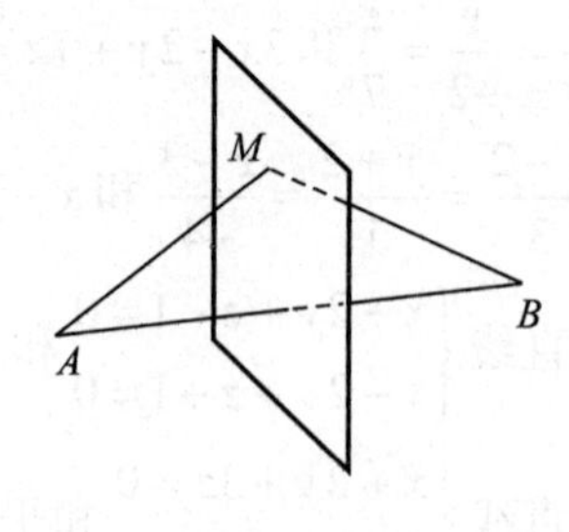

图 8.5.2

8.5.2 常见的曲面及其方程

1. 球面

到定点距离等于定常数的点的轨迹即为**球面**，定点叫作**球心**，定常数叫作**半径**.

例 8.5.2 求以点 $M_0(x_0, y_0, z_0)$为球心，以 R 为半径的球面方程.

解 设 $M(x, y, z)$是球面上的任一点，则有$|M_0M|=R$，即

$$\sqrt{(x-x_0)^2+(y-y_0)^2+(z-z_0)^2}=R,$$

两边平方，得

$$(x-x_0)^2+(y-y_0)^2+(z-z_0)^2=R^2.$$

即为所求球面的方程.

特别地，圆心位于原点，半径为 R 的球面方程为 $x^2+y^2+z^2=R^2$.

例 8.5.3 方程 $x^2+y^2+z^2+6x-8y=0$ 表示怎样的曲面？

解 经配方后，方程可以写成

$$(x+3)^2+(y-4)^2+z^2=25,$$

可见该方程表示一个球心在点(−3, 4, 0)，半径为 5 的球面.

一般地，三元二次方程

$$x^2+y^2+z^2+Ax+By+Cz+d=0 \quad (A^2+B^2+C^2+D^2\neq 0)$$

在空间表示一个球面，称为**球面的一般方程**．具有以下特点：

(1) 方程中各平方项 x^2, y^2, z^2 前的系数相等；

(2) 方程中不含 x, y, z 的交叉相乘项.

2. 柱面

一动直线 L 沿定曲线 C 作平行移动，所形成的曲面称为**柱面**．定曲线 C 称为柱面的**准线**，动直线 L 称为柱面的**母线**(见图 8.5.3).

此处只讨论准线位于坐标面上，而母线垂直于该坐标面的柱面.

如果柱面的准线是 xOy 面上的曲线 C：$f(x, y)=0$，母线平行于 z 轴，则该柱面的方程为 $f(x, y)=0$ (见图 8.5.4).

这是因为，在此柱面上任取一点 $M(x, y, z)$，过点 M 作平行于 z 轴的直线，此直线与 xOy 面相交于点 $P(x, y, 0)$，则点 P 必在准线 C 上，不论 P 点的竖坐标 z 取何值，它在 xOy

面上的横坐标和纵坐标(x, y)必定满足方程$f(x, y) = 0$，所以点$M(x, y, z)$也满足方程$f(x, y) = 0$．反之，不在柱面上的点都不可能满足方程$f(x, y) = 0$．因此，方程$f(x, y) = 0$在空间就表示准线为xOy面上的曲线$f(x, y) = 0$，母线平行于z轴的柱面．

同理，$\varphi(y, z) = 0$及$\psi(x, z) = 0$在空间都表示柱面，其母线分别平行于x轴和y轴．

图 8.5.3　　图 8.5.4

显然，平面可以看成是准线为直线的柱面．例如平面$x + y - 1 = 0$，可看成一个准线是xOy面上的直线$x + y = 1$，而母线平行于z轴的柱面(见图 8.5.5)．平面$x - 1 = 0$，可看成是一个准线是xOy面上的直线$x = 1$，而母线平行于y轴或z轴的柱面．

由此可见，在空间直角坐标系下，缺少变量的方程为柱面方程，且方程中缺哪个变量，该柱面的母线就平行于哪一个坐标轴．

在柱面中，当准线C是某坐标面上的二次曲线时，称为**二次柱面**．如方程

$$x^2 + y^2 = R^2，\quad x^2 = 2py，\quad \frac{x^2}{a^2} + \frac{y^2}{b^2} = 1，\quad \frac{x^2}{a^2} - \frac{y^2}{b^2} = 1$$

分别表示母线平行于z轴的**圆柱面**、**抛物柱面**(见图 8.5.6)、**椭圆柱面**(见图 8.5.7)，特别地，当$a = b$时称为**圆柱面**和**双曲柱面**(见图 8.5.8)．

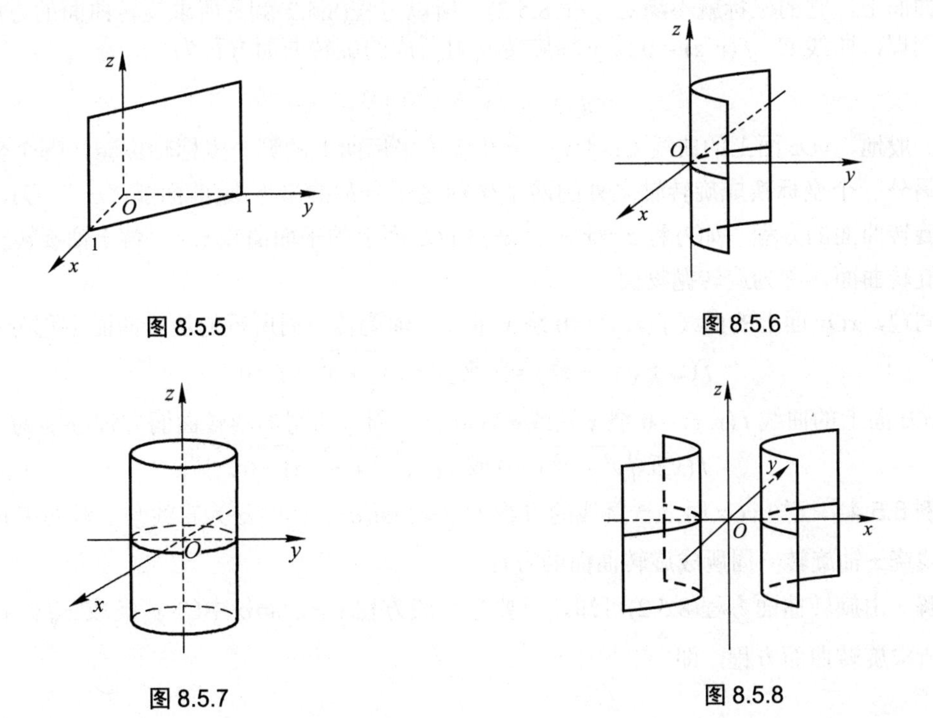

图 8.5.5　　图 8.5.6

图 8.5.7　　图 8.5.8

3．旋转曲面

一条平面曲线 C 绕同一平面上的一条定直线 L 旋转一周所形成的曲面称为**旋转曲面**．平面曲线 C 称为旋转曲面的**母线**，定直线 L 称为该旋转曲面的**旋转轴**，简称为**轴**．下面只讨论母线位于某个坐标面上，且绕该坐标面的两条坐标轴旋转所形成的旋转曲面．

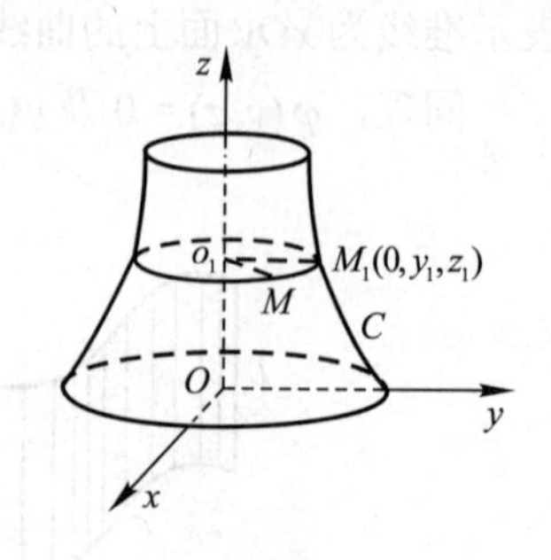

图 8.5.9

设在 yOz 面上有一已知曲线 C：$f(y,z)=0$，这条曲线绕 z 轴旋转一周，就得到一个旋转曲面(见图 8.5.9)，下面来求这个旋转曲面的方程．

在旋转曲面上任取一点 $M(x,y,z)$，设这点是由母线 C 上的点 $M_1(0,y_1,z_1)$绕 z 轴旋转而得到的．由于点 M 与点 M_1 的竖坐标相同，且它们到轴的距离相等，所以有

$$\begin{cases} z=z_1 \\ \sqrt{x^2+y^2}=|y_1| \end{cases},$$

即

$$\begin{cases} z_1=z \\ y_1=\pm\sqrt{x^2+y^2} \end{cases}. \tag{8.5.1}$$

又因为点 M_1 在母线 C 上，所以 $f(y_1,z_1)=0$．将式(8.5.1)代入这个方程中，得

$$f(\pm\sqrt{x^2+y^2},z)=0. \tag{8.5.2}$$

因此，旋转曲面上的任何点 $M(x,y,z)$的坐标都满足方程(8.5.2)．如果点 $M(x,y,z)$不在旋转曲面上，它的坐标就不满足方程(8.5.2)．所以方程(8.5.2)就是所求旋转曲面的方程．

同理，曲线 C：$f(y,z)=0$ 绕 y 轴旋转一周所成的旋转曲面方程为

$$f(y,\pm\sqrt{x^2+z^2})=0.$$

一般地，yOz 面上的曲线 C：$f(y,z)=0$ 绕该坐标面上的哪个坐标轴旋转，哪个坐标不变，另外一个坐标换成旋转轴之外的两个坐标之平方和的平方根(前面加“±”号)，即可得到旋转曲面的方程．如方程 $z=x^2+y^2$ 是由 yOz 面上的平面曲线 $z=y^2$ 绕 z 轴旋转一周而成的旋转曲面，称为旋转抛物面．

同理，xOy 面上的曲线 $f(x,y)=0$ 绕 x 轴或 y 轴旋转一周所得的旋转曲面方程分别为

$$f(x,\pm\sqrt{y^2+z^2})=0 \text{ 或 } f(\pm\sqrt{x^2+z^2},y)=0.$$

xOz 面上的曲线 $f(x,z)=0$ 绕 x 轴或 z 轴旋转一周，所得的旋转曲面方程分别为

$$f(x,\pm\sqrt{y^2+z^2})=0 \text{ 或 } f(\pm\sqrt{x^2+y^2},z)=0.$$

例 8.5.4 已知 yOz 面上一直线的方程为 $y=z\tan\alpha$，其中 α 为直线与 z 轴的夹角，求该直线绕 z 轴旋转一周所成旋转曲面的方程．

解 由旋转曲面方程(8.5.2)可知，只要把直线方程 $y=z\tan\alpha$ 中的 y 换成$\pm\sqrt{x^2+y^2}$ 就得到所求旋转曲面方程，即

$$\pm\sqrt{x^2+y^2}=z\tan\alpha \quad 或 \quad z^2=k^2(x^2+y^2)，$$

其中 $k=\cot\alpha$ 为常数.

此曲面为顶点在原点，对称轴为 z 轴的圆锥面(见图 8.5.10).

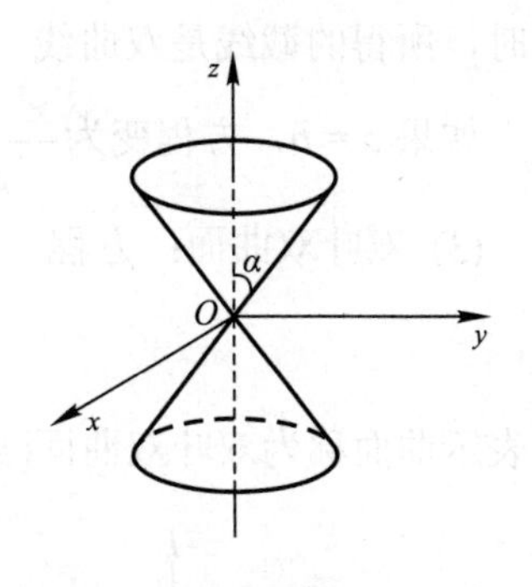

图 8.5.10

4．常见的二次曲面及其方程

在空间直角坐标系中，我们把三元二次方程所表示的曲面叫作二次曲面．相应地，把平面叫作一次曲面．由本节前面的讨论知道，圆锥面、旋转抛物面、旋转双曲面、圆柱面、抛物柱面等都是二次曲面．对于空间曲面，我们常用一系列平行于坐标面的平面去截曲面，得到一系列截线，对这些截线进行分析，就可了解曲面的形状轮廓，一般将这种方法称为截痕法．下面用截痕法研究一些常见的二次曲面.

(1) 椭球面：方程

$$\frac{x^2}{a^2}+\frac{y^2}{b^2}+\frac{z^2}{c^2}=1$$

所表示的曲面称为椭球面，其中 a, b, c 称为椭球面的半轴(见图 8.5.11).

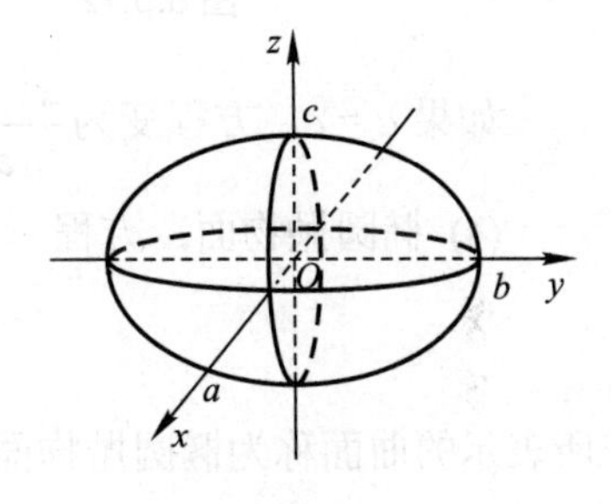

图 8.5.11

由方程可知，曲面关于三个坐标面及原点都对称，且

$$\frac{x^2}{a^2}\leqslant 1，\ \frac{y^2}{b^2}\leqslant 1，\ \frac{z^2}{c^2}\leqslant 1，$$

即
$$|x|\leqslant a，|y|\leqslant b，|z|\leqslant c.$$

说明椭球面完全包含在 $x=\pm a, y=\pm b, z=\pm c$ 这六个平面所围成的长方体内.

用平面 $x=x_1\ (|x_1|<a), y=y_1\ (|y_1|<b), z=z_1\ (|z_1|<c)$ 分别去截椭球面时，所得的截线都是椭圆.

当 $a=b=c$ 时，方程变为 $x^2+y^2+z^2=a^2$，表示一个球心在原点、半径为 a 的球面.

如果 a, b, c 中有两个相等，如当 $a=b$ 时，则方程变为

$$\frac{x^2+y^2}{a^2}+\frac{z^2}{c^2}=1.$$

这个方程表示一个由 zOx 面上的椭圆 $\frac{x^2}{a^2}+\frac{z^2}{c^2}=1$ 绕 z 轴旋转所成的旋转椭球面.

(2) 单叶双曲面：方程

$$\frac{x^2}{a^2}+\frac{y^2}{b^2}-\frac{z^2}{c^2}=1$$

所表示的曲面称为单叶双曲面(见图 8.5.12).

由方程可知，曲面关于三个坐标面及原点均对称，用平面 $z=z_1$ 去截曲面时，所得的截线都是椭圆，且随着 $|z_1|$ 的增大，所得的椭圆截线也增大．用平面 $x=x_1$ 或 $y=y_1$ 去截曲

面时，所得的截线是双曲线.

如果 $a=b$，方程变为 $\dfrac{x^2+y^2}{a^2}-\dfrac{z^2}{c^2}=1$，所表示的曲面是单叶旋转双曲面.

(3) 双叶双曲面：方程

$$\frac{x^2}{a^2}-\frac{y^2}{b^2}+\frac{z^2}{c^2}=-1$$

所表示曲面称为双叶双曲面(见图 8.5.13).

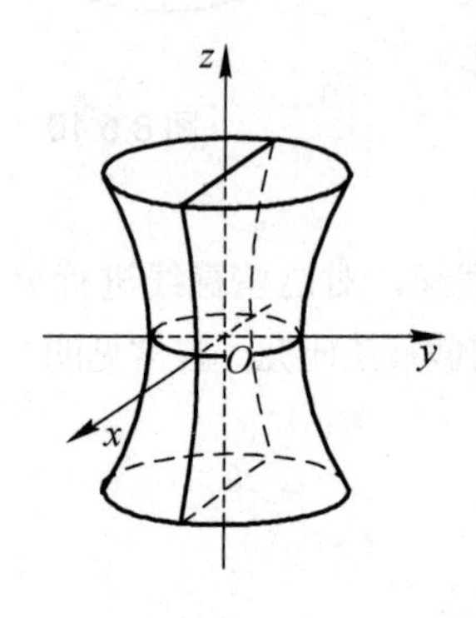

图 8.5.12

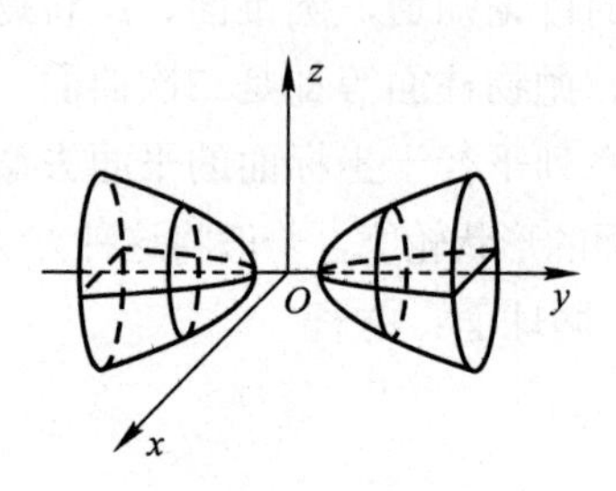

图 8.5.13

如果 $a=c$，方程变为 $\dfrac{x^2+z^2}{a^2}-\dfrac{y^2}{c^2}=-1$，所表示曲面是双叶旋转双曲面.

(4) 椭圆抛物面：方程

$$z=\frac{x^2}{2p}+\frac{y^2}{2q}\ \ (p \text{ 与 } q \text{ 同号})$$

所表示的曲面称为椭圆抛物面．当 $p>0, q>0$ 时，形状如图 8.5.14 所示.

如果 $p=q$，方程变为 $z=\dfrac{x^2+y^2}{2p}(p>0)$，该方程表示 yOz 面上的抛物线 $y^2=2pz$ 绕 z 轴旋转而成的旋转曲面，称为旋转抛物面.

(5) 双曲抛物面：方程

$$z=-\frac{x^2}{2p}+\frac{y^2}{2q}\ \ (p \text{ 与 } q \text{ 同号})$$

所表示的曲面称为双曲抛物面或马鞍面．当 $p>0, q>0$ 时，其形状如图 8.5.15 所示.

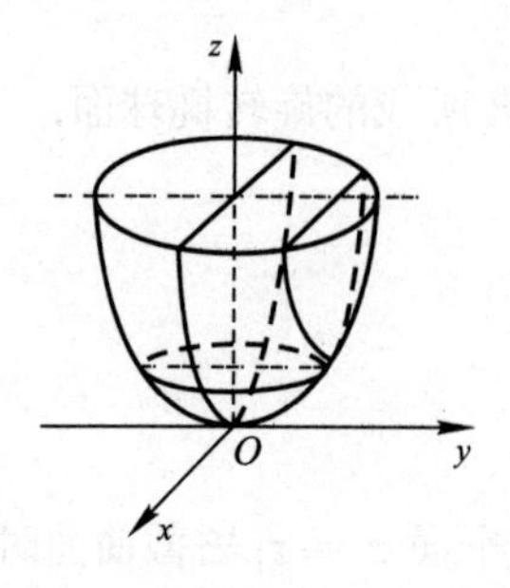

图 8.5.14

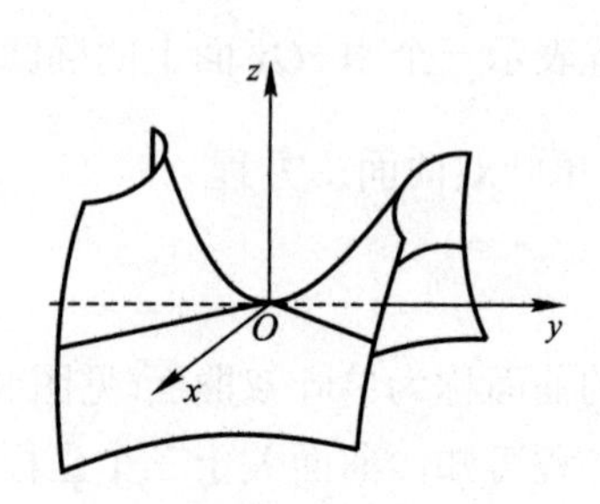

图 8.5.15

8.5.3　空间曲线及其在坐标面上的投影

1. 空间曲线的一般方程

我们知道，空间直线可看作两个相交平面的交线．类似地，空间曲线也可以看作两个相交曲面的交线．例如，xOy 面上的圆 $x^2+y^2=a^2$ 可以看成球面 $x^2+y^2+z^2=a^2$ 与平面 $z=0$ 的交线，其方程为

$$\begin{cases} x^2+y^2+z^2=a^2 \\ z=0 \end{cases}.$$

一般地，若已知两个相交曲面 Σ_1：$F(x,y,z)=0$ 及 Σ_2：$G(x,y,z)=0$，则可用方程组

$$\begin{cases} F(x,y,z)=0 \\ G(x,y,z)=0 \end{cases}$$

表示交线的方程，称为空间曲线的一般方程．

例 8.5.5　方程组 $\begin{cases} x^2+y^2=1 \\ 2x+3y+3z=6 \end{cases}$ 表示怎样的曲线？

解　方程组中第一个方程表示母线平行于 z 轴的圆柱面，其准线是 xOy 面上的圆 $x^2+y^2=1$；第二个方程表示一个平面，它与 x 轴、y 轴和 z 轴的交点依次为(3, 0, 0)，(0, 2, 0)和(0, 0, 2)．方程组表示上述平面与圆柱面的交线(见图 8.5.16)．

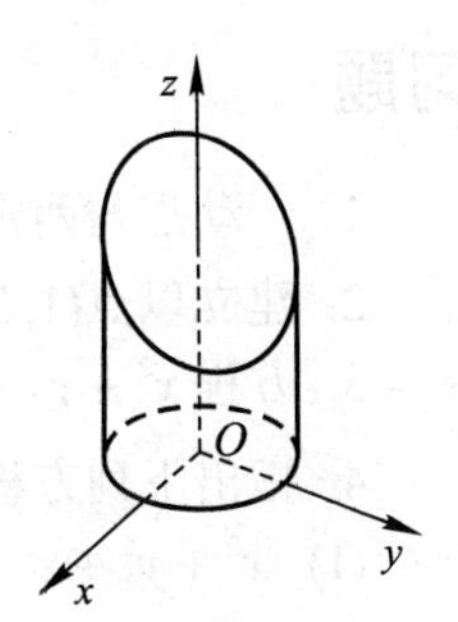

图 8.5.16

2. 空间曲线在坐标面上的投影

设空间曲线 Γ 的方程为

$$\begin{cases} F_1(x,y,z)=0 \\ F_2(x,y,z)=0 \end{cases}. \tag{8.5.3}$$

要求曲线 Γ 在 xOy 面上的投影曲线方程，就要通过曲线 Γ 上每一点作 xOy 面的垂线，由这些垂线形成一个母线平行于 z 轴且准线为曲线 Γ 的柱面．该柱面与 xOy 面的交线就是曲线 Γ 在 xOy 面上的投影曲线．所以关键在于求这个柱面方程．

由方程组(8.5.3)消去变量 z，得方程

$$F(x,y)=0 \tag{8.5.4}$$

方程(8.5.4)表示一个母线平行于 z 轴的柱面，这个柱面必定包含曲线 Γ，称为曲线 Γ 关于 xOy 面的投影柱面，它与 xOy 面的交线就是空间曲线 Γ 在 xOy 面上的投影曲线，简称投影．曲线 Γ 在 xOy 面上的投影曲线的方程为

$$\begin{cases} F(x,y)=0 \\ z=0 \end{cases}.$$

同理，从方程组(8.5.3)消去 x，得 $G(y,z)=0$，则曲线 Γ 在 yOz 面上投影曲线方程为

$$\begin{cases} G(y,z)=0 \\ x=0 \end{cases}.$$

从方程组(8.5.3)中消去 y，得到 $H(x,z)=0$，则曲线 Γ 在 zOx 面的投影曲线方程为

$$\begin{cases}H(x,z)=0\\ y=0\end{cases}.$$

例 8.5.6 求曲线 $\begin{cases}z=\sqrt{4-x^2-y^2}\\ z=\sqrt{3(x^2+y^2)}\end{cases}$ 在 xOy 平面上的投影曲线.

解 曲面 $z=\sqrt{4-x^2-y^2}$ 为上半球面，$z=\sqrt{3(x^2+y^2)}$ 为圆锥面，消去变量 z，得到 $x^2+y^2=1$. 这是曲线关于 xOy 面的投影柱面，所以曲线在 xOy 面上的投影曲线方程为

$$\begin{cases}x^2+y^2=1\\ z=0\end{cases},$$

它是 xOy 面上的一个圆(见图 8.5.17).

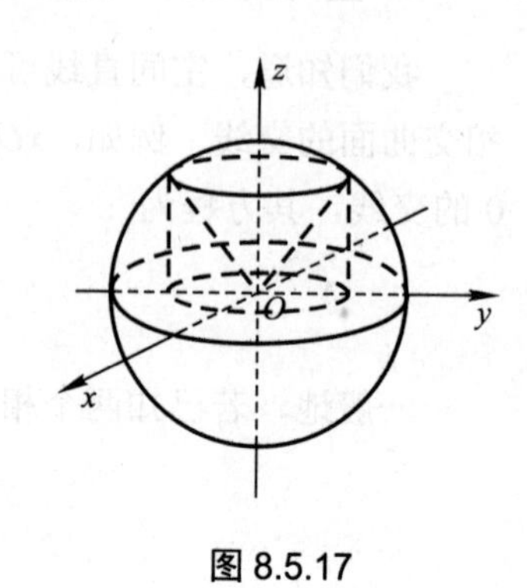

图 8.5.17

习题

1. 一动点与两定点(2, 3, 1)和(4, 5, 6)等距离，求该动点的轨迹方程.
2. 建立以点(1, 3, −2)为球心且通过原点的球面方程.
3. 方程 $x^2+y^2+z^2-2x+4y+2z=0$ 表示什么曲面？
4. 指出下列方程所表示的曲面名称.

(1) $x^2+y^2+z^2=1$； (2) $x^2+y^2=1$； (3) $x^2=1$；

(4) $x^2-y^2=0$； (5) $\dfrac{x^2}{4}+\dfrac{y^2}{9}=1$； (6) $\dfrac{x^2}{1}-\dfrac{y^2}{9}=1$；

(7) $x^2+\dfrac{y^2}{4}+\dfrac{z^2}{9}=1$； (8) $36x^2+9y^2-4z=36$；

(9) $x^2-\dfrac{y^2}{4}-\dfrac{z^2}{9}=1$； (10) $x^2-y^2+2z=1$.

5. 指出下列方程中哪些是旋转曲面？如果是，说明它是怎样生成的？

(1) $\dfrac{x^2}{4}+\dfrac{y^2}{9}+\dfrac{z^2}{9}=1$； (2) $z^2=x^2+y^2$； (3) $x^2+2y^2+3z^2=1$；

(4) $x^2-\dfrac{y^2}{4}+z^2=1$； (5) $\dfrac{x^2}{9}+\dfrac{y^2}{16}-\dfrac{z^2}{25}=1$； (6) $z=x^2+y^2$.

6. 求下列旋转曲面的方程，并指出它是什么曲线？

(1) 将 xOy 面上的曲线 $4x^2-9y^2=36$ 分别绕 x 轴和 y 轴旋转一周；

(2) 将 xOz 面上的曲线 $z^2=5x$ 绕 x 轴旋转一周.

7. 指出下列方程所表示的曲线.

(1) $\begin{cases}x^2+\dfrac{y^2}{4}=8\\ z=2\end{cases}$； (2) $\begin{cases}x^2+y^2+z^2=25\\ z=3\end{cases}$； (3) $\begin{cases}\dfrac{y^2}{9}-\dfrac{z^2}{4}=1\\ x=2\end{cases}$.

8. 求曲线$\begin{cases} x^2+y^2-z=0 \\ z=x+1 \end{cases}$在 xOy 面上的投影方程.

总　习　题

一、填空题

1. 一向量的终点坐标为 $(2,-1,7)$，它在 x 轴、y 轴和 z 轴上的投影依次为 $4,-4,7$，则此向量的起点 A 的坐标为________.

2. 已知 $\boldsymbol{a}=\{\lambda,\ -3,\ 2\}$ 与 $\boldsymbol{b}=\boldsymbol{i}+2\boldsymbol{j}-\lambda\boldsymbol{k}$ 垂直，则 $\lambda=$________.

3. 与 $\boldsymbol{a}=\boldsymbol{i}-\boldsymbol{j}+2\boldsymbol{k},\ \boldsymbol{b}=-\boldsymbol{i}+2\boldsymbol{j}-\boldsymbol{k}$ 同时垂直的单位向量是________.

4. 向量 $\boldsymbol{a}=2\boldsymbol{i}+\boldsymbol{j}-2\boldsymbol{k}$ 与 $\boldsymbol{b}=-2\boldsymbol{i}-\boldsymbol{j}+m\boldsymbol{k}$ 平行的条件是________.

5. 直线方程 L: $\begin{cases} x-3z+5=0 \\ y-2z+8=0 \end{cases}$ 的标准式方程为________.

二、判断题

1. $\boldsymbol{i}\cdot\boldsymbol{i}=\boldsymbol{j}\cdot\boldsymbol{j}$.　(　　)

2. 非零向量 $\boldsymbol{a}$ 与 $\boldsymbol{b}$ 对应坐标成比例是 $\boldsymbol{a}/\!/\boldsymbol{b}$ 的充要条件.　(　　)

3. $\boldsymbol{a}\times\boldsymbol{b}=\boldsymbol{b}\times\boldsymbol{a}$.　(　　)

4. 平面 $2x+y+z-6=0$ 与直线 $\dfrac{x-2}{1}=\dfrac{y-3}{1}=\dfrac{z-4}{2}$ 的交点是 $(1,2,2)$.　(　　)

5. 方程 $x^2+y^2=R^2$ 表示圆柱面.　(　　)

三、选择题

1. 当 $k=$（　　）时，$\boldsymbol{a}=\{1,-1,\ k\}$ 与 $\boldsymbol{b}=\{2,\ 4,\ 2\}$ 垂直.

A. 1　　B. -1　　C. 2　　D. -2

2. 设 $\boldsymbol{a},\boldsymbol{b},\boldsymbol{c}$ 是三个任意向量，则 $(\boldsymbol{a}+\boldsymbol{b})\times\boldsymbol{c}=$(　　).

A. $\boldsymbol{a}\times\boldsymbol{c}+\boldsymbol{c}\times\boldsymbol{b}$　　B. $\boldsymbol{c}\times\boldsymbol{a}+\boldsymbol{c}\times\boldsymbol{b}$　　C. $\boldsymbol{a}\times\boldsymbol{c}+\boldsymbol{b}\times\boldsymbol{c}$　　D. $\boldsymbol{c}\times\boldsymbol{a}+\boldsymbol{b}\times\boldsymbol{c}$.

3. 已知 $\boldsymbol{a},\boldsymbol{b},\boldsymbol{c}$ 为单位向量，且满足 $\boldsymbol{a}+\boldsymbol{b}+\boldsymbol{c}=\boldsymbol{0}$，则 $\boldsymbol{a}\times\boldsymbol{b}+\boldsymbol{b}\times\boldsymbol{c}+\boldsymbol{c}\times\boldsymbol{a}=$(　　).

A. $\boldsymbol{a}+\boldsymbol{b}+\boldsymbol{c}=\boldsymbol{0}$　　B. $\boldsymbol{a}\times\boldsymbol{b}$　　C. $2(\boldsymbol{a}\times\boldsymbol{b})$　　D. $3(\boldsymbol{a}\times\boldsymbol{b})$

4. 直线 $\dfrac{x-1}{-1}=\dfrac{y-2}{2}=\dfrac{z+1}{-2}$ 与下列平面(　　)平行.

A. $4x+y-z+10=0$　　B. $x-2y+3z+5=0$

C. $2x-3y+z+6=0$　　D. $-x-y+5z+4=0$

5. 平面 $3x-5y+kz-3=0$ 垂直于平面 $x+3y-6z+5=0$，则 $k=$（　　）.

A. 1　　B. -1　　C. 2　　D. -2

6. 方程 $x^2-y^2+z^2=0$ 表示的曲面是(　　).

A. 圆柱面　　B. 双曲柱面　　C. 圆锥面　　D. 旋转抛物面

四、综合题

1. 已知向量 $\boldsymbol{c}=\{2,\ k,\ -6\}$ 同时垂直于 $\boldsymbol{a}=\{2, 1, -1\}$，$\boldsymbol{b}=\{1,\ -1,\ 2\}$，试求 k 的值.
2. 已知向量 $\boldsymbol{a}=\{1,\ k,\ 2\}$ 与 $\boldsymbol{b}=\{2,\ 1,\ 4\}$ 平行，试求 k 的值.
3. 求通过 x 轴和点 $(2,-1,7)$ 的平面方程.
4. 求通过点 $p(1,2,3)$ 且垂直于两平面 $2x+y-z=0$ 与 $x-y+2z+1=0$ 的平面方程.
5. 求过点 $A(1,1,-1)$，$B(-2,-2,2)$ 和 $C(1,-1,2)$ 三点的平面方程.
6. 已知直线 L: $\begin{cases} x+2y-z-7=0 \\ -2x+y+z-7=0 \end{cases}$ 与平面 $-3x+ky-5z+4=0$ 垂直，试求参数 k 的值.
7. 下列方程在平面直角坐标系和空间直角坐标系中分别表示怎样的几何图形？

(1) $y=1$；　(2) $y=x+1$；　(3) $x^2+y^2=4$；

(4) $x^2-y^2=1$；　(5) $\begin{cases} y=5x+1 \\ y=2x-3 \end{cases}$；　(6) $\begin{cases} \dfrac{x^2}{4}+\dfrac{z^2}{9}=1 \\ y=3 \end{cases}$

第 9 章　多元函数微分学

多元函数的概念及其微分学是一元函数及其微分学的推广和发展，它们有着许多类似之处，但有的地方也存在较大差别．从一元推广到二元时会产生许多新问题，但二元及二元以上的函数有着相似的微分学性质．因此，本章重点讨论二元函数的极限、连续等基本概念及其微分学．

9.1　多元函数的极限与连续性

9.1.1　二元函数的概念

实例 1　设矩形的边长分别为 x 和 y，则矩形的面积 S 为

$$S = xy.$$

当 x 和 y 每取一组值时，就有唯一确定的面积值 S，即 S 依赖于 x 和 y 的变化而变化．如果 x 和 y 中有一个固定不变，则此时 S 只依赖于一个变量，即为一元函数．

实例 2　一定质量的理想气体，其体积 V、压强 P 和热力学温度 T 之间具有如下依赖关系

$$P = \frac{RT}{V}\ (R\text{ 是常数}).$$

这一问题中有三个变量 P、V、T，当 V 和 T 每取一组值时，按照上面的关系，就有唯一确定的压强 P．如果温度 T 固定不变，即考虑等温过程，则压强 P 是体积 V 的一元函数．如果体积 V 固定不变，即考虑等容过程，则压强 P 是温度 T 的一元函数．

抛开上述各例的实际意义，仅从数量关系来研究，即可抽象出二元函数的定义．

1. 二元函数的定义

定义 9.1.1　设有三个变量 x, y 和 z，如果当变量 x, y 在它们的变化范围 D 中任意取定一对值时，按照一定的对应规则 f，变量 z 都有唯一确定的值与之对应，则称变量 z 为变量 x, y 的二元函数，记为 $z = f(x,y)$．其中 x 和 y 称为自变量，z 称为因变量．自变量 x 与 y 的变化范围 D 称为该函数的定义域，数集

$$\{z \mid z = f(x,y), (x,y) \in D\}$$

称为该函数的值域．

一元函数的定义域一般来说是一个或几个区间，二元函数的定义域通常是由平面上一条或几条光滑曲线所围成的平面区域，围成区域的曲线称为区域的边界，边界上的点称为边界点，包括边界在内的区域称为闭域，不包括边界在内的区域称为开域．

如果一个区域 D 内任意两点之间的距离都不超过某一常数 $M(M>0)$，则称区域 D 为有界区域，否则称区域 D 为无界区域．圆域 $\{(x,y) \mid (x-x_0)^2 + (y-y_0)^2 < \delta^2, \delta > 0\}$ 称为平

面上点 $P_0(x_0,y_0)$ 的 δ 邻域，记作 $U(P_0,\delta)$．而称不包含点 P_0 的邻域为去心邻域，记作 $\overset{\circ}{U}(P_0,\delta)$．

常见的区域 D 除圆域外，还有矩形域 $\{(x,y)\mid a<x<b,c<y<d\}$ 及圆环 $\{(x,y)\mid a^2\leqslant(x-x_0)^2+(y-y_0)^2\leqslant b^2,a<b且a,b>0\}$ 等．

二元函数定义域的求法与一元函数类似，就是找出使函数表达式有意义的自变量的范围，不过画出定义域的图形要复杂一些．

例 9.1.1 求二元函数 $z=\sqrt{a^2-x^2-y^2}\,(a>0)$ 的定义域．

解 该函数的定义域为满足 $x^2+y^2\leqslant a^2$ 的 x,y，即定义域为

$$D=\{(x,y)\mid\ x^2+y^2\leqslant a^2\}.$$

这里 D 表示 xOy 面上以原点为圆心、a 为半径的圆域，它为有界闭区域(见图 9.1.1)．

例 9.1.2 求二元函数 $z=\ln(x+y)$ 的定义域．

解 自变量 x,y 所取的值必须满足不等式 $x+y>0$，即定义域为

$$D=\{(x,y)\mid\ x+y>0\}.$$

D 表示在 xOy 面上直线 $x+y=0$ 上方的半平面(不包含边界 $x+y=0$)，如图 9.1.2 所示，它为无界开区域．

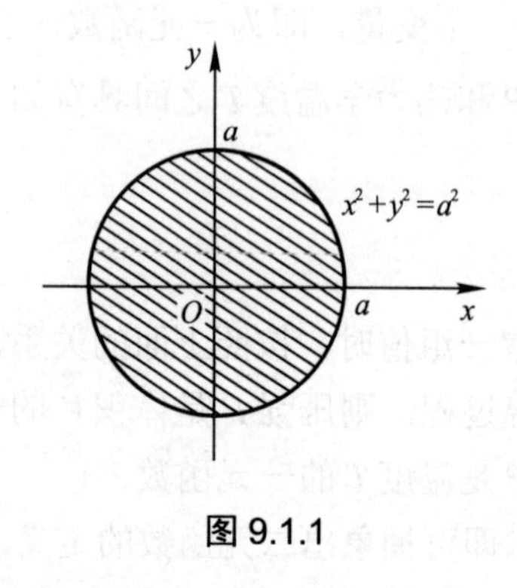

图 9.1.1

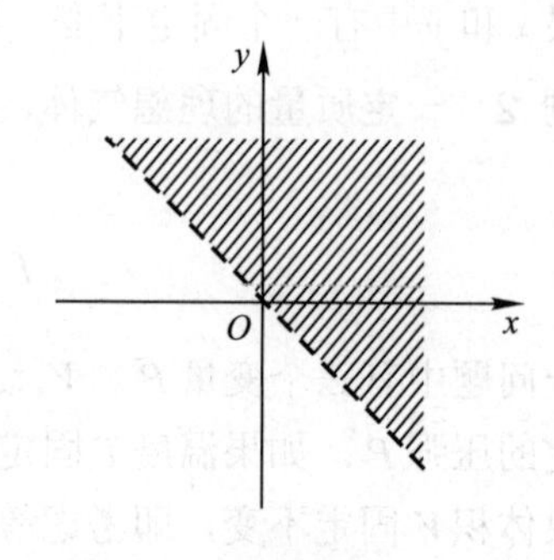

图 9.1.2

2. 二元函数的几何意义

一元函数 $y=f(x)$ 一般表示平面上的一条曲线，二元函数 $z=f(x,y)$ 在空间直角坐标系中一般表示曲面．把自变量 x,y 及因变量 z 当作空间点的直角坐标，先在 xOy 面内作出函数 $z=f(x,y)$ 的定义域 D (见图 9.1.3)，再过 D 中的任一点 $M(x,y)$ 作垂直于 xOy 面的有向线段 MP，使 P 点的竖坐标为 $f(x,y)$，当 M 点在 D 中变动时，对应的 P 点的轨迹就是二元函数 $z=f(x,y)$ 的几何图形，它通常是一张曲面，而其定义域 D 就是此曲面在 xOy 面上的投影．

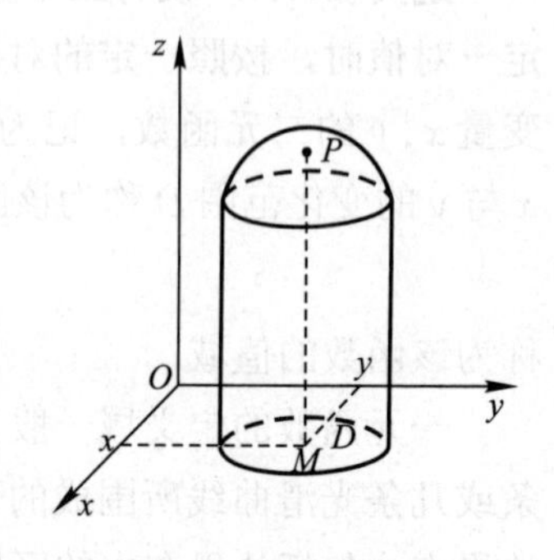

图 9.1.3

例 9.1.3 作二元函数 $z=x^2+y^2$ 的图形．

解 此函数的定义域为 xOy 面．因为 $z\geqslant0$，所以曲面

上的点都在 xOy 面上方．其图形为 xOy 面上的抛物线 $z=y^2$ 绕 z 轴旋转一周所得的旋转抛物面，如图 9.1.4 所示．

例 9.1.4　作二元函数 $z=\sqrt{R^2-x^2-y^2}$　$(R>0)$ 的图形．

解　定义域为 $D=\{(x,y)\mid x^2+y^2\leqslant R^2\}$，即 xOy 面上以原点为圆心，R 为半径的圆域．$0\leqslant z\leqslant R$，其图形为半球面，如图 9.1.5 所示．

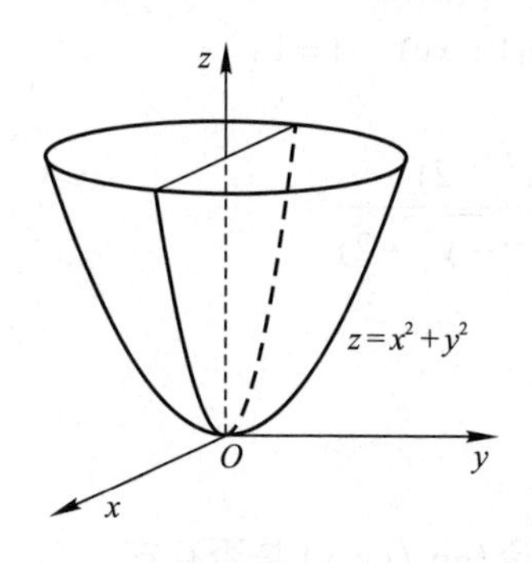

图 9.1.4

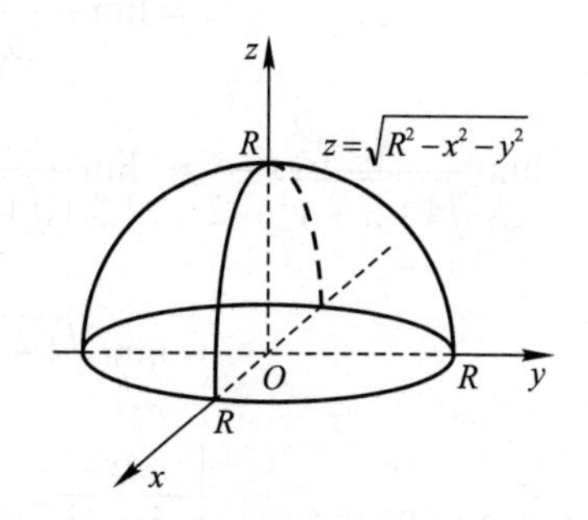

图 9.1.5

上面关于二元函数及平面区域的概念可以类似地推广到三元函数及空间区域上去．有三个自变量的函数就是三元函数，如 $u=f(x,y,z)$，三元函数的定义域通常是一空间区域．一般地，还可定义 n 元函数 $u=f(x_1,x_2,\cdots,x_n)$，它的定义域是 n 维空间上的区域．

9.1.2　二元函数的极限与连续性

1. 二元函数的极限

定义 9.1.2　设二元函数 $z=f(x,y)$ 在点 (x_0,y_0) 的某去心邻域内有定义，点 (x,y) 为该去心邻域内异于 (x_0,y_0) 的任意一点，如果当点 (x,y) 以任意方式趋向于点 (x_0,y_0) 时，对应的函数值 $f(x,y)$ 总趋向于一个确定的常数 A，则称 A 是二元函数 $z=f(x,y)$ 当 $(x,y)\to(x_0,y_0)$ 时的极限，记为

$$\lim_{(x,y)\to(x_0,y_0)}f(x,y)=A \text{ 或 } \lim_{\substack{x\to x_0\\ y\to y_0}}f(x,y)=A.$$

对于一元函数，我们有这样的结论：左右极限存在且相等，则极限存在．但对于两个变量来说就比较复杂，只有当动点 (x,y) 以任意方式趋向于点 (x_0,y_0) 时，对应的函数值 $f(x,y)$ 总趋向于一个确定的常数 A，才能说二元函数 $f(x,y)$ 当 $(x,y)\to(x_0,y_0)$ 时的极限是 A．这里的任何方式即指任何路径．如果当动点 (x,y) 以几种特殊的方式和路径趋向于点 (x_0,y_0) 时，对应的函数值 $f(x,y)$ 都趋向于同一个常数 A，还不能断定函数 $f(x,y)$ 有极限．然而当动点 (x,y) 以几种不同的方式和路径趋向于点 (x_0,y_0) 时，对应的函数值 $f(x,y)$ 趋向于不同的常数，则可断定函数 $f(x,y)$ 的极限肯定不存在．

二元函数的极限又叫作二重极限，二重极限是一元函数极限的推广．与一元函数的极限一样，二元函数的极限也有类似的四则运算法则和夹逼定理等，此处不再详细叙述，只举例说明．

例 9.1.5 求下列极限.

(1) $\lim\limits_{\substack{x\to 1\\ y\to 0}}\dfrac{\ln(1+xy)}{x}$； (2) $\lim\limits_{\substack{x\to 0\\ y\to 0}}\dfrac{x+y^2}{\sqrt{4+x+y^2}-2}$.

解 (1) $$\lim\limits_{\substack{x\to 1\\ y\to 0}}\frac{\ln(1+xy)}{y}=\lim\limits_{\substack{x\to 1\\ y\to 0}}\frac{\ln(1+xy)}{xy}\cdot x$$

$$=\lim\limits_{\substack{x\to 1\\ y\to 0}}\frac{\ln(1+xy)}{xy}\cdot\lim\limits_{\substack{x\to 1\\ y\to 0}}x=\lim\limits_{\substack{x\to 1\\ y\to 0}}\ln(1+xy)^{\frac{1}{xy}}\cdot 1=1；$$

(2) $$\lim\limits_{\substack{x\to 0\\ y\to 0}}\frac{x+y^2}{\sqrt{4+x+y^2}-2}=\lim\limits_{\substack{x\to 0\\ y\to 0}}\frac{(x+y^2)(\sqrt{4+x+y^2}+2)}{(\sqrt{4+x+y^2}-2)(\sqrt{4+x+y^2}+2)}$$

$$=\lim\limits_{\substack{x\to 0\\ y\to 0}}(\sqrt{4+x+y^2}+2)=4.$$

例 9.1.6 设 $f(x,y)=\begin{cases}\dfrac{xy}{x^2+y^2}, & (x,y)\neq(0,0)\\ 0, & (x,y)=(0,0)\end{cases}$，讨论 $\lim\limits_{\substack{x\to 0\\ y\to 0}}f(x,y)$ 是否存在.

解 当点 (x,y) 沿直线 $y=kx$ 趋向于点(0, 0)时，极限

$$\lim\limits_{\substack{x\to 0\\ y\to 0}}f(x,y)=\lim\limits_{\substack{x\to 0\\ y=kx\to 0}}\frac{kx^2}{x^2+k^2x^2}=\frac{k}{1+k^2}.$$

显然，此极限值随 k 的取值不同而变化，故所求极限不存在.

2. 二元函数的连续性

定义 9.1.3 设函数 $z=f(x,y)$ 在点 $P_0(x_0,y_0)$ 的某邻域内有定义，点 $P(x,y)$ 为该邻域内任意一点，如果

$$\lim\limits_{\substack{x\to x_0\\ y\to y_0}}f(x,y)=f(x_0,y_0), \tag{9.1.1}$$

则称二元函数 $z=f(x,y)$ 在点 $P_0(x_0,y_0)$ 处连续．否则称二元函数 $z=f(x,y)$ 在点 $P_0(x_0,y_0)$ 处不连续，且称点 $P_0(x_0,y_0)$ 是函数 $z=f(x,y)$ 的不连续点或间断点.

类似于一元函数，我们给出二元函数连续的定义.

若令 $x=x_0+\Delta x$，$y=y_0+\Delta y$，则式(9.1.1)可写成

$$\lim\limits_{\substack{\Delta x\to 0\\ \Delta y\to 0}}[f(x_0+\Delta x,y_0+\Delta y)-f(x_0,y_0)]=0,$$

即

$$\lim\limits_{\substack{\Delta x\to 0\\ \Delta y\to 0}}\Delta z=0.$$

这里 Δz 称为函数 $f(x,y)$ 在点 (x_0,y_0) 处的全增量，即

$$\Delta z=f(x_0+\Delta x,y_0+\Delta y)-f(x_0,y_0).$$

因此可得二元函数在一点连续的等价定义.

定义 9.1.4 设函数 $z=f(x,y)$ 在点 $P_0(x_0,y_0)$ 的某邻域内有定义，如果 $\lim\limits_{\substack{\Delta x\to 0\\ \Delta y\to 0}}\Delta z=0$，则称二元函数 $z=f(x,y)$ 在点 $P_0(x_0,y_0)$ 处连续.

例 9.1.7　讨论函数 $f(x,y)=\begin{cases}\dfrac{xy}{x^2+y^2}, & (x,y)\neq(0,0)\\ 0, & (x,y)=(0,0)\end{cases}$ 在原点处的连续性.

解　由例 9.1.6 知 $\lim\limits_{\substack{x\to0\\y\to0}} f(x,y)$ 不存在，则函数在原点处不连续，即 $(0,0)$ 是函数的间断点.

如果函数 $z=f(x,y)$ 在区域 D 内的每一点都连续，则称函数 $z=f(x,y)$ 在区域 D 内连续，或称函数 $z=f(x,y)$ 是区域 D 内的连续函数.

根据函数的极限运算法则可以证明：多元连续函数的和、差、积、商(分母不等于零)及复合函数仍是连续函数；多元初等函数在其定义区域内连续；在有界闭区域上连续的多元函数必有最大值和最小值等.

习题

1. 求下列函数在指定点的函数值.

(1) $f(x,y)=xy+\dfrac{x}{y}$，求 $f\left(\dfrac{1}{2},3\right)$ 与 $f(1,\ -1)$；

(2) $f(x,y)=3x+2y$，求 $f\left(xy,\dfrac{y}{x}\right)$.

2. 求下列函数的定义域，并画出定义域的图形.

(1) $f(x,y)=\sqrt{4-x^2-y^2}\ln(x^2+y^2-1)$；　　(2) $f(x,y)=\sqrt{x-\sqrt{y}}$；

(3) $f(x,y)=\sqrt{1-x^2}+\sqrt{y^2-1}$；　　(4) $f(x,y)=\ln(y-x)+\arcsin\dfrac{y}{x}$.

3. 求下列各极限.

(1) $\lim\limits_{\substack{x\to0\\y\to0}}\dfrac{\sin(xy)}{x}$；　　(2) $\lim\limits_{\substack{x\to0\\y\to0}}\dfrac{2-\sqrt{xy+4}}{xy}$；

(3) $\lim\limits_{\substack{x\to0\\y\to0}}\dfrac{1-a^{x^2+y^2}}{x^2+y^2}$；　　(4) $\lim\limits_{\substack{x\to0\\y\to0}}\dfrac{\tan xy-\sin xy}{\ln(1-x^2y^2)}$.

4. 证明下列极限不存在

(1) $\lim\limits_{\substack{x\to0\\y\to0}}\dfrac{x+y}{x-y}$；　　(2) $\lim\limits_{\substack{x\to0\\y\to0}}\dfrac{x^2y^2}{x^2y^2+(x-y)^2}$.

9.2　偏　导　数

9.2.1　偏导数的概念

实例　具有一定量的理想气体的压强 P、体积 V 和温度 T 三者之间的关系为

$$P=\frac{RT}{V}\quad (R\text{ 为常量}),$$

温度T不变时(等温过程)，压强P关于体积V的变化率就是

$$\left(\frac{\mathrm{d}P}{\mathrm{d}V}\right)_{T=\text{常数}}=-\frac{RT}{V^2},$$

如果体积V固定不变，即考虑等容过程，则压强P是温度T的一元函数，故有

$$\left(\frac{\mathrm{d}P}{\mathrm{d}T}\right)_{V=\text{常数}}=\frac{R}{V}.$$

定义 9.2.1 设函数$z=f(x,y)$在点(x_0,y_0)的某一邻域内有定义，当y固定在y_0，而x在x_0处有改变量Δx时，相应地，函数有改变量$\Delta z_x=f(x_0+\Delta x,y_0)-f(x_0,y_0)$(称作函数对自变量$x$的偏增量)，如果极限

$$\lim_{\Delta x\to 0}\frac{\Delta z_x}{\Delta x}=\lim_{\Delta x\to 0}\frac{f(x_0+\Delta x,y_0)-f(x_0,y_0)}{\Delta x}$$

存在，则称此极限值为函数$z=f(x,y)$在点(x_0,y_0)处对x的偏导数，记为

$$\left.\frac{\partial z}{\partial x}\right|_{\substack{x=x_0\\y=y_0}},\left.\frac{\partial f}{\partial x}\right|_{\substack{x=x_0\\y=y_0}},\ z_x\big|_{\substack{x=x_0\\y=y_0}}\text{ 或}f_x(x_0,y_0).$$

类似地，当x固定在x_0，而y在y_0处有改变量Δy时，相应地，函数有改变量$\Delta z_y=f(x_0,y_0+\Delta y)-f(x_0,y_0)$(称作函数对自变量$y$的偏增量)，如果极限

$$\lim_{\Delta y\to 0}\frac{\Delta z_y}{\Delta y}=\lim_{\Delta y\to 0}\frac{f(x_0,y_0+\Delta y)-f(x_0,y_0)}{\Delta y}$$

存在，则称此极限值为函数$z=f(x,y)$在点(x_0,y_0)处对y的偏导数，记为

$$\left.\frac{\partial z}{\partial y}\right|_{\substack{x=x_0\\y=y_0}},\left.\frac{\partial f}{\partial y}\right|_{\substack{x=x_0\\y=y_0}},\ z_y\big|_{\substack{x=x_0\\y=y_0}}\text{ 或 }f_y(x_0,y_0).$$

此处是将二元函数$z=f(x,y)$中的一个自变量固定不变，研究它关于另一个自变量的变化率，这种形式的变化率称为二元函数的偏导数，下面给出其数学定义.

如果函数$z=f(x,y)$在区域D内每一点(x,y)处对x的偏导数都存在，这个偏导数仍是x,y的函数，称其为函数$z=f(x,y)$对自变量x的偏导函数，简称偏导数，记为$\frac{\partial z}{\partial x},\frac{\partial f}{\partial x},z_x$或$f_x(x,y)$.

类似地，可以定义函数$z=f(x,y)$对自变量y的偏导数，记为$\frac{\partial z}{\partial y},\frac{\partial f}{\partial y},z_y$或$f_y(x,y)$.

由偏导数的定义可知，函数$z=f(x,y)$在点(x_0,y_0)处对x的偏导数$f_x(x_0,y_0)$就是偏导函数$f_x(x,y)$在点(x_0,y_0)处的函数值；同理，$f_y(x_0,y_0)$就是偏导函数$f_y(x,y)$在点(x_0,y_0)处的函数值.

9.2.2 偏导数的几何意义

由偏导数的定义可知，二元函数$z=f(x,y)$在点(x_0,y_0)处对x的偏导数$f_x(x_0,y_0)$就是一元函数$z=f(x,y_0)$在x_0处的导数，即

$$f_x(x_0,y_0)=\left.\frac{\mathrm{d}f(x,y_0)}{\mathrm{d}x}\right|_{x=x_0}.$$

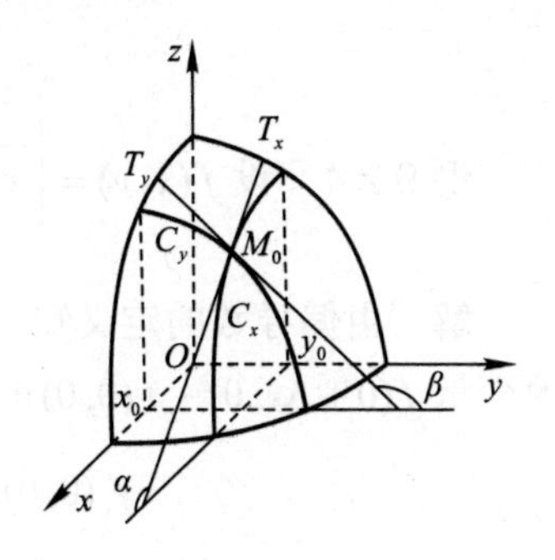

图 9.2.1

从而由一元函数导数的几何意义可知，$f_x(x_0,y_0)$ 就是曲面 $z=f(x,y)$ 与平面 $y=y_0$ 的交线 C_x: $\begin{cases}z=f(x,y)\\y=y_0\end{cases}$ 在点 $M_0(x_0,y_0,f(x_0,y_0))$ 处的切线 M_0T_x 对 x 轴的斜率(见图 9.2.1)，即

$$f_x(x_0,y_0)=\left.\frac{\mathrm{d}f(x,y_0)}{\mathrm{d}x}\right|_{x=x_0}=\tan\alpha\ .$$

同理，$f_y(x_0,y_0)$ 是曲面 $z=f(x,y)$ 与平面 $x=x_0$ 的交线 C_y: $\begin{cases}z=f(x,y)\\x=x_0\end{cases}$ 在点 M_0 处的切线 M_0T_y 对 y 轴的斜率，即

$$f_y(x_0,y_0)=\left.\frac{\mathrm{d}f(x_0,y)}{\mathrm{d}y}\right|_{y=y_0}=\tan\beta\ .$$

例 9.2.1 求 $z=x^2\sin y$ 的偏导数.

解 把 y 看作常量，对 x 求导数，得

$$\frac{\partial z}{\partial x}=\frac{\partial}{\partial x}(x^2\sin y)=2x\sin y\ ;$$

把 x 看作常量，对 y 求导数，得

$$\frac{\partial z}{\partial y}=\frac{\partial}{\partial y}(x^2\sin y)=x^2\cos y\ .$$

例 9.2.2 求 $z=\ln(1+x^2+y^2)$ 在点 (1, 2) 处的偏导数.

解 先求偏导函数，有

$$\frac{\partial z}{\partial x}=\frac{2x}{1+x^2+y^2},\frac{\partial z}{\partial y}=\frac{2y}{1+x^2+y^2},$$

在 (1, 2) 处的偏导数就是偏导函数在 (1, 2) 处的值，所以

$$\left.\frac{\partial z}{\partial x}\right|_{(1,2)}=\frac{1}{3}\ ,\quad \left.\frac{\partial z}{\partial y}\right|_{(1,2)}=\frac{2}{3}\ .$$

应当指出，根据偏导数的定义，偏导数 $\left.\frac{\partial z}{\partial x}\right|_{(1,2)}$ 是将函数 $z=\ln(1+x^2+y^2)$ 中的 y 固定在 $y=2$ 处，而求一元函数 $z=\ln(1+x^2+2^2)$ 的导数在 $x=1$ 处的值. 因此，在求函数对某一自变量在一点处的偏导数时，也可先将函数中的其余自变量用此点的相应坐标代入后再求导，这样有时会带来方便.

例 9.2.3 设 $f(x,y)=\mathrm{e}^{\arctan\frac{y}{x}}\ln(x^2+y^2)$，求 $f_x(1,0)$.

解 如果先求偏导数 $f_x(x,y)$，运算是比较繁杂的，但是若先把函数中的 y 固定在 $y=0$，则有 $f(x,0)=\ln x^2$，从而

$$f_x(x,0)=\frac{2}{x}, \quad f_x(1,0)=2.$$

例 9.2.4 设 $f(x,y)=\begin{cases}\dfrac{xy}{x^2+y^2}, & (x,y)\neq(0,0)\\ 0, & (x,y)=(0,0)\end{cases}$，求函数 $f(x,y)$ 在原点处的偏导数.

解 由偏导数的定义知，先固定 $y=0$，当 x 在 $x=0$ 处有改变量 Δx 时，相应的函数有改变量 $f(0+\Delta x,0)-f(0,0)=0$，于是

$$f_x(0,0)=\lim_{\Delta x\to 0}\frac{f(0+\Delta x,0)-f(0,0)}{\Delta x}=\lim_{\Delta x\to 0}0=0;$$

同理，$f_y(0,0)=0$.

但由例 9.1.7 知，这个函数在点 $(0,0)$ 处是不连续的. 由此可见，“一元函数在其可导点处一定连续”的结论对二元函数不再成立. 即各个偏导数在某点 $P_0(x_0,y_0)$ 都存在，并不能保证函数在该点连续. 这是因为各偏导数存在只能保证当 $P(x,y)$ 沿着平行于坐标轴的方向趋近于点 $P_0(x_0,y_0)$ 时函数值 $f(x,y)$ 趋近于 $f(x_0,y_0)$，但并不能保证 $P(x,y)$ 以任意方式趋近于点 $P_0(x_0,y_0)$ 时，函数值 $f(x,y)$ 都趋近于 $f(x_0,y_0)$.

二元函数偏导数的定义和求法可以类推到三元及三元以上的函数.

例如，三元函数 $u=f(x,y,z)$，则在点 (x,y,z) 处关于 x 的偏导数可定义为

$$f_x(x,y,z)=\lim_{\Delta x\to 0}\frac{f(x+\Delta x,y,z)-f(x,y,z)}{\Delta x}.$$

9.2.3 高阶偏导数

设二元函数 $z=f(x,y)$ 在区域 D 内处处存在偏导数 $f_x(x,y)$ 和 $f_y(x,y)$，它们仍然是自变量 x,y 的函数，如果这两个函数的偏导数存在，则称它们的偏导数为函数 $z=f(x,y)$ 的二阶偏导数. 按对变量求导次序的不同，有下列四个二阶偏导数，分别表示为

$$\frac{\partial}{\partial x}\left(\frac{\partial z}{\partial x}\right)=\frac{\partial^2 z}{\partial x^2}=f_{xy}(x,y), \quad \frac{\partial}{\partial y}\left(\frac{\partial z}{\partial x}\right)=\frac{\partial^2 z}{\partial x\partial y}=f_{xy}(x,y),$$

$$\frac{\partial}{\partial x}\left(\frac{\partial z}{\partial y}\right)=\frac{\partial^2 z}{\partial y\partial x}=f_{yx}(x,y), \quad \frac{\partial}{\partial y}\left(\frac{\partial z}{\partial y}\right)=\frac{\partial^2 z}{\partial y^2}=f_{yy}(x,y).$$

其中，$f_{xy}(x,y)$ 与 $f_{yx}(x,y)$ 两个偏导数称为二阶混合偏导数，它们求偏导数的先后次序不同，前者是先对 x 后对 y 求偏导，后者是先对 y 后对 x 求偏导. 类似地，可以定义三阶、四阶、……、n 阶偏导数. 将二阶及二阶以上的偏导数统称为高阶偏导数，相应地将 $f_x(x,y)$ 和 $f_y(x,y)$ 叫作一阶偏导数.

例 9.2.5 设函数 $z=x^3y-3x^2y^3$，求它的二阶偏导数.

解 函数的一阶偏导数为

$$\frac{\partial z}{\partial x}=3x^2y-6xy^3, \quad \frac{\partial z}{\partial y}=x^3-9x^2y^2.$$

二阶偏导数为

$$\frac{\partial^2 z}{\partial x^2}=\frac{\partial}{\partial x}\left(\frac{\partial z}{\partial x}\right)=\frac{\partial}{\partial x}(3x^2y-6xy^3)=6xy-6y^3,$$

$$\frac{\partial^2 z}{\partial x\partial y}=\frac{\partial}{\partial y}\left(\frac{\partial z}{\partial x}\right)=\frac{\partial}{\partial y}(3x^2y-6xy^3)=3x^2-18xy^2,$$

$$\frac{\partial^2 z}{\partial y\partial x}=\frac{\partial}{\partial x}\left(\frac{\partial z}{\partial y}\right)=\frac{\partial}{\partial x}(x^3-9x^2y^2)=3x^2-18xy^2,$$

$$\frac{\partial^2 z}{\partial y^2}=\frac{\partial}{\partial y}\left(\frac{\partial z}{\partial y}\right)=\frac{\partial}{\partial y}(x^3-9x^2y^2)=-18x^2y.$$

从上例看到，函数的两个二阶混合偏导数是相等的，但这个结论并不是对任意可求二阶偏导数的二元函数都成立．不过，当两个二阶混合偏导数满足如下条件时，结论就成立．

定理 9.2.1 若函数 $z=f(x,y)$ 的两个二阶混合偏导数在区域 D 内连续，则在该区域内有

$$\frac{\partial^2 z}{\partial x\partial y}=\frac{\partial^2 z}{\partial y\partial x}.$$

该定理说明：二阶混合偏导数在连续的情况下与求导次序无关．

对于三元及三元以上的函数，也可以类似地定义高阶偏导数，而且在偏导数连续时，混合偏导数也与求偏导的次序无关．

习题

1. 与一元函数比较，说明二元函数连续、偏导数之间的关系．

2. 设 $f(x,y)=x+y-\sqrt{x^2+y^2}$，求 $f_x(3,4)$ 及 $f_y(3,4)$．

3. 设 $u=\ln(1+x+y^2+z^3)$，当 $x=y=z=1$ 时，求 $u_x+u_y+u_z$ 的值．

4. 求下列函数的偏导数．

(1) $z=x^3y-y^3x$；　(2) $z=\ln\tan\dfrac{x}{y}$;　(3) $z=\sin\dfrac{x}{y}\cos\dfrac{y}{x}$;

(4) $z=(1+xy)^y$;　(5) $z=\arctan\sqrt{x^y}$;　(6) $z=\sqrt{x}\sin\dfrac{y}{x}$

5. 曲线 $\begin{cases} z=\sqrt{1+x^2+y^2} \\ x=1 \end{cases}$ 在点 $(1,1,\sqrt{3})$ 处的切线与 y 轴正向所成的倾角是多少？

6. 设 $z=5x^4y+10x^2y^3$，求 $\dfrac{\partial^2 z}{\partial x^2},\dfrac{\partial^2 z}{\partial y^2},\dfrac{\partial^2 z}{\partial x\partial y}$．

7. 设 $f(x,y,z)=xy^2+yz^2+zx^2$，求 $f_{xx}(0,0,1), f_{xz}(1,0,2), f_{yz}(0,-1,0), f_{xxx}(2,0,1)$．

8. 设 $z=\ln(\sqrt{x}+\sqrt{y})$，求证 $x\dfrac{\partial z}{\partial x}+y\dfrac{\partial z}{\partial y}=\dfrac{1}{2}$．

9. 证明 $z=\ln(x^2+y^2)$ 满足拉普拉斯方程 $\dfrac{\partial^2 z}{\partial x^2}+\dfrac{\partial^2 z}{\partial y^2}=0$.

9.3 复合函数的微分法

实例 有一个家庭，其中祖父 z 拿钱支援当父母的 u 和 v，然后 u 和 v 再拿钱去支援当子女的 x 和 y，因此养子女的钱实际上是从祖父那里得来的. 试问：这些孙子女和子女以何种速度花掉他们祖父的资产呢？

分析 依题意，可设 $z=f(u,v)$，$u=\varphi(x,y)$，$v=\psi(x,y)$，它们的关系如图 9.3.1(也是二元复合函数的关系图)所示. 问题成为求 $\dfrac{\partial z}{\partial x}$ 和 $\dfrac{\partial z}{\partial y}$.

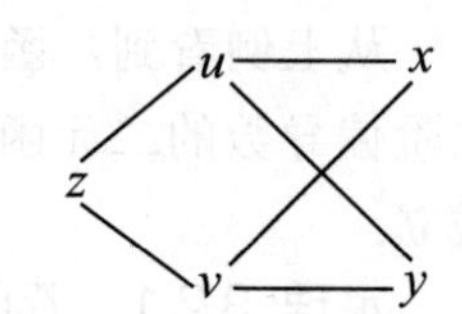

图 9.3.1

因为 z 在孙子身上花掉的钱等于 z 为了 x 而在儿子 u 身上花掉的钱加上 z 为了 x 而在儿媳 v 身上花掉的钱，所以花钱的总流量是下面两条线路流量的总和：

$$z\to u\to x,$$
$$z\to v\to x$$

根据一元复合函数的导数法则，上述第一条线路的钱的流速是 $\dfrac{\partial z}{\partial u}\cdot\dfrac{\partial u}{\partial x}$，第二条线路的钱的流速是 $\dfrac{\partial z}{\partial v}\cdot\dfrac{\partial v}{\partial x}$. 总流速应该是这两个流速的和，因此有

$$\frac{\partial z}{\partial x}=\frac{\partial z}{\partial u}\frac{\partial u}{\partial x}+\frac{\partial z}{\partial v}\frac{\partial v}{\partial x}, \tag{9.3.1}$$

类似地，有

$$\frac{\partial z}{\partial y}=\frac{\partial z}{\partial u}\frac{\partial u}{\partial y}+\frac{\partial z}{\partial v}\frac{\partial v}{\partial y}. \tag{9.3.2}$$

上述实例实际上直观地给出了二元复合函数的微分法则.

设函数 $z=f(u,v)$，而 $u=\varphi(x,y)$，$v=\psi(x,y)$，于是 $z=f[\varphi(x,y),\psi(x,y)]$ 是关于 x 和 y 的函数，称为 $z=f(u,v)$ 与 $u=\varphi(x,y)$，$v=\psi(x,y)$ 的复合函数，其中 $u=\varphi(x,y)$，$v=\psi(x,y)$ 称为中间变量，x，y 是自变量.

下面给出二元复合函数的微分法则.

定理 9.3.1 设 $u=\varphi(x,y)$，$v=\psi(x,y)$ 在点 (x,y) 处有偏导数，$z=f(u,v)$ 在相应点 (u,v) 处具有连续偏导数，则复合函数 $z=f[\varphi(x,y),\psi(x,y)]$ 在点 (x,y) 处有偏导数，且

$$\frac{\partial z}{\partial x}=\frac{\partial z}{\partial u}\frac{\partial u}{\partial x}+\frac{\partial z}{\partial v}\frac{\partial v}{\partial x},$$
$$\frac{\partial z}{\partial y}=\frac{\partial z}{\partial u}\frac{\partial u}{\partial y}+\frac{\partial z}{\partial v}\frac{\partial v}{\partial y}.$$

定理说明，多元复合函数对某一自变量的偏导数，等于函数对各个相关中间变量的偏导数与这个中间变量对该自变量的偏导数的乘积之和，该法则称为链式法则.

多元复合函数的复合关系是多种多样的，在求复合函数对某个自变量的偏导数时，只要把握函数间的复合关系，根据链式法则，就可以灵活地掌握复合函数的求导法则．下面分情形讨论.

(1) 设$z=f(u,v,w)$，而$u=u(x,y)$，$v=v(x,y)$，$w=w(x,y)$ (见图 9.3.2)在点(x,y)处有偏导数，$z=f(u,v,w)$在相应点(u,v,w)处有连续偏导数，则复合函数$z=f[u(x,y),v(x,y),w(x,y)]$在$(x,y)$处有偏导数，且

$$\frac{\partial z}{\partial x}=\frac{\partial z}{\partial u}\frac{\partial u}{\partial x}+\frac{\partial z}{\partial v}\frac{\partial v}{\partial x}+\frac{\partial z}{\partial w}\frac{\partial w}{\partial x},$$

$$\frac{\partial z}{\partial y}=\frac{\partial z}{\partial u}\frac{\partial u}{\partial y}+\frac{\partial z}{\partial v}\frac{\partial v}{\partial y}+\frac{\partial z}{\partial w}\frac{\partial w}{\partial y}.$$

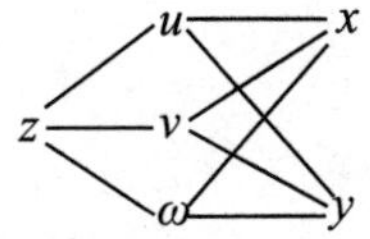

图 9.3.2

(2) 设$u=\varphi(x)$，$v=\psi(x)$，$w=\omega(x)$在点x处可导，$y=f(u,v,w)$在相应点(u,v,w)处有连续偏导数，则复合函数$y=f[\varphi(x),\psi(x),\omega(x)]$ (见图 9.3.3)在点x处可导，且

$$\frac{\mathrm{d}y}{\mathrm{d}x}=\frac{\partial y}{\partial u}\frac{\mathrm{d}u}{\mathrm{d}x}+\frac{\partial y}{\partial v}\frac{\mathrm{d}v}{\mathrm{d}x}+\frac{\partial y}{\partial w}\frac{\mathrm{d}w}{\mathrm{d}x}.$$

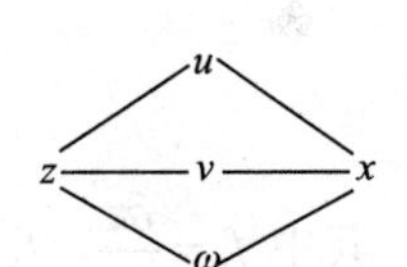

图 9.3.3

这里$y=f[\varphi(x),\psi(x),\omega(x)]$是$x$的一元函数，这时复合函数对$x$的导数$\frac{\mathrm{d}y}{\mathrm{d}x}$称为全导数.

(3) 设$u=\varphi(x,y)$在点(x,y)处有偏导数，$z=f(u,x)$在相应点(u,x)处有连续偏导数，则复合函数$z=f[\varphi(x,y),x]$ (见图 9.3.4)在点(x,y)处有偏导数，且

$$\frac{\partial z}{\partial x}=\frac{\partial f}{\partial u}\frac{\partial u}{\partial x}+\frac{\partial f}{\partial x}，\quad \frac{\partial z}{\partial y}=\frac{\partial f}{\partial u}\frac{\partial u}{\partial y}.$$

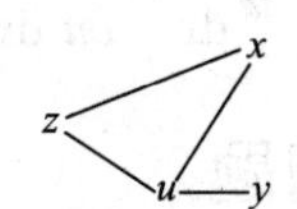

图 9.3.4

注意：上面第一式中$\frac{\partial z}{\partial x}$表示复合函数$z=f[\varphi(x,y),x]$对自变量$x$的偏导数(此时把自变量$y$看作常数)；$\frac{\partial f}{\partial x}$表示函数$z=f(u,x)$对自变量$x$的偏导数(此时把$u$看作常数)，所以$\frac{\partial z}{\partial x}$与$\frac{\partial f}{\partial x}$的意义是不同的，不可混淆.

例 9.3.1　求函数$z=\mathrm{e}^{u\cos v}$，$u=xy$，$v=\ln(x-y)$的偏导数$\frac{\partial z}{\partial x},\frac{\partial z}{\partial y}$.

解　因为$\frac{\partial z}{\partial u}=\mathrm{e}^{u\cos v}\cos v$，$\frac{\partial z}{\partial v}=\mathrm{e}^{u\cos v}(-u\sin v)$，

$$\frac{\partial u}{\partial x}=y，\quad \frac{\partial u}{\partial y}=x，\quad \frac{\partial v}{\partial x}=\frac{1}{x-y}，\quad \frac{\partial v}{\partial y}=\frac{-1}{x-y}，$$

所以
$$\frac{\partial z}{\partial x}=\frac{\partial z}{\partial u}\frac{\partial u}{\partial x}+\frac{\partial z}{\partial v}\frac{\partial v}{\partial x}=\mathrm{e}^{u\cos v}\left(y\cos v-\frac{u\sin v}{x-y}\right)$$
$$=\mathrm{e}^{xy\cos[\ln(x-y)]}\left[y\cos[\ln(x-y)]-\frac{xy\sin[\ln(x-y)]}{x-y}\right],$$
$$\frac{\partial z}{\partial y}=\frac{\partial z}{\partial u}\frac{\partial u}{\partial y}+\frac{\partial z}{\partial v}\frac{\partial v}{\partial y}=\mathrm{e}^{u\cos v}\left(x\cos v+\frac{u\sin v}{x-y}\right)$$
$$=\mathrm{e}^{xy\cos[\ln(x-y)]}\left[x\cos[\ln(x-y)]+\frac{xy\sin[\ln(x-y)]}{x-y}\right].$$

例 9.3.2 设 $z=f(x^2-y^2,xy)$，求 $\frac{\partial z}{\partial x}$，$\frac{\partial z}{\partial y}$.

解 令 $u=x^2-y^2$，$v=xy$，则 $z=f(u,v)$，所以
$$\frac{\partial z}{\partial x}=\frac{\partial z}{\partial u}\frac{\partial u}{\partial x}+\frac{\partial z}{\partial v}\frac{\partial v}{\partial x}=2x\frac{\partial z}{\partial u}+y\frac{\partial z}{\partial v}=2xf_1+yf_2,$$
$$\frac{\partial z}{\partial y}=\frac{\partial z}{\partial u}\frac{\partial u}{\partial y}+\frac{\partial z}{\partial v}\frac{\partial v}{\partial y}=-2y\frac{\partial z}{\partial u}+x\frac{\partial z}{\partial v}=-2yf_1+xf_2.$$
其中 $f_1=\frac{\partial z}{\partial u}$，$f_2=\frac{\partial z}{\partial v}$.

例 9.3.3 设 $z=u^2v$，$u=\cos x$，$v=\sin x$，求 $\frac{\mathrm{d}z}{\mathrm{d}x}$.

解 由图 9.3.5 可知
$$\frac{\mathrm{d}z}{\mathrm{d}x}=\frac{\partial z}{\partial u}\frac{\mathrm{d}u}{\mathrm{d}x}+\frac{\partial z}{\partial v}\frac{\mathrm{d}v}{\mathrm{d}x}=2uv(-\sin x)+u^2\cos x=\cos^3 x-2\sin^2 x\cos x.$$

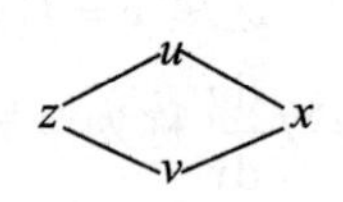

图 9.3.5

习题

1．求下列复合函数的偏导数(或全导数)．

(1) 设 $z=u^2v-uv^2$，$u=x\cos y$，$v=x\sin y$，求 $\frac{\partial z}{\partial x}$，$\frac{\partial z}{\partial y}$；

(2) 设 $z=u^2\ln v$，$u=\frac{x}{y}$，$v=3x-2y$，求 $\frac{\partial z}{\partial x}$，$\frac{\partial z}{\partial y}$；

(3) 设 $z=\mathrm{e}^{x-2y}$，$x=\sin t$，$y=t^3$，求 $\frac{\mathrm{d}z}{\mathrm{d}t}$；

(4) 设 $z=\arctan(xy)$，$y=\mathrm{e}^x$，求 $\frac{\mathrm{d}z}{\mathrm{d}x}$.

2．求下列函数的一阶偏导数.

(1) $z=f(x^2-y^2,\mathrm{e}^{xy})$； (2) $u=f\left(\frac{x}{y},\frac{y}{z}\right)$；

(3) $u=f(x,xy,xyz)$； (4) $u=f(x^2+y^2+z^2)$.

3．设 $z=xy+x^2F\left(\frac{y}{x}\right)$，证明 $x\frac{\partial z}{\partial x}+y\frac{\partial z}{\partial y}=2x$.

9.4　隐函数求导公式

在一元函数微分学中，我们学习了一元隐函数的概念，并且指出了不经显化直接由方程 $F(x,y)=0$ 求它所确定的隐函数的导数的方法．现由多元复合函数的求导法则推导出隐函数的求导公式．

设方程 $F(x,y)=0$ 确定了一元隐函数 $y=y(x)$，$F_x(x,y)$, $F_y(x,y)$ 存在且 $F_y(x,y)\neq 0$．将 $y=y(x)$ 代入方程 $F(x,y)=0$ 得 $F(x,y(x))=0$，两端对 x 求导得

$$\frac{\partial F}{\partial x}+\frac{\partial F}{\partial y}\frac{\mathrm{d}y}{\mathrm{d}x}=0,$$

即

$$F_x+F_y\frac{\mathrm{d}y}{\mathrm{d}x}=0.$$

因为 $F_y(x,y)\neq 0$，由上式解得

$$\frac{\mathrm{d}y}{\mathrm{d}x}=-\frac{F_x(x,y)}{F_y(x,y)}.$$

这就是一元隐函数的求导公式．

设方程 $F(x,y,z)=0$ 确定了二元隐函数 $z=z(x,y)$，$F_x(x,y,z)$、$F_y(x,y,z)$ 及 $F_z(x,y,z)$ 存在，且 $F_z(x,y,z)\neq 0$．将 $z=z(x,y)$ 代入方程得 $F(x,y,z(x,y))=0$，两端分别对 x 或 y 求导得

$$F_x+F_z\frac{\partial z}{\partial x}=0,\quad F_y+F_z\frac{\partial z}{\partial y}=0,$$

因为 $F_z(x,y,z)\neq 0$，由上面两式解得

$$\frac{\partial z}{\partial x}=-\frac{F_x}{F_z},\quad \frac{\partial z}{\partial y}=-\frac{F_y}{F_z}.$$

这就是二元隐函数的求偏导数的公式．

设方程组 $\begin{cases}F(x,y,u,v)=0\\G(x,y,u,v)=0\end{cases}$ 确定了两个二元隐函数 $u=u(x,y),v=v(x,y)$，将之代入上述方程组得到恒等式

$$\begin{cases}F[x,y,u(x,y),v(x,y)]=0\\G[x,y,u(x,y),v(x,y)]=0\end{cases}$$

对此恒等式两边关于变量 x 求导，有

$$\begin{cases}F_x+F_u\dfrac{\partial u}{\partial x}+F_v\dfrac{\partial v}{\partial x}=0\\G_x+G_u\dfrac{\partial u}{\partial x}+G_v\dfrac{\partial v}{\partial x}=0\end{cases}$$

解此关于 $\dfrac{\partial u}{\partial x}$, $\dfrac{\partial v}{\partial x}$ 的方程组，求出 $\dfrac{\partial u}{\partial x}$ 与 $\dfrac{\partial v}{\partial x}$．

类似地，可求出$\dfrac{\partial u}{\partial y}$与$\dfrac{\partial v}{\partial y}$.

这就是方程组所确定的二元隐函数的求偏导数的方法.

例 9.4.1 设方程$F(x,y,z)=0$可以确定任一变量为其余两个变量的函数，且知F的所有偏导数存在且全不为零，求证：$\dfrac{\partial z}{\partial x}\cdot\dfrac{\partial x}{\partial y}\cdot\dfrac{\partial y}{\partial z}=-1$.

证明 由于$\dfrac{\partial z}{\partial x}=-\dfrac{F_x}{F_z}$，$\dfrac{\partial z}{\partial y}=-\dfrac{F_y}{F_z}$，$\dfrac{\partial y}{\partial z}=-\dfrac{F_z}{F_y}$，所以

$$\frac{\partial z}{\partial x}\cdot\frac{\partial x}{\partial y}\cdot\frac{\partial y}{\partial z}=-1.$$

这说明偏导数$\dfrac{\partial z}{\partial x}$是一个整体的符号，不能像一元函数的导数那样看成$\partial z$与$\partial x$之商.

例 9.4.2 求由方程$\mathrm{e}^z-xyz=0$所确定的隐函数$z=z(x,y)$的两个偏导数$\dfrac{\partial z}{\partial x},\dfrac{\partial z}{\partial y}$.

解法 1 因为$\mathrm{e}^z-xyz=0$确定了隐函数$z=z(x,y)$，所以方程两边对x求导得

$$\mathrm{e}^z\frac{\partial z}{\partial x}-yz-xy\frac{\partial z}{\partial x}=0,$$

所以
$$\frac{\partial z}{\partial x}=\frac{yz}{\mathrm{e}^z-xy}.$$

类似可得
$$\frac{\partial z}{\partial y}=\frac{xz}{\mathrm{e}^z-xy}.$$

解法 2 令$F(x,y,z)=\mathrm{e}^z-xyz$，则$F_x=-yz$，$F_y=-xz$，$F_z=\mathrm{e}^z-xy$，于是

$$\frac{\partial z}{\partial x}=-\frac{F_x}{F_z}=\frac{yz}{\mathrm{e}^z-xy},\quad \frac{\partial z}{\partial y}=-\frac{F_y}{F_z}=\frac{xz}{\mathrm{e}^z-xy}.$$

例 9.4.3 设$xu-yv=0$, $yu+xv-1=0$, 求$\dfrac{\partial u}{\partial x}$，$\dfrac{\partial v}{\partial x}$及$\dfrac{\partial u}{\partial y}$，$\dfrac{\partial v}{\partial y}$.

解 对方程两边关于求导，注意到u, v是x, y的隐函数，有

$$\begin{cases}u+x\dfrac{\partial u}{\partial x}-y\dfrac{\partial v}{\partial x}=0\\ y\dfrac{\partial u}{\partial x}+v+x\dfrac{\partial v}{\partial x}=0\end{cases},\qquad \begin{cases}x\dfrac{\partial u}{\partial x}-y\dfrac{\partial v}{\partial x}=-u\\ y\dfrac{\partial u}{\partial x}+x\dfrac{\partial v}{\partial x}=-v\end{cases}$$

下面解此关于$\dfrac{\partial u}{\partial x},\dfrac{\partial v}{\partial x}$的方程组.

将第一式乘以x，第二式乘以y，再将两式相加得

$$(x^2+y^2)\frac{\partial u}{\partial x}=-xu-yv,$$

$$\frac{\partial u}{\partial x}=-\frac{xu+yv}{x^2+y^2}.$$

将第一式乘以y，第二式乘以x，再将两式相减得

$$(x^2+y^2)\frac{\partial v}{\partial x}=-xv+yu,$$

$$\frac{\partial v}{\partial x}=\frac{-xv+yu}{x^2+y^2}.$$

同理，将所给方程对 y 求导有

$$\begin{cases} x\dfrac{\partial u}{\partial y}-v-y\dfrac{\partial v}{\partial y}=0 \\ u+y\dfrac{\partial u}{\partial y}+x\dfrac{\partial v}{\partial y}=0 \end{cases},$$

$$\begin{cases} x\dfrac{\partial u}{\partial y}-y\dfrac{\partial v}{\partial y}=v \\ y\dfrac{\partial u}{\partial y}+x\dfrac{\partial v}{\partial y}=-u \end{cases}.$$

解此方程组得

$$\frac{\partial u}{\partial y}=\frac{xv-yu}{x^2+y^2},$$

$$\frac{\partial v}{\partial y}=\frac{-xu-yv}{x^2+y^2}.$$

当然，这里自然要求条件 $x^2+y^2\neq 0$ 是成立的.

习题

1. 求下列方程所确定的隐函数的导数或偏导数.

(1) 设 $\sin y+\mathrm{e}^x-xy^2=0$，求 $\dfrac{\mathrm{d}y}{\mathrm{d}x}$；　(2) 设 $\dfrac{x}{z}=\ln\dfrac{z}{y}$，求 $\dfrac{\partial z}{\partial x}$，$\dfrac{\partial z}{\partial y}$；

(3) 设 $x+2y+z-2\sqrt{xyz}=0$，求 $\dfrac{\partial z}{\partial x}$，$\dfrac{\partial z}{\partial y}$.

2. 设 $x+z=yf(x^2-z^2)$，求 $z\dfrac{\partial z}{\partial x}+y\dfrac{\partial z}{\partial y}$.

3. 设 $u=f(x,y,z)$，而二元函数 $z=g(x,y)$ 由方程 $z^2-5xy+5z=0$ 确定，其中 f 具有连续一阶偏导数，求 $\dfrac{\partial u}{\partial x}$.

4. 设 $\begin{cases} z=x^2+y^2 \\ x^2+2y^2+3z^2=20 \end{cases}$，求 $\dfrac{\mathrm{d}y}{\mathrm{d}x}$，$\dfrac{\mathrm{d}z}{\mathrm{d}x}$.

9.5　全微分及其应用

在实际问题中，有时需要研究多元函数中各个自变量都取得增量时因变量的变化情况. 本节首先由一元函数的微分引入全微分的概念，给出全微分的计算公式，然后讨论全微分的应用.

9.5.1 全微分的定义

二元函数的全微分是一元函数微分的推广. 先回顾一元函数的微分概念：如果一元函数 $y=f(x)$ 在点 x 处的改变量 $\Delta y=f(x+\Delta x)-f(x)$ 可以表示为 $\Delta y=A\Delta x+o(\Delta x)$，其中 A 仅与 x 有关而与 Δx 无关，$o(\Delta x)$ 是当 $\Delta x\to 0$ 时较 Δx 高阶的无穷小量，则称一元函数 $y=f(x)$ 在点 x 处可微，并称 $A\Delta x$ 是函数 $y=f(x)$ 在点 x 处的微分，记为 $\mathrm{d}y=A\Delta x=f'(x)\mathrm{d}x$. 类似地，可以定义二元函数的全微分.

定义 9.5.1 设函数 $z=f(x,y)$ 在点 (x,y) 的某个邻域内有定义，点 $(x+\Delta x,y+\Delta y)$ 在该邻域内，如果函数 $z=f(x,y)$ 在点 (x,y) 处的全增量 $\Delta z=f(x+\Delta x,y+\Delta y)-f(x,y)$ 可以表示为

$$\Delta z=f(x+\Delta x,y+\Delta y)-f(x,y)=A\Delta x+B\Delta y+o(\rho),$$

其中 A,B 与 $\Delta x,\Delta y$ 无关，只与 x,y 有关，$o(\rho)$ 是当 $\rho=\sqrt{(\Delta x)^2+(\Delta y)^2}\to 0$ 时较 ρ 高阶的无穷小量，则称二元函数 $z=f(x,y)$ 在点 (x,y) 处可微，并称 $A\Delta x+B\Delta y$ 是函数 $z=f(x,y)$ 在点 (x,y) 处的全微分，记作 $\mathrm{d}z$，即

$$\mathrm{d}z=A\Delta x+B\Delta y.$$

如果函数 $z=f(x,y)$ 在区域 D 内处处都可微，则称函数 $z=f(x,y)$ 在区域 D 内可微.

一元函数 $y=f(x)$ 可微与可导是等价的，且有 $\mathrm{d}y=f'(x)\Delta x$，那么二元函数 $z=f(x,y)$ 在点 (x,y) 处可微与它在该点处的偏导数存在具有怎样的关系呢？下面研究二元函数可微与连续、可微与偏导数存在之间的关系.

定理 9.5.1(可微的必要条件) 若函数 $z=f(x,y)$ 在点 (x,y) 处可微，则它在点 (x,y) 处必连续，且两个偏导数都存在，并有 $A=\dfrac{\partial z}{\partial x}$，$B=\dfrac{\partial z}{\partial y}$.

证明 因为 $z=f(x,y)$ 在点 (x,y) 处可微，则有

$$\Delta z=f(x+\Delta x,y+\Delta y)-f(x,y)=A\Delta x+B\Delta y+o(\rho),$$

所以当 $\Delta x\to 0,\Delta y\to 0$ 时，有 $\Delta z\to 0$，即 $z=f(x,y)$ 在该点 (x,y) 处连续.

在上式中，若令 $\Delta y=0$，则 $\Delta z_x=f(x+\Delta x,y)-f(x,y)=A\Delta x+o(|\Delta x|)$，

所以 $$\lim_{\Delta x\to 0}\frac{\Delta z_x}{\Delta x}=\lim_{\Delta x\to 0}\frac{f(x+\Delta x,y)-f(x,y)}{\Delta x}=\lim_{\Delta x\to 0}\frac{A\Delta x+o(|\Delta x|)}{\Delta x}=A,$$

即 $\dfrac{\partial z}{\partial x}=A$；类似地可证 $\dfrac{\partial z}{\partial y}=B$.

定理 9.5.1 不仅表明了二元函数可微时偏导数必存在，而且提供了全微分的计算公式. 但需要指出的是：当二元函数的偏导数存在时，它未必可微. 因此，二元函数偏导数存在仅仅是可微的必要条件而不是充分条件，这是多元函数与一元函数的又一不同之处.

一般地，记 $\Delta x=\mathrm{d}x,\Delta y=\mathrm{d}y$，则函数 $z=f(x,y)$ 的全微分可写成

$$\mathrm{d}z=\frac{\partial z}{\partial x}\mathrm{d}x+\frac{\partial z}{\partial y}\mathrm{d}y.$$

下面我们给出可微的充分条件.

定理 9.5.2(可微的充分条件)　若函数 $z=f(x,y)$ 在点 (x,y) 处的两个偏导数连续，则函数 $z=f(x,y)$ 在该点一定可微.

全微分的概念可以推广到三元或三元以上的多元函数. 例如，若三元函数 $u=f(x,y,z)$ 具有连续偏导数，则其全微分的表达式为

$$\mathrm{d}u=\frac{\partial u}{\partial x}\mathrm{d}x+\frac{\partial u}{\partial y}\mathrm{d}y+\frac{\partial u}{\partial z}\mathrm{d}z\ .$$

例 9.5.1　求函数 $z=x^2y^2$ 在点 $(2,-1)$ 处，当 $\Delta x=0.02$，$\Delta y=-0.01$ 时的全增量与全微分.

解　由定义知，全增量

$$\Delta z=(2+0.02)^2\times(-1-0.01)^2-2^2\times(-1)^2=0.1624.$$

函数 $z=x^2y^2$ 的两个偏导数 $\frac{\partial z}{\partial x}=2xy^2$，$\frac{\partial z}{\partial y}=2x^2y$ 在点 $(2,-1)$ 处连续，所以全微分存在，且

$$\left.\frac{\partial z}{\partial x}\right|_{\substack{x=2\\y=-1}}=\left.2xy^2\right|_{\substack{x=2\\y=-1}}=4\ ,\quad \left.\frac{\partial z}{\partial y}\right|_{\substack{x=2\\y=-1}}=\left.2x^2y\right|_{\substack{x=2\\y=-1}}=-8\ ,$$

于是在点 $(2,-1)$ 处的全微分为

$$\mathrm{d}z=4\times0.02+(-8)\times(-0.01)=0.16\ .$$

例 9.5.2　求 $z=\mathrm{e}^x\sin(x+y)$ 的全微分.

解　因为 $\frac{\partial z}{\partial x}=\mathrm{e}^x\sin(x+y)+\mathrm{e}^x\cos(x+y)$，$\frac{\partial z}{\partial y}=\mathrm{e}^x\cos(x+y)$，所以

$$\mathrm{d}z=\frac{\partial z}{\partial x}\mathrm{d}x+\frac{\partial z}{\partial y}\mathrm{d}y=\mathrm{e}^x\left[\sin(x+y)+\cos(x+y)\right]\mathrm{d}x+\mathrm{e}^x\cos(x+y)\mathrm{d}y\ .$$

9.5.2　全微分形式不变性

设函数 $z=f(u,v)$ 具有连续偏导数，则有全微分

$$\mathrm{d}z=\frac{\partial z}{\partial u}\mathrm{d}u+\frac{\partial z}{\partial v}\mathrm{d}v$$

如果 u、v 又是 x、y 的函数 $\varphi(x,y)$、$\psi(x,y)$，且这两个函数也具有连续偏导数，则复合函数 $f\left[\varphi(x,y),\psi(x,y)\right]$ 的全微分为

$$\mathrm{d}z=\frac{\partial z}{\partial x}\mathrm{d}x+\frac{\partial z}{\partial y}\mathrm{d}y$$

其中 $\frac{\partial z}{\partial x}$ 及 $\frac{\partial z}{\partial y}$ 分别由公式(9.3.1)及式(9.3.2)给出，把公式(9.3.1)及公式(9.3.2)中的 $\frac{\partial z}{\partial x}$ 及 $\frac{\partial z}{\partial y}$ 代入上式，得

$$\begin{aligned}\mathrm{d}z&=\left(\frac{\partial z}{\partial u}\frac{\partial u}{\partial x}+\frac{\partial z}{\partial v}\frac{\partial v}{\partial x}\right)\mathrm{d}x+\left(\frac{\partial z}{\partial u}\frac{\partial u}{\partial y}+\frac{\partial z}{\partial v}\frac{\partial v}{\partial y}\right)\mathrm{d}y\\&=\frac{\partial z}{\partial u}\left(\frac{\partial u}{\partial x}\mathrm{d}x+\frac{\partial u}{\partial y}\mathrm{d}y\right)+\frac{\partial z}{\partial v}\left(\frac{\partial v}{\partial x}\mathrm{d}x+\frac{\partial v}{\partial y}\mathrm{d}y\right)\end{aligned}$$

$$=\frac{\partial z}{\partial u}\mathrm{d}u+\frac{\partial z}{\partial v}\mathrm{d}v$$

由此可见，无论 z 是自变量 u、v 的函数或中间变量 u、v 的函数，它的全微分形式是一样的. 这个性质叫作全微分不变性.

例 9.5.3 利用全微分不变性求函数 $z=\mathrm{e}^{u\cos v},u=xy,v=\ln(x-y)$ 的全微分.

解 $\mathrm{d}z=\mathrm{d}(\mathrm{e}^{u\cos v})=\mathrm{e}^{u\cos v}\cos v\mathrm{d}u+\mathrm{e}^{u\cos v}(-u\sin v)\mathrm{d}v.$

因为

$$\mathrm{d}u=\mathrm{d}(xy)=y\mathrm{d}x+x\mathrm{d}y$$

$$\mathrm{d}v=\mathrm{d}(\ln(x-y))=\frac{1}{x-y}\mathrm{d}x+\left(-\frac{1}{x-y}\right)\mathrm{d}y$$

代入后归并含 $\mathrm{d}x$ 及 $\mathrm{d}y$ 的项，得

$$\begin{aligned}\mathrm{d}z&=\mathrm{e}^{xy\cos[\ln(x-y)]}\left[y\cos[\ln(x-y)]-\frac{xy\sin[\ln(x-y)]}{x-y}\right]\mathrm{d}x\\&\quad+\mathrm{e}^{xy\cos[\ln(x-y)]}\left[x\cos[\ln(x-y)]+\frac{xy\sin[\ln(x-y)]}{x-y}\right]\mathrm{d}y\\&=\frac{\partial z}{\partial x}\mathrm{d}x+\frac{\partial z}{\partial y}\mathrm{d}y\ .\end{aligned}$$

比较上式两边的 $\mathrm{d}x$ 及 $\mathrm{d}y$ 的系数，就同时得到两个偏导数 $\frac{\partial z}{\partial x}$、$\frac{\partial z}{\partial y}$，它们与例 9.3.1 的结果一样.

9.5.3 全微分在近似计算中的应用

设函数 $z=f(x,y)$ 在点 (x,y) 处可微，则函数的全增量与全微分之差是较 ρ 高阶的无穷小量，因此当 $|\Delta x|$ 与 $|\Delta y|$ 都较小时，全增量可以近似地用全微分代替，即

$$\Delta z\approx\mathrm{d}z=f_x(x,y)\Delta x+f_y(x,y)\Delta y\ ,\tag{9.5.1}$$

又因为 $\Delta z=f(x+\Delta x,y+\Delta y)-f(x,y)$，所以有

$$f(x+\Delta x,y+\Delta y)\approx f(x,y)+f_x(x,y)\Delta x+f_y(x,y)\Delta y\ .\tag{9.5.2}$$

利用式(9.5.1)与式(9.5.2)可以分别计算函数 $z=f(x,y)$ 在某点处的全增量 Δz 及函数值的近似值.

例 9.5.4 利用全微分求 $(0.96)^{2.02}$ 的近似值.

解 设函数 $z=f(x,y)=x^y$. 取 $x=1$，$y=2$，$\Delta x=-0.04$，$\Delta y=0.02$，则

$$f(1,2)=1,\ \ f_x(1,2)=yx^{y-1}\Big|_{\substack{x=1\\y=2}}=2,\ \ f_y(1,2)=x^y\ln x\Big|_{\substack{x=1\\y=2}}=0\ ,$$

由近似公式(9.5.2)得

$$\begin{aligned}f(0.96,2.02)&\approx f(1,2)+f_x(1,2)\times(-0.04)+f_y(1,2)\times0.02\\&=1+2\times(-0.04)+0\times0.02=0.92\ .\end{aligned}$$

习题

1. 求下列函数的全微分.

(1) $z = xy + \frac{x}{y}$；　(2) $z = \ln(x^2 + y^2)$；　(3) $z = \arcsin\frac{x}{y}$；

(4) $u = x^{yz}$；　(5) $z = (2x + y)^{x^2 y}$；　(6) $z = xy(1 - x - y)$.

2. 求函数 $z = \frac{y}{x}$ 当 $x = 2$，$y = 1$，$\Delta x = 0.1$，$\Delta y = 0.2$ 时的全增量及全微分.

3. 计算$(0.98)^{2.03}$的近似值.

9.6　多元函数微分学的几何应用

9.6.1　空间曲线的切线及法平面

设空间曲线 L 的参数方程为

$$x = \varphi(t)，\ y = \psi(t)，\ z = \omega(t)，$$

其中 $\varphi(t)$，$\psi(t)$，$\omega(t)$ 均为 t 的可微函数．如图 9.6.1 所示，设曲线 L 上对应于 $t = t_0$ 的点为 $M_0(x_0, y_0, z_0)$，并且 $\varphi'(t_0), \psi'(t_0)$，$\omega'(t_0)$ 不全为零．对应于 $t = t_0 + \Delta t$ 的点为 $M(x_0 + \Delta x, y_0 + \Delta y, z_0 + \Delta z)$，由空间解析几何知道，曲线的割线 M_0M 的方程是

$$\frac{x - x_0}{\Delta x} = \frac{y - y_0}{\Delta y} = \frac{z - z_0}{\Delta z}.$$

用 Δt 除上式的各分母，得

$$\frac{x - x_0}{\frac{\Delta x}{\Delta t}} = \frac{y - y_0}{\frac{\Delta y}{\Delta t}} = \frac{z - z_0}{\frac{\Delta z}{\Delta t}},$$

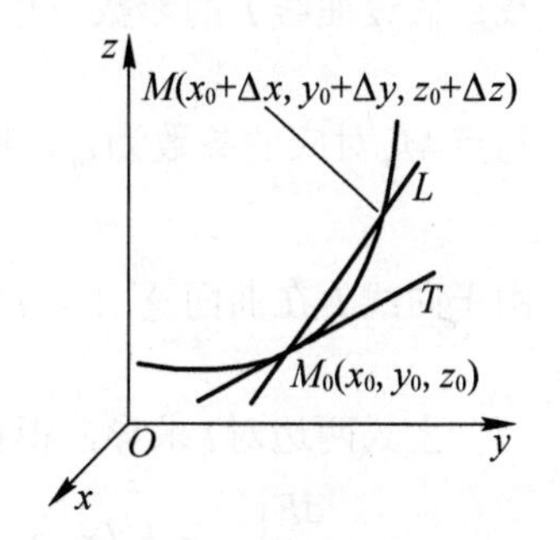

图 9.6.1

当 $\Delta t \to 0$ 时，点 M 沿曲线 L 趋近于点 M_0，割线 M_0M 的极限位置 M_0T 就是曲线 L 在点 M_0 处的切线，故对上式取极限，即得曲线 L 在点 M_0 处的切线方程为

$$\frac{x - x_0}{\varphi'(t_0)} = \frac{y - y_0}{\psi'(t_0)} = \frac{z - z_0}{\omega'(t_0)}.$$

把曲线在点 M_0 处的切线的方向向量叫作曲线在点 M_0 处的切向量，记作 $\boldsymbol{\tau}$，即

$$\boldsymbol{\tau} = \left(\varphi'(t_0), \psi(t_0), \omega'(t_0)\right).$$

过曲线 L 上点 M_0 且与切线 M_0T 垂直的每一条直线都叫作曲线在点 M_0 处的法线，这些法线所在的平面称为曲线在点 M_0 处的法平面．曲线 L 在点 M_0 处的切向量即为该点法平面的法向量．因此曲线 L 在 M_0 的法平面方程为

$$\varphi'(t_0)(x - x_0) + \psi'(t_0)(y - y_0) + \omega'(t_0)(z - z_0) = 0.$$

例 9.6.1　求螺旋线 $x = \cos t$，$y = \sin t$，$z = t$ 上对应于 $t = 0$ 的点处的切线与法平面方程.

解 参数$t=0$对应于曲线上的点$M_0(1,0,0)$，且

$$x'(t)=-\sin t，\ y'(t)=\cos t，\ z'(t)=1，$$

所以切向量$\boldsymbol{\tau}=\left(x'(0),y'(0),z'(0)\right)=\left(0,\ 1,\ 1\right)$，因此曲线$L$在点$M_0$处的切线方程为

$$\frac{x-1}{0}=\frac{y-0}{1}=\frac{z-0}{1}，$$

即

$$\begin{cases}x=1\\y=z\end{cases}；$$

曲线L在点M_0处的法平面方程为

$$0\times(x-1)+1\times(y-0)+1\times(z-0)=0，\text{即 } y+z=0 .$$

9.6.2 曲面的切平面与法线

通过曲面Σ上一点$M_0(x_0,y_0,z_0)$，在曲面上可以作无穷多条曲线．若每条曲线在点M_0处都有一条切线，可以证明这些切线都在同一平面上，称该平面为曲面Σ在点M_0处的切平面．下面进行具体讨论．

设曲面Σ的方程为$F(x,y,z)=0$，$M_0(x_0,y_0,z_0)$是曲面Σ上的一点，假定函数$F(x,y,z)$的偏导数在该点连续且不同时为零，曲线L是曲面Σ上通过点M_0的任意一条曲线．假设曲线L的参数方程为

$$x=x(t),\ y=y(t),\ z=z(t)，$$

与点M_0对应的参数为t_0，则曲线L在点M_0处的切向量为

$$\boldsymbol{\tau}=\left(x'(t_0),y'(t_0),z'(t_0)\right)$$

由于曲线L在曲面Σ上，所以有

$$F[x(t),y(t),z(t)]=0，$$

上式两边对t求导，得在$t=t_0$时的全导数为

$$\left.\frac{\mathrm{d}F}{\mathrm{d}t}\right|_{t=t_0}=F_x(x_0,y_0,z_0)x'(t_0)+F_y(x_0,y_0,z_0)y'(t_0)+F_z(x_0,y_0,z_0)z'(t_0)=0 .$$

若记向量$\boldsymbol{n}=\{F_x(x_0,y_0,z_0),F_y(x_0,y_0,z_0),F_z(x_0,y_0,z_0)\}$，则上式可表示为$\boldsymbol{n}\cdot\boldsymbol{\tau}=0$，即$\boldsymbol{n}\perp\boldsymbol{\tau}$．由于曲线$L$为曲面上过点$M_0$的任意一条曲线，所以在曲面$\Sigma$上过点$M_0$的所有曲线的切线均与同一向量$\boldsymbol{n}$垂直．这说明$\boldsymbol{n}$为曲面$\Sigma$在点$M_0$处的切平面的法向量．称向量$\boldsymbol{n}$为曲面$\Sigma$在点$M_0$处的法向量(见图 9.6.2)．

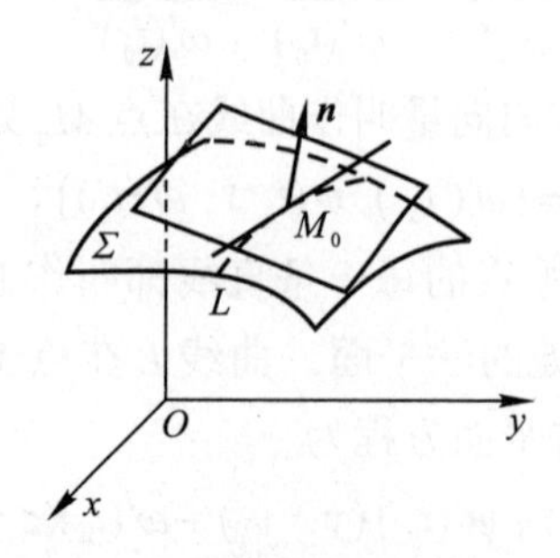

图 9.6.2

根据以上讨论，曲面 Σ 在点 M_0 处的切平面方程为

$$F_x(x_0,y_0,z_0)(x-x_0)+F_y(x_0,y_0,z_0)(y-y_0)+F_z(x_0,y_0,z_0)(z-z_0)=0 .$$

过点 M_0 且与切平面垂直的直线称为曲面 Σ 在点 M_0 处的法线，其方程为

$$\frac{x-x_0}{F_x(x_0,y_0,z_0)}=\frac{y-y_0}{F_y(x_0,y_0,z_0)}=\frac{z-z_0}{F_z(x_0,y_0,z_0)} .$$

若曲面 Σ 的方程由显函数 $z=f(x,y)$ 表示，其等价形式为 $f(x,y)-z=0$，则可令

$$F(x,y,z)=f(x,y)-z ,$$

于是

$$F_x=f_x，\ F_y=f_y，\ F_z=-1 ,$$

此时，曲面 Σ：$z=f(x,y)$ 在点 $M_0(x_0,y_0,z_0)$ 处的切平面方程为

$$f_x(x_0,y_0)(x-x_0)+f_y(x_0,y_0)(y-y_0)-(z-z_0)=0 ,$$

或

$$z-z_0=f_x(x_0,y_0)(x-x_0)+f_y(x_0,y_0)(y-y_0) .$$

上式左端 $z-z_0$ 为曲面 Σ：$z=f(x,y)$ 在点 $M_0(x_0,y_0,z_0)$ 处当自变量有改变量 $\Delta x=x-x_0$ 及 $\Delta y=y-y_0$ 时，切平面竖坐标 z 的改变量；而上式右端是函数 $z=f(x,y)$ 在点 (x_0,y_0) 处相对于自变量的改变量 $\Delta x=x-x_0$，$\Delta y=y-y_0$ 的全微分．因此，函数 $z=f(x,y)$ 在点 (x_0,y_0) 处的全微分 $\mathrm{d}z$ 就是当自变量 x,y 分别有改变量 $\Delta x,\Delta y$ 时，切平面上竖坐标 z 的改变量．这就是全微分的几何意义(见图 9.6.3).

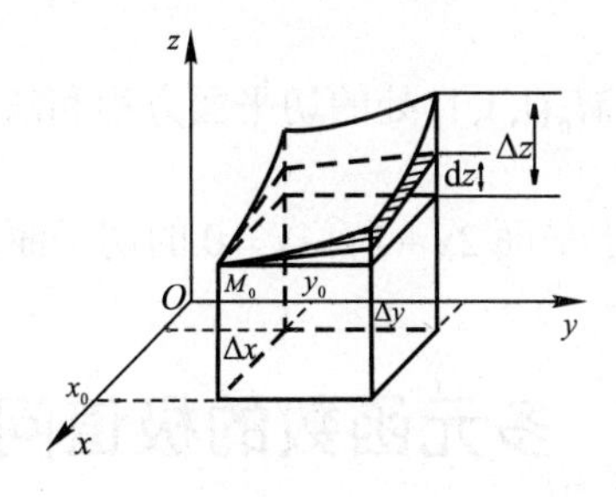

图 9.6.3

例 9.6.2　求曲面 $x^2+y^2+z^2=14$ 在点 $(1,2,3)$ 处的切平面及法线方程.

解　令 $F(x,y,z)=x^2+y^2+z^2-14$，则 $F_x=2x,\ F_y=2y,\ F_z=2z$，于是，该球面在点 $(1,2,3)$ 处的法向量为

$$\boldsymbol{n}=\{2x,2y,2z\}|_{(1,2,3)}=\{2,\ 4,\ 6\} ,$$

所以在点 $(1,2,3)$ 处，此球面的切平面方程为

$$2(x-1)+4(y-2)+6(z-3)=0 ,$$

即

$$x+2y+3z-14=0 .$$

法线方程为

$$\frac{x-1}{2}=\frac{y-2}{4}=\frac{z-3}{6} ,$$

即

$$\frac{x-1}{1}=\frac{y-2}{2}=\frac{z-3}{3} .$$

例 9.6.3 求椭圆抛物面 $z=3x^2+2y^2$ 在点 $(1,2,11)$ 处的切平面与法线方程.

解 令 $F(x,y,z)=3x^2+2y^2-z$，则 $F_x=6x$，$F_y=4y$，$F_z=-1$，于是，该曲面在点 $(1,2,11)$ 处的法向量为 $\boldsymbol{n}=\{6x,4y,-1\}|_{(1,2,11)}=\{6,\ 8,\ -1\}$，所以在点 $(1,2,11)$ 处的切平面方程为

$$z-11=6(x-1)+8(y-2),$$

即

$$6x+8y-z-11=0.$$

法线方程为

$$\frac{x-1}{6}=\frac{y-2}{8}=\frac{z-11}{-1}.$$

习题

1. 设曲线 $x=\dfrac{1+t}{t}$，$y=\dfrac{t}{1+t}$，$z=2t$，求该曲线在 $t=1$ 的切线方程.

2. 求曲线 Γ: $\begin{cases}x^2+y^2=1\\x-y+z=2\end{cases}$ 在点 $P\left(\dfrac{1}{\sqrt{2}},\dfrac{1}{\sqrt{2}},2\right)$ 处的切线方程和法平面方程.

3. 求由曲线 $\begin{cases}3x^2+2y^2=12\\z=0\end{cases}$ 绕 y 轴旋转一周得到的旋转曲面在点 $(0,\sqrt{3},\sqrt{2})$ 处的单位法向量.

4. 求曲面 $z=y+\ln\dfrac{x}{z}$ 在点 $M_0(1,1,1)$ 处的切平面方程和法线方程.

5. 求曲面 $z=\dfrac{x^2}{2}+y^2$ 平行于平面 $2x+2y-z=0$ 的切平面方程.

9.7 多元函数的极值问题

9.7.1 二元函数的极值

实例 1 函数 $f(x,y)=x^2+y^2-1$ 的图形为旋转抛物面，如图 9.7.1 所示，此曲面上的点 $(0,0,-1)$ 低于周围的点，即当 $x\neq 0,\ y\neq 0$ 时，有 $f(x,y)=x^2+y^2-1>-1=f(0,0)$，这时称该函数在点 $(0,0)$ 处取得极小值-1.

实例 2 函数 $z=\sqrt{1-x^2-y^2}$ 的图形为上半球面，如图 9.7.2 所示，显然此曲面上的点 $(0,0,1)$ 高于周围的点，即在点 $(0,0)$ 附近任意点 (x,y) 处，都有 $f(x,y)=\sqrt{1-x^2-y^2}<1=f(0,0)$，这时称该函数在点 $(0,0)$ 处取得极大值 1.

在上述例子中函数都有局部最值，称为函数的极值，下面给出极值的确切定义.

定义 9.7.1 设函数 $z=f(x,y)$ 在点 (x_0,y_0) 的某一邻域内有定义，如果对于此邻域内任何异于 (x_0,y_0) 的点 (x,y)，都有 $f(x,y)<f(x_0,y_0)$ (或 $f(x,y)>f(x_0,y_0)$)成立，则称函数 $f(x,y)$ 在点 (x_0,y_0) 处取得极大值(或极小值) $f(x_0,y_0)$，且称点 (x_0,y_0) 为函数 $z=f(x,y)$

的极大值点(或极小值点)，极大值与极小值统称为极值，极大值点与极小值点统称为极值点.

类似地，可以定义三元及三元以上函数的极值.

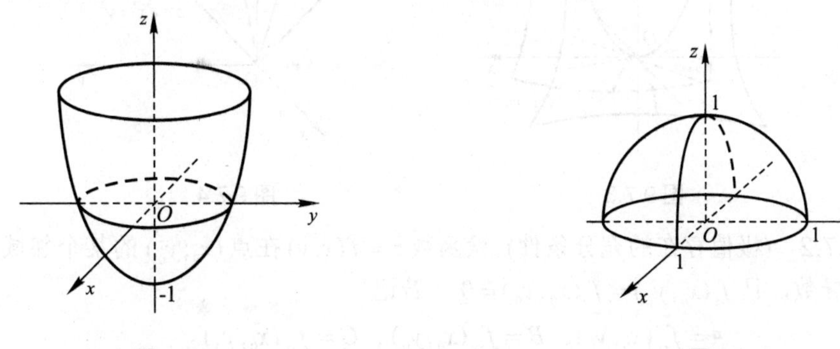

图 9.7.1　　图 9.7.2

若一元可导函数 $y=f(x)$ 在点 x_0 处取得极值，则必有 $f'(x_0)=0$．同理，二元函数也有类似的结论.

定理 9.7.1　(极值存在的必要条件) 若函数 $z=f(x,y)$ 在点 (x_0,y_0) 处有极值，且函数在该点处的一阶偏导数存在，则必有 $f_x(x_0,y_0)=0$，$f_y(x_0,y_0)=0$.

证明　因为 (x_0,y_0) 是函数 $f(x,y)$ 的极值点，若固定 $f(x,y)$ 中的变量 $y=y_0$，则 $z=f(x,y_0)$ 是一个一元函数，且在 $x=x_0$ 处取得极值．由一元函数极值的必要条件知 $f_x(x_0,y_0)=0$．同理可证 $f_y(x_0,y_0)=0$.

使一阶偏导数 $f_x(x_0,y_0)=0$，$f_y(x_0,y_0)=0$ 同时成立的点 (x_0,y_0) 称为函数 $f(x,y)$ 的驻点.

由定理 9.7.1 可知，可导函数的极值点必为驻点，但是函数的驻点不一定是极值点.另外，二元连续函数的极值点必然在驻点或一阶偏导数不存在的点中.

例 9.7.1　函数 $z=x^2-y^2$ 的偏导数 $\dfrac{\partial z}{\partial x}=2x,\ \dfrac{\partial z}{\partial y}=-2y$ 在 $(0,0)$ 点均为零，所以点 $(0,0)$ 是此函数的驻点．因为 $z|_{(0,0)}=0$，而在点 $(0,0)$ 的任意一个邻域内函数既可取正值，也可取负值，所以驻点 $(0,0)$ 不是函数 $z=x^2-y^2$ 的极值点．函数 $z=x^2-y^2$ 的图形是双曲抛物面(见图 9.7.3).

例 9.7.2　函数 $z=\sqrt{x^2+y^2}$ 在点 $(0,0)$ 处取得极小值 $z|_{(0,0)}=0$．因为在点 $(0,0)$ 附近任意点 (x,y) 处，有

$$f(x,y)=\sqrt{x^2+y^2}>0=f(0,0),$$

但在点 $(0,0)$ 处的一阶偏导数都不存在．函数的图形为上半锥面(见图 9.7.4).

与一元函数一样，驻点虽不一定是极值点，但为寻求可导函数的极值点规定了范围．下面给出一个判别驻点是否为极值点的充分条件.

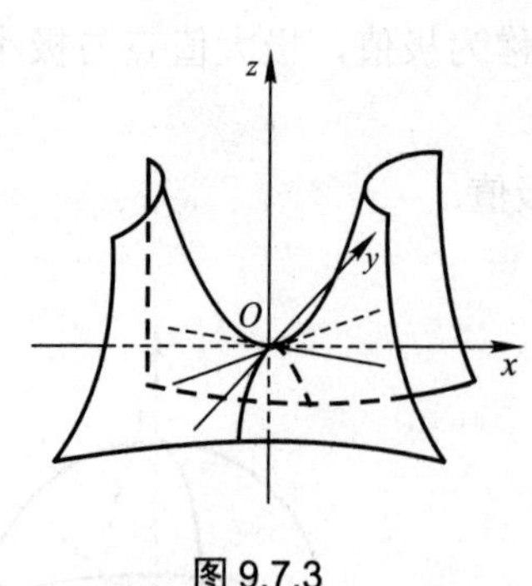

图 9.7.3

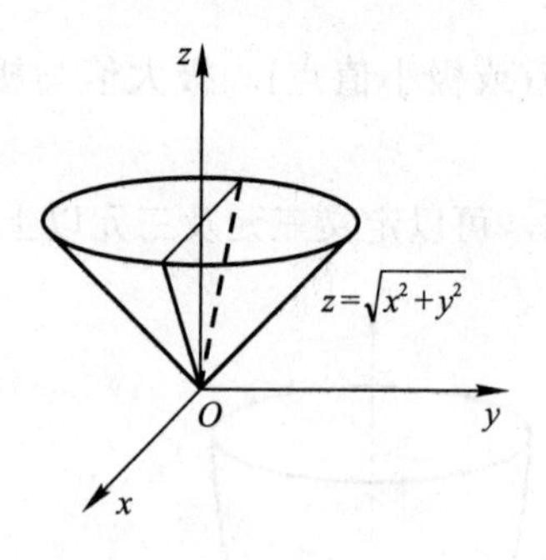

图 9.7.4

定理 9.7.2 (极值存在的充分条件) 设函数 $z=f(x,y)$ 在点 (x_0,y_0) 的某个邻域内具有二阶连续偏导数，且 $f_x(x_0,y_0)=f_y(x_0,y_0)=0$．若记

$$A=f_{xx}(x_0,y_0),\ B=f_{xy}(x_0,y_0),\ C=f_{yy}(x_0,y_0),$$

则：

(1) 当 $AC-B^2>0$ 时，点 (x_0,y_0) 是极值点．且若 $A<0$，点 (x_0,y_0) 为极大值点；若 $A>0$，点 (x_0,y_0) 为极小值点；

(2) 当 $AC-B^2<0$ 时，点 (x_0,y_0) 不是极值点；

(3) 当 $AC-B^2=0$ 时，点 (x_0,y_0) 可能是极值点，也可能不是极值点，需另作讨论．

例 9.7.3 求函数 $f(x,y)=x^3+y^3-3xy$ 的极值．

解 (1) 函数的定义域为整个 xOy 面；

(2) 求出所有可能的极值点，为此先求偏导数

$$f_x(x,y)=3x^2-3y,\ f_y(x,y)=3y^2-3x,$$

$$f_{xx}(x,y)=6x,\ f_{xy}(x,y)=-3,\ f_{yy}(x,y)=6y,$$

解方程组 $\begin{cases} f_x(x,y)=3x^2-3y=0 \\ f_y(x,y)=3y^2-3x=0 \end{cases}$，得驻点分别为 $(0,0)$ 和 $(1,1)$．

(3) 由极值的充分条件列表讨论驻点是否为极值点以及极值情况如下：

驻 点	A	B	C	$AC-B^2$	极值情况
(0, 0)	0	−3	0	<0	无极值
(1, 1)	6	−3	6	>0	极小值 $f(1,1)=-1$

所以，$f(x,y)$ 在点(1,1)处取得极小值−1．

9.7.2 多元函数的最大值与最小值

与一元函数类似，对于有界闭区域上连续的二元函数，一定能在该区域上取得最大值和最小值．对于二元可微函数，如果该函数的最大值或最小值在区域内部取得，并且函数的偏导数存在，则最大值点或最小值点必为驻点；若函数的最大值或最小值在区域的边界

上取得，那么它也一定是函数在边界上的最大值或最小值．因此，求二元函数的最大值和最小值的方法是：将函数在所讨论区域内的所有驻点处的函数值与函数在区域边界上的最大值和最小值相比较，其中最大者就是函数在闭区域上的最大值，最小者就是函数在闭区域上的最小值．

例 9.7.4　求函数 $z=x^2y(5-x-y)$ 在闭区域 $D=\{(x,y)|x\geqslant 0, y\geqslant 0, x+y\leqslant 4x\geqslant 0, y\geqslant 0, x+y\leqslant 4\}$ 上的最大值与最小值．

解　函数在 D 内处处可微，且

$$\frac{\partial z}{\partial x}=10xy-3x^2y-2xy^2=xy(10-3x-2y),$$

$$\frac{\partial z}{\partial y}=5x^2-x^3-2x^2y=x^2(5-x-2y).$$

解方程组 $\frac{\partial z}{\partial x}=0,\ \frac{\partial z}{\partial y}=0$，得 D 内的驻点为 $\left(\frac{5}{2},\frac{5}{4}\right)$，对应的函数值为 $z=\frac{625}{64}$．

考虑函数在区域 D 边界上的情况(见图 9.7.5)．在边界 $x=0$ 及 $y=0$ 上函数 z 的值恒为零；在边界 $x+y=4$ 上，函数 z 成为 x 的一元函数

$$z=x^2(4-x),\quad 0\leqslant x\leqslant 4,$$

对此函数求导有 $\frac{\mathrm{d}z}{\mathrm{d}x}=x(8-3x)$，所以 $z=x^2(4-x)$ 在 $[0,4]$ 上的驻点为 $x=\frac{8}{3}$，相应的函数值为 $z=\frac{256}{27}$．

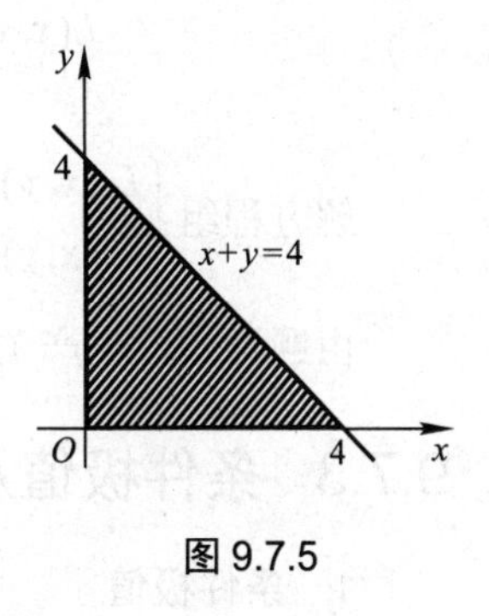

图 9.7.5

因此函数在闭区域 D 上的最大值为 $z=\frac{625}{64}$，它在点 $\left(\frac{5}{2},\frac{5}{4}\right)$ 处取得；最小值为 $z=0$，它在 D 的边界 $x=0$ 及 $y=0$ 上取得．

对于实际问题中的最值问题，往往通过分析便能断定它的最大值或最小值一定存在，且在定义区域的内部取得．若函数在定义区域内有唯一的驻点，则该驻点处的函数值就是函数的最大值或最小值．因此求实际问题中的最值问题的步骤是：

(1) 根据实际问题建立目标函数，确定其定义域；

(2) 求出可能的极值点(驻点和不可导点，对于可导函数只有驻点)；

(3) 结合实际意义判定最大值或最小值．

例 9.7.5　某工厂要用钢板制作一个容积为 V 的无盖长方体的容器，若不计钢板厚度，怎样制作材料最省(见图 9.7.6)？

解　所谓材料最省，即无盖长方体容器表面积最小．由实际问题知，容积一定时，材料最省的无盖长方体容器一定存在．设容器的长宽高分别为 x,y,z，表面积为 A，则

$$A=xy+2yz+2xz.$$

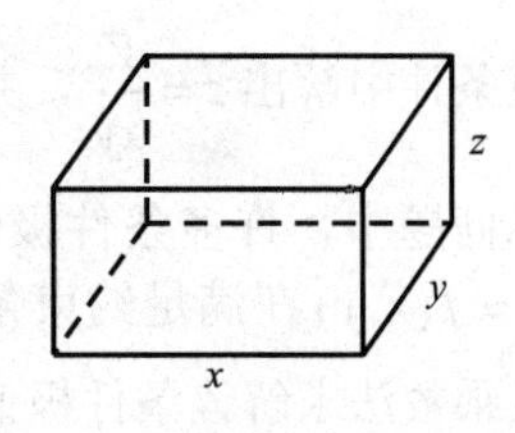

图 9.7.6

又已知 $V=xyz$，即 $z=\frac{V}{xy}$，代入上式得

$$A = xy + \frac{2V}{x} + \frac{2V}{y} (x > 0, y > 0),$$

解方程组 $\begin{cases} \dfrac{\partial A}{\partial x} = y - \dfrac{2V}{x^2} = 0 \\ \dfrac{\partial A}{\partial y} = x - \dfrac{2V}{y^2} = 0 \end{cases}$，得驻点 $(\sqrt[3]{2V}, \sqrt[3]{2V})$， 此时 $z = \dfrac{V}{xy} = \dfrac{\sqrt[3]{2V}}{2}$．所以当长方体容器的长与宽取 $\sqrt[3]{2V}$，高取 $\dfrac{\sqrt[3]{2V}}{2}$ 时，所需的材料最省．

例 9.7.6 某工厂生产甲与乙两种产品，出售单价分别为 10 元与 9 元，生产 x 单位的甲产品与生产 y 单位的乙产品的总费用是

$$400 + 2x + 3y + 0.01(3x^2 + xy + 3y^2).$$

求取得最大利润时，两种产品的产量各多少？

解 设 $L(x,y)$ 表示甲产品与乙产品分别生产 x 与 y 单位时所得的总利润，因为总利润等于总收入减去总费用，所以

$$\begin{aligned} L(x,y) &= (10x + 9y) - [400 + 2x + 3y + 0.01(3x^2 + xy + 3y^2)] \\ &= 8x + 6y - 0.01(3x^2 + xy + 3y^2) - 400, \end{aligned}$$

解方程组 $\begin{cases} L_x(x,y) = 8 - 0.01(6x + y) = 0 \\ L_y(x,y) = 6 - 0.01(x + 6y) = 0 \end{cases}$，得驻点 $(120, 80)$.

由题意知，生产 120 单位甲产品与 80 单位乙产品时所得的利润最大．

9.7.3 条件极值及最小二乘法

1. 条件极值

前面讨论的极值问题，函数的自变量除了限定在定义域内之外，再未受其他限制，这种极值问题称为无条件极值．但在实际问题中，求极值或最值时，对自变量的取值往往要附加一定的约束条件，这类附有约束条件的极值问题称为条件极值，或约束最优化．条件极值问题的约束条件分为等式约束条件和不等式约束条件两类，这里仅讨论等式约束条件下的条件极值．

条件极值问题的解法有两种：一是将条件极值转化为无条件极值，如例 9.7.5 就可看作是求函数 $A = xy + 2xy + 2xz$ 在自变量满足约束条件 $xyz = V$ 时的条件极值．则可以从约束条件中解出 $z = \dfrac{V}{xy}$，并代入 A 中，得 $A = xy + \dfrac{2V(x+y)}{xy}$，从而转化为无条件极值．但实际问题中，许多条件极值转化为无条件极值时很复杂甚至不可能．下面考虑直接求函数 $z = f(x,y)$ 在满足约束条件 $\varphi(x,y) = 0$ 时的极值的方法——拉格朗日乘数法．利用拉格朗日乘数法求解该条件极值的具体步骤如下．

(1) 构造辅助函数(称为拉格朗日函数)

$$L(x,y,\lambda) = f(x,y) + \lambda\varphi(x,y),$$

其中，λ 为待定常数，称为拉格朗日乘数．将原条件极值问题化为求三元函数 $L(x,y,\lambda)$ 的无条件极值问题．

(2) 由无条件极值问题的必要条件，有

$$\begin{cases} L_x = f_x + \lambda\varphi_x = 0 \\ L_y = f_y + \lambda\varphi_y = 0 \\ L_\lambda = \varphi(x,y) = 0 \end{cases},$$

求解这三个方程，解出可能的极值点 (x,y)．

(3) 判别求出的点 (x,y) 是否为极值点，通常由实际问题的实际意义判定．

对于多于两个自变量的函数或多于一个等式约束条件的条件极值也有类似的结果．这里我们利用拉格朗日乘数法求解例 9.7.6．设拉格朗日函数为

$$L(x,y,z,\lambda) = xy + 2xz + 2yz + \lambda(xyz - V),$$

根据极值的必要条件列方程组

$$\begin{cases} L_x = y + 2z + \lambda yz = 0 \\ L_y = x + 2z + \lambda xz = 0 \\ L_z = 2x + 2y + \lambda xy = 0 \\ L_\lambda = xyz - V = 0 \end{cases},$$

将该方程组的第一个方程乘以 x，第二个方程乘以 y，第三个方程乘以 z，再两两相减，得

$$\begin{cases} 2xz - 2yz = 0 \\ xy - 2xz = 0 \end{cases},$$

因为 $x>0, z>0$，所以有 $x = y = 2z$，代入第四个方程得唯一的可能极值点

$$x = y = \sqrt[3]{2V},\ z = \frac{\sqrt[3]{2V}}{2}.$$

由问题本身可知最小值一定存在，因此当 $x = y = \sqrt[3]{2V},\ z = \dfrac{\sqrt[3]{2V}}{2}$ 时，容器所需材料最省．

2. 最小二乘法

在许多工程实际问题中，常常需要根据实验数据来寻找两个变量之间的函数关系的近似表达式．通常把这样得到的函数的近似表达式叫作经验公式．下面介绍用一次函数来近似表达两个变量之间关系的经验公式的一种方法．

根据实验测得的变量 x 与 y 的 n 组数据 (x_i, y_i)，$i = 1,2,\cdots,n$，可在平面直角坐标系中描绘出对应的 n 个点 $P_i(x_i, y_i)$，$i = 1,2,\cdots,n$．如果这些点全部在某条直线上，则可认为两变量之间有关系式 $y = ax + b$．事实上，这些点在一条直线上的可能性非常小．但是，如果这 n 个点大体上在某直线的附近(两侧)，则可以近似地用关系式 $y = ax + b$ 来表达 n 组数据中两个变量之间的关系．问题的关键是如何选取适当的 a 和 b，使直线 $y = ax + b$ 尽可能地与这些点靠近，即希望直线上对应于点 $x = x_i$，$i = 1,2,\cdots,n$ 的纵坐标 $ax_i + b$ 与实验数据

y_i 的相差越小越好．通常采用 $y_i-(ax_i+b)$ 的平方和最小来确定．则问题归结为：确定函数 $y=ax+b$ 的待定系数 a 和 b，使

$$M(a,b)=\sum_{i=1}^{n}\left[y_i-(ax_i+b)\right]^2=\sum_{i=1}^{n}\left(y_i-a_ix_i-b\right)^2 \tag{9.7.1}$$

为最小．这种选择 a 和 b 的方法称为最小二乘法．

式(9.7.1)可看成 a 和 b 的二元函数，由二元函数的最值求法，对二元函数 $M(a,b)$ 关于 a 和 b 求偏导数，有

$$\frac{\partial M}{\partial a}=-2\sum_{i=1}^{n}(y_i-ax_i-b)\cdot x_i,\quad \frac{\partial M}{\partial b}=-2\sum_{i=1}^{n}(y_i-ax_i-b).$$

令
$$\frac{\partial M}{\partial a}=-2\sum_{i=1}^{n}(y_i-ax_i-b)\cdot x_i=0,\quad \frac{\partial M}{\partial b}=-2\sum_{i=1}^{n}(y_i-ax_i-b)=0,$$

得方程组

$$\begin{cases} a\sum\limits_{i=1}^{n}x_i^{\,2}+b\sum\limits_{i=1}^{n}x_i=\sum\limits_{i=1}^{n}x_iy_i \\ a\sum\limits_{i=1}^{n}x_i+nb=\sum\limits_{i=1}^{n}y_i \end{cases}. \tag{9.7.2}$$

解该方程组，得

$$\begin{cases} a=\dfrac{n\sum\limits_{i=1}^{n}x_iy_i-\left(\sum\limits_{i=1}^{n}x_i\right)\cdot\left(\sum\limits_{i=1}^{n}y_i\right)}{n\sum\limits_{i=1}^{n}x_i^{\,2}-\left(\sum\limits_{i=1}^{n}x_i\right)^2} \\ b=\dfrac{1}{n}\left(\sum\limits_{i=1}^{n}y_i-a\sum\limits_{i=1}^{n}x_i\right) \end{cases}$$

从而得到所求的经验公式

$$y=ax+b.$$

例 9.7.7 根据数据表

x_i	165	123	150	123	141
y_i	187	126	172	125	148

用最小二乘法求变量 x 与 y 之间关系的经验公式．

解 首先描出散点图，会发现这些点近似地分布在一条直线上，为此设经验公式为

$$y=ax+b.$$

将数据点代入方程组(9.7.2)，得

$$\begin{cases} 720a+5b=758 \\ 702b+99864a=108396 \end{cases},$$

解得

$$\begin{cases} a=1.5138 \\ b=-60.93752 \end{cases}.$$

故所求得的经验公式为 $y = 1.5138x - 60.93752$．

习题

1．求下列函数的极值．

(1) $f(x,y) = x^3 + y^3 - 9xy + 27$；　(2) $f(x,y) = \mathrm{e}^{2x}(x + y^2 + 2y)$；

(3) $f(x,y) = (x^2 + y^2)^2 - 2(x^2 - y^2)$；　(4) $f(x,y) = \ln(1 + x^2 + y^2) + 1 - \dfrac{x^3}{15} - \dfrac{y^2}{4}$；

(5) $z = xy(1 - x - y)$；　(6) $z = x^3 + y^3 - 3x^2 - 3y^2$．

2．设二元函数 $z = 1 - x^2 - y^2$，求

(1) 函数的极值；　(2) 函数在条件 $y = 2$ 下的极值．

3．求曲面 $\dfrac{x^2}{2} + y^2 + \dfrac{z^2}{4} = 1$ 到平面 $2x + 2y + z + 5 = 0$ 的最短距离．

4．某工厂要建造一座长方体形状的厂房，其体积为 150 万 m^3，已知前墙和屋顶的每单位面积的造价分别是其他墙身造价的 3 倍和 1.5 倍，问厂房前墙的长度和厂房的高度为多少时，厂房的造价最小？

*9.8　方向导数与梯度

9.8.1　方向导数

偏导数反映的是函数沿坐标轴方向的变化率．但是很多物理现象只考虑函数沿坐标轴方向的变化率是不够的，例如，大气沿着压强减少最快的方向流动；热量沿着物体温度下降最快的方向传导．因此我们有必要研究函数沿任一指定方向的变化率问题．

设 l 是平面上的一条射线，点 $P_0(x_0, y_0) \in l$，$P(x,y) \in U(P_0)$．讨论函数 $z = f(x,y)$ 沿 l 方向从 $P_0(x_0, y_0)$ 到 $P(x,y)$ 的变化率．

射线 l 的参数方程为

$$\begin{cases} x = x_0 + t\cos\alpha \\ y = y_0 + t\cos\beta \end{cases} \quad (t \geqslant 0)$$

其中，$\mathbf{e}_l = (\cos\alpha, \cos\beta)$ 是与 l 同方向的单位向量．

由之前所学可知：函数 $z = f(x,y)$ 沿 l 方向从 $P_0(x,y)$ 到 $P(x,y)$ 的平均变化率为

$$\frac{f(x_0 + t\cos\alpha, y_0 + t\cos\beta) - f(x_0, y_0)}{t}$$

当 P 沿着 l 趋于 P_0 时(即 $t \to 0^+$)的极限存在，则称此极限为函数 $z = f(x,y)$ 在点 P_0 沿射线 l 的方向导数或变化率，记作 $\left.\dfrac{\partial f}{\partial l}\right|_{(x_0, y_0)}$．

$$\left.\frac{\partial f}{\partial l}\right|_{(x_0, y_0)} = \lim_{t \to 0^+} \frac{f(x_0 + t\cos\alpha, y_0 + t\cos\beta) - f(x_0, y_0)}{t}$$

为了方便计算以及讨论其存在性，我们引入下述定理.

定理 9.8.1 如果函数 $z=f(x,y)$ 在点 $P_0(x,y)$ 可微分，那么函数在该点沿任一射线 l 的方向导数存在，且有

$$\left.\frac{\partial f}{\partial l}\right|_{(x_0,y_0)}=f_x(x_0,y_0)\cos\alpha+f_y(x_0,y_0)\cos\beta \tag{9.8.1}$$

其中，$\cos\alpha,\cos\beta$ 是射线 l 的方向余弦.

同理，对于三元函数 $u=f(x,y,z)$ 来说，它在空间一点 $P_0(x_0,y_0,z_0)$ 沿方向 $\mathbf{e}_l=(\cos\alpha,\cos\beta,\cos\gamma)$ 的方向导数为

$$\left.\frac{\partial f}{\partial l}\right|_{(x_0,y_0)}=\lim_{t\to 0^+}\frac{f(x_0+t\cos\alpha,y_0+t\cos\beta,z_0+t\cos\gamma)-f(x_0,y_0,z_0)}{t}$$

那么，如果函数 $u=f(x,y,z)$ 在点 $P_0(x_0,y_0,z_0)$ 可微分，那么函数在该点沿着方向 $\mathbf{e}_l=(\cos\alpha,\cos\beta,\cos\gamma)$ 的方向导数为

$$\left.\frac{\partial f}{\partial l}\right|_{(x_0,y_0)}=f_x(x_0,y_0,z_0)\cos\alpha+f_y(x_0,y_0,z_0)\cos\beta+f_z(x_0,y_0,z_0)\cos\gamma \tag{9.8.2}$$

例 9.8.1 求函数 $z=x\mathrm{e}^{2y}$ 在点 $P(1,0)$ 处沿从点 $P(1,0)$ 到点 $Q(2,-1)$ 的方向的方向导数.

解 这里方向 $\boldsymbol{l}$ 即为 $PQ=\{1,-1\}$，故 x 轴到 $\boldsymbol{l}$ 方向的转角 $\varphi=-\dfrac{\pi}{4}$.

$$\because\ \left.\frac{\partial z}{\partial x}\right|_{(1,0)}=\left.\mathrm{e}^{2y}\right|_{(1,0)}=1,\ \left.\frac{\partial z}{\partial y}\right|_{(1,0)}=\left.2x\mathrm{e}^{2y}\right|_{(1,0)}=2,$$

由式(9.8.1)知，所求方向导数 $\dfrac{\partial z}{\partial l}=\cos\left(-\dfrac{\pi}{4}\right)+2\sin\left(-\dfrac{\pi}{4}\right)=-\dfrac{\sqrt{2}}{2}$.

例 9.8.2 求函数 $f(x,y)=x^2-xy+y^2$ 在点(1,1)沿与 x 轴方向夹角为 α 的方向射线 $\boldsymbol{l}$ 的方向导数，并问在怎样的方向上此方向导数有(1)最大值；(2)最小值；(3)等于零？

解 由方向导数的计算公式(9.8.1)知

$$\left.\frac{\partial f}{\partial l}\right|_{(1,1)}=f_x(1,1)\cos\alpha+f_y(1,1)\sin\alpha=\left.(2x-y)\right|_{(1,1)}\cos\alpha+\left.(2y-x)\right|_{(1,1)}\sin\alpha,$$

$$=\cos\alpha+\sin\alpha=\sqrt{2}\sin\left(\alpha+\frac{\pi}{4}\right),$$

故(1) 当 $\alpha=\dfrac{\pi}{4}$ 时，方向导数达到最大值 $\sqrt{2}$；

(2) 当 $\alpha=\dfrac{5\pi}{4}$ 时，方向导数达到最小值 $-\sqrt{2}$；

(3) 当 $\alpha=\dfrac{3\pi}{4}$ 和 $\alpha=\dfrac{7\pi}{4}$ 时，方向导数等于 0.

例 9.8.3 设 $\boldsymbol{n}$ 是曲面 $2x^2+3y^2+z^2=6$ 在点 $P(1,1,1)$ 处的指向外侧的法向量，求函数 $u=\dfrac{1}{z}(6x^2+8y^2)^{\frac{1}{2}}$ 在此处沿方向 $\boldsymbol{n}$ 的方向导数.

解　令 $F(x,y,z)=2x^2+3y^2+z^2-6$，

$$F'_x\big|_P=4x\big|_P=4,\quad F'_y\big|_P=6y\big|_P=6,\quad F'_z\big|_P=2z\big|_P=2,$$

故

$$\boldsymbol{n}=\left\{F'_x,F'_y,F'_z\right\}=\{4,6,2\},$$

$$|\boldsymbol{n}|=\sqrt{4^2+6^2+2^2}=2\sqrt{14},$$

方向余弦为

$$\cos\alpha=\frac{2}{\sqrt{14}},\quad \cos\beta=\frac{3}{\sqrt{14}},\quad \cos\gamma=\frac{1}{\sqrt{14}}.$$

则有

$$\left.\frac{\partial u}{\partial x}\right|_P=\left.\frac{6x}{z\sqrt{6x^2+8y^2}}\right|_P=\frac{6}{\sqrt{14}},\quad \left.\frac{\partial u}{\partial y}\right|_P=\left.\frac{8y}{z\sqrt{6x^2+8y^2}}\right|_P=\frac{8}{\sqrt{14}},$$

$$\left.\frac{\partial u}{\partial z}\right|_P=-\left.\frac{\sqrt{6x^2+8y^2}}{z^2}\right|_P=-\sqrt{14}.$$

故

$$\left.\frac{\partial u}{\partial \boldsymbol{n}}\right|_P=\left.\left(\frac{\partial u}{\partial x}\cos\alpha+\frac{\partial u}{\partial y}\cos\beta+\frac{\partial u}{\partial z}\cos\gamma\right)\right|_P=\frac{11}{7}.$$

9.8.2　梯度

设函数 $z=f(x,y)$ 在空间区域 D 内具有一阶连续偏导数，则对于每一点 $P_0(x_0,y_0)\in D$，定义一个向量

$$f_x(x_0,y_0)\cos\alpha+f_y(x_0,y_0)\cos\beta,$$

称此向量为函数 $z=f(x,y)$ 在点 $P_0(x_0,y_0)$ 的梯度，记作 $\mathbf{grad}f(x_0,y_0)$.

如果函数 $z=f(x,y)$ 在点 $P_0(x,y)$ 可微分，$\mathbf{e}_l=(\cos\alpha,\cos\beta,\cos\gamma)$ 是与方向 l 同方向的单位向量，则

$$\begin{aligned}\left.\frac{\partial f}{\partial l}\right|_{(x_0,y_0)}&=f_x(x_0,y_0)\cos\alpha+f_y(x_0,y_0)\cos\beta\\&=\mathbf{grad}f(x_0,y_0)\cdot\mathbf{e}_l\\&=\left|\mathbf{grad}f(x_0,y_0)\right|\cdot\cos<\mathbf{grad}f(x_0,y_0),\ \mathbf{e}_l>\end{aligned}$$

此关系式表明了函数在一点的方向导数与在这点的梯度的关系．即在任何一点的方向导数的绝对值不会超过它在该点的梯度的模 $\left|\mathbf{grad}f(x_0,y_0)\right|$，且最大值 $\left|\mathbf{grad}f(x_0,y_0)\right|$ 在梯度方向达到．这就是说，沿着梯度方向函数值增长最快，沿着梯度相反方向函数值减少最快．因此，大气沿着压强 p 减少最快的方向流动，就是沿着 $-\mathbf{grad}p$ 的方向流动；热量沿着温度 T 下降最快的方向，即沿着 $-\mathbf{grad}T$ 的方向传导；某雪山顶的高度为函数 $z=f(x,y)$，当雪融化时，由于重力的作用，雪水会沿高度下降最快的方向，即 $-\mathbf{grad}f(x,y)$ 方向流动，溪流就是这样形成的．

例 9.8.4　求函数 $u=x^2+2y^2+3z^2+3x-2y$ 在点 $(1,1,2)$ 处的梯度，并问在哪些点处梯

度为零?

解 由梯度计算公式得

$$\mathbf{grad}u(x,y,z)=\frac{\partial u}{\partial x}\boldsymbol{i}+\frac{\partial u}{\partial y}\boldsymbol{j}+\frac{\partial u}{\partial z}\boldsymbol{k}=(2x+3)\boldsymbol{i}+(4y-2)\boldsymbol{j}+6z\boldsymbol{k},$$

故 $\mathbf{grad}u(1,1,2)=5\boldsymbol{i}+2\boldsymbol{j}+12\boldsymbol{k}$.

在 $P_0\left(-\frac{3}{2},\frac{1}{2},0\right)$ 处梯度为 0.

例 9.8.5 已知位于原点的点电荷 q (q 表示电荷大小)所产生的静电场中，任何一点 $M(x,y,z)$ 处的电势为

$$U=\frac{q}{4\pi\varepsilon_0(x^2+y^2+z^2)^{\frac{1}{2}}}.$$

试求空间的电场强度 E.

解 由电势与电场强度的微分关系知：$\boldsymbol{E}=-\mathbf{grad}U$

$$\boldsymbol{E}=-\mathbf{grad}U=-\left(\frac{\partial u}{\partial x}\boldsymbol{i}+\frac{\partial u}{\partial y}\boldsymbol{j}+\frac{\partial u}{\partial z}\boldsymbol{k}\right)$$

$$\frac{\partial u}{\partial x}=\frac{-q}{4\pi\varepsilon_0}x(x^2+y^2+z^2)^{-\frac{3}{2}}$$

$$\frac{\partial u}{\partial y}=\frac{-q}{4\pi\varepsilon_0}y(x^2+y^2+z^2)^{-\frac{3}{2}}$$

$$\frac{\partial u}{\partial z}=\frac{-q}{4\pi\varepsilon_0}z(x^2+y^2+z^2)^{-\frac{3}{2}}$$

$$\boldsymbol{E}=\frac{q}{4\pi\varepsilon_0}(x^2+y^2+z^2)^{-\frac{3}{2}}(x\boldsymbol{i}+y\boldsymbol{j}+z\boldsymbol{k})$$

习题

1. 讨论函数 $z=f(x,y)=\sqrt{x^2+y^2}$ 在点 $(0,0)$ 处的方向导数是否存在.

2. 求函数 $z=x^2+y^2$ 在点 $(1,\ 2)$ 处沿从点 $(1,\ 2)$ 到点 $(2,\ 2+\sqrt{3})$ 的方向的方向导数.

3. 求函数 $u=xy^2+z^3-xyz$ 在点 $(1,\ 1,\ 2)$ 处沿方向角为 $\alpha=\frac{\pi}{3}$，$\beta=\frac{\pi}{4}$，$\gamma=\frac{\pi}{3}$ 的方向的方向导数.

4. 设函数 $f(x,y,z)=x^2+2y^2+3z^2+xy+3x-2y-6z$，求 $\mathbf{grad}f(0,0,0)$ 及 $\mathbf{grad}f(1,1,1)$.

总　习　题

一、填空题

1. 函数 $z=\ln(-x-y)$ 的定义域为____________.

2. 设 $z=\mathrm{e}^{xy}+x^2y$，则 $\dfrac{\partial z}{\partial x}=$________；$\dfrac{\partial z}{\partial y}=$________.

3. 已知 $xy+x+y=1$，则 $\dfrac{\mathrm{d}y}{\mathrm{d}x}=$__________.

4. 已知 $f(x,y)=y^3-x^2+6x-12y+5$，则在__________点处取得极__________值.

二、判断题

1. 若 $z=f(x,y)$ 在点 (x_0,y_0) 的 $f_x(x_0,y_0)$，$f_y(x_0,y_0)$ 存在，则 $z=f(x,y)$ 在点 (x_0,y_0) 可微.　（　）

2. 若 $z=f(x,y)$ 在点 (x_0,y_0) 处连续，则 $f_x(x_0,y_0)$，$f_y(x_0,y_0)$ 必存在.　（　）

3. 若 $P_0(x_0,y_0)$ 为函数 $z=f(x,y)$ 的极值点，则必有 $f_x(x_0,y_0)=f_y(x_0,y_0)=0$.　（　）

4. 若一元函数 $f(x,y_0)$ 及 $f(x_0,y)$ 在点 $P_0(x_0,y_0)$ 取极值，则二元函数 $f(x,y)$ 在 P_0 点一定取极值.　（　）

三、选择题

1. 在球 $x^2+y^2+z^2-2z=0$ 内部的点有(　　).

A. $(0,0,2)$　　B. $(0,0,-2)$　　C. $\left(\dfrac{1}{2},\dfrac{1}{2},\dfrac{1}{2}\right)$　　D. $\left(-\dfrac{1}{2},0,\dfrac{1}{2}\right)$

2. 函数 $z=\dfrac{1}{\ln(x+y)}$ 的定义域是(　　).

A. $x+y\neq 0$　　B. $x+y>0$

C. $x+y\neq 1$　　D. $x+y>0$ 且 $x+y\neq 1$

3. 点(　　)是二元函数 $z=x^3-y^3+3x^2+3y^2-9x$ 的驻点.

A. $(1,0)$　　B. $(1,2)$　　C. $(-3,0)$　　D. $(-3,2)$

4. 二元函数 $z=f(x,y)$ 在 (x_0,y_0) 可微是 $f(x,y)$ 在 (x_0,y_0) 可导的(　　).

A. 充分条件　　B. 必要条件

C. 充要条件　　D. 既非充分也非必要条件

5. 设 $z=f(x^2+y^2)$，且 f 可微，则 $\mathrm{d}z=$(　　).

A. $2x\mathrm{d}x+2y\mathrm{d}y$　　B. $2xf'_x\mathrm{d}x+2yf'_y\mathrm{d}y$

C. $2xf'+2yf'$　　D. $2xf'\mathrm{d}x+2yf'\mathrm{d}y$

四、综合题

1. 求下列函数偏导数.

(1) $z = e^x \sin y$；　(2) $z = \dfrac{x}{\sqrt{x^2 + y^2}}$；　(3) $z = \ln \dfrac{x}{y}$.

2. 求下列函数的二阶偏导数.

(1) $z = y^x$；　(2) $z = \arctan \dfrac{y}{x}$.

3. 求下列函数的全微分.

(1) $z = e^{xy}$；　(2) $z = \sin(x^2 + y^2)$；　(3) $u = \ln(x^2 + y^2 + z^2)$.

4. 求下列函数的导数.

(1) 设 $z = \arctan(xy)$，$y = e^x$，求 $\dfrac{dz}{dx}$；

(2) 设 $z = \dfrac{x^2 - y}{x^2 + y}$，而 $y = 2x - 3$，求 $\dfrac{dz}{dx}$；

(3) $xy + \ln y - \ln x = 0$，求 $\dfrac{dy}{dx}$；

(4) $z^3 - 3xyz = 1$，求 $\dfrac{\partial z}{\partial x}, \dfrac{\partial z}{\partial y}$.

5. 求下列函数的极值.

(1) $z = x^2 - xy + y^2 + 9x - 6y + 20$；

(2) 将正数 a 分成三个正数之和，使其积最大.

6. 求空间曲线 L: $\begin{cases} x = t \\ y = 2t^2 \\ z = 3t^3 \end{cases}$ 在点 $(1,2,3)$ 处的切线方程与法平面方程.

7. 求下列曲面在指定点的切平面与法线:

(1) $e^z - z + xy = 3$ 在点 $(2,1,0)$ 处；　(2) $z = \ln(1 + x^2 + 2y^2)$ 在点 $(1,1,2\ln 2)$ 处.

8. 求椭球面 $x^2 + 2y^2 + z^2 = 1$ 上平行于平面 $x - y + 2z = 0$ 的切平面方程.

9. 在曲面 $z = xy$ 上求一点，使该点处的切平面平行于平面 $x + 3y + z + 9 = 0$.

10. 设有一小山，取它的底面所在的平面为 xOy 坐标面，其底部所占的区域为 $D = \{(x,y) \mid x^2 + y^2 - xy \leqslant 75\}$，小山的高度函数为 $h(x,y) = 75 - x^2 - y^2 + xy$.

(1) 设 $M(x_0, y_0)$ 为区域 D 上一点，问 $h(x,y)$ 在该点沿平面上什么方向的方向导数最大？若记此方向导数的最大值为 $g(x_0, y_0)$，试写出 $g(x_0, y_0)$ 的表达式.

(2) 现欲利用此小山开展攀岩活动，为此需要在山脚下寻找一上山坡度最大的点作为攀岩的起点，也就是说，要在 D 的边界线 $x^2 + y^2 - xy = 75$ 上找出使(1)中的 $g(x,y)$ 达到最大值的点. 试确定攀登起点的位置.

第 10 章 重 积 分

多元函数积分学是定积分概念的推广，包括二重积分、三重积分、曲线积分和曲面积分. 它们所解决的问题的类型不同，但解决问题的思想和方法是一致的，都是以“分割、近似、求和、取极限”为其基本思想，它们的计算最终都归结为定积分. 本章主要介绍二重积分与三重积分的概念、性质、计算方法及其应用.

10.1 二重积分的概念及性质

10.1.1 二重积分的概念

实例 1 设函数 $z=f(x,y)$ 在有界闭区域 D 上连续，且 $f(x,y)\geqslant 0$. 以函数 $z=f(x,y)$ 所表示的曲面为顶，以区域 D 为底，且以区域 D 的边界曲线为准线而母线平行于 z 轴的柱面为侧面的立体叫作曲顶柱体，如图 10.1.1 所示. 求该曲顶柱体的体积 V.

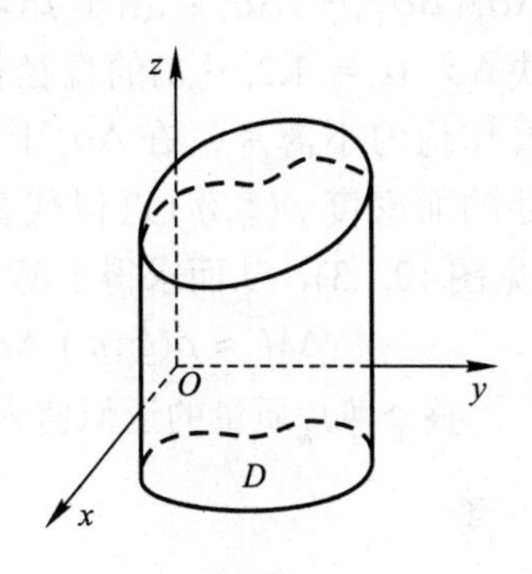

图 10.1.1

对于平顶柱体，它的体积就等于底面积乘高. 现在曲顶柱体的顶是曲面，当点 (x,y) 在 D 上变动时，其高度 $z=f(x,y)$ 是一个变量，因此不能直接用上述方法求其体积，但是可以沿用求曲边梯形面积的方法和思路求其体积. 具体步骤如下.

第一步(分割)：用一组曲线网将区域 D 任意分成 n 个小区域 $\Delta\sigma_1$，$\Delta\sigma_2$，…，$\Delta\sigma_i$，… $\Delta\sigma_n$，其中记号 $\Delta\sigma_i$ $(i=1,2,\cdots,n)$ 也用来表示第 i 个小区域的面积. 分别以每个小区域的边界曲线为准线作母线平行于 z 轴的柱面，这些柱面把原来的曲顶柱体分割成 n 个小曲顶柱体 ΔV_1，ΔV_2…，ΔV_i，…，ΔV_n，其中记号 $\Delta V_i(i=1,2,\cdots,n)$ 也用来表示第 i 个小曲顶柱体的体积.

第二步(近似)：因为 $f(x,y)$ 在区域 D 上连续，在每个小区域上其函数值变化很小，这个小曲顶柱体可以近似地看作平顶柱体(见图 10.1.2). 分别在每个小区域 $\Delta\sigma_i$ 上任取一点 (ξ_i,η_i)，以 $f(\xi_i,\eta_i)$ 为高、以 $\Delta\sigma_i$ 为底的小平顶柱体的体积 $f(\xi_i,\eta_i)\Delta\sigma_i$ 作为第 i 个小曲顶柱体体积 ΔV_i 的近似值，即

$$\Delta V_i \approx f(\xi_i,\eta_i)\Delta\sigma_i (i=1,\ 2,\ \cdots,\ n).$$

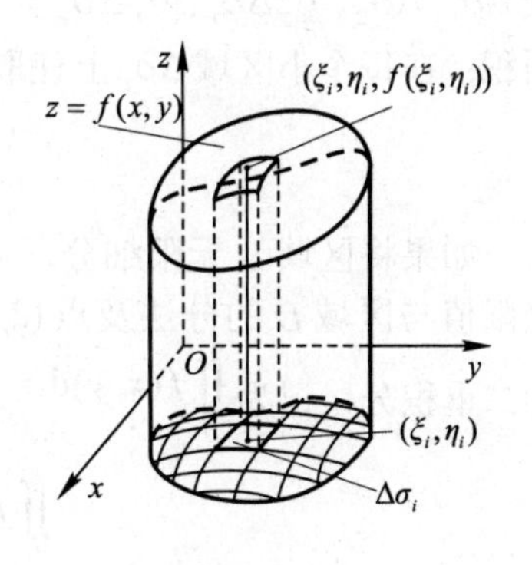

图 10.1.2

第三步(求和)：这 n 个小平顶柱体体积之和可作为原曲顶柱体体积 V 的近似值，即

$$V=\sum_{i=1}^{n}\Delta V_i \approx \sum_{i=1}^{n} f(\xi_i,\eta_i)\Delta\sigma_i\,.$$

第四步(取极限)：对区域 D 分割越细，近似程度越高，当各小区域直径的最大值 $\lambda\to 0$ (有界闭区域的直径是指区域上任意两点间距离的最大值)时，若上述和式的极限存在，则该极限值就是曲顶柱体的体积 V，即有

$$V=\lim_{\lambda\to 0}\sum_{i=1}^{n} f(\xi_i,\eta_i)\Delta\sigma_i\,.$$

实例 2 设有一个质量非均匀分布的平面薄片，它在 xOy 平面上占有有界闭区域 D，此薄片在点 $(x,y)\in D$ 处的面密度为 $\rho(x,y)$，且 $\rho(x,y)$ 在 D 上连续．求该薄片的质量 M.

如果平面薄片是均匀的，即面密度是常数，则薄片的质量就等于面密度与面积的乘积．现在薄片的面密度随着点 (x,y) 的位置而变化，我们仍然可以采用上述方法求薄片的质量．用一组曲线网将区域 D 任意分成 n 个小块 $\Delta\sigma_1,\Delta\sigma_2,\cdots,\Delta\sigma_n$；由于 $\rho(x,y)$ 在 D 上连续，只要每个小块 $\Delta\sigma_i$ $(i=1,2,\cdots,n)$的直径很小，这个小块就可以近似地看作均匀小薄片．在 $\Delta\sigma_i$ 上任取一点 (ξ_i,η_i)，用点 (ξ_i,η_i) 处的面密度 $\rho(\xi_i,\eta_i)$ 近似代替区域 $\Delta\sigma_i$ 上各点处的面密度(见图 10.1.3)，从而求得小薄片 $\Delta\sigma_i$ 的质量的近似值为

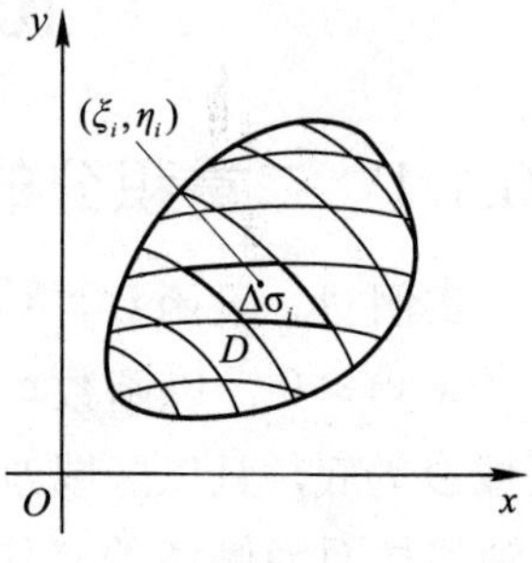

图 10.1.3

$$\Delta M_i \approx \rho(\xi_i,\eta_i)\ \Delta\sigma_i \quad (i=1,2,\cdots,n)\,;$$

整个薄片质量的近似值为

$$M\approx\sum_{i=1}^{n}\rho(\xi_i,\eta_i)\Delta\sigma_i\,.$$

将薄片无限细分，当所有小区域 $\Delta\sigma_i$ 的最大直径 $\lambda\to 0$ 时，若上述和式的极限存在，这个极限值就是所求平面薄片的质量，即

$$M=\lim_{\lambda\to 0}\sum_{i=1}^{n}\rho(\xi_i,\eta_i)\Delta\sigma_i\,.$$

尽管上面两个问题的实际意义不同，但解决问题的方法是一样的，而且最终都归结为求二元函数的某种特定和式的极限．在数学上加以抽象，便得到二重积分的概念．

定义 10.1.1 设 $f(x,y)$ 是定义在有界闭区域 D 上的有界函数，将 D 任意分割为 n 小区域 $\Delta\sigma_1,\Delta\sigma_2,\cdots,\Delta\sigma_i,\cdots,\Delta\sigma_n$，其中记号 $\Delta\sigma_i$ $(i=1,2,\cdots,n)$ 表示第 i 个小闭区域，也表示其面积；在每个小区域 $\Delta\sigma_i$ 上任取一点 (ξ_i,η_i)，作乘积 $f(\xi_i,\eta_i)\Delta\sigma_i$ $(i=1,2,\cdots,n)$，并作和式

$$\sum_{i=1}^{n} f(\xi_i,\eta_i)\Delta\sigma_i\,.$$

如果将区域 D 无限细分，当各小区域直径的最大值 $\lambda\to 0$ 时，该和式的极限存在，且极限值与区域 D 的分法及点 (ξ_i,η_i) 的取法无关，则称此极限值为函数 $f(x,y)$ 在区域 D 上的二重积分，记为 $\iint\limits_D f(x,y)\mathrm{d}\sigma$，即

$$\iint\limits_D f(x,y)\mathrm{d}\sigma=\lim_{\lambda\to 0}\sum_{i=1}^{n} f(\xi_i,\eta_i)\Delta\sigma_i\,.$$

其中$f(x,y)$称为被积函数，$f(x,y)\mathrm{d}\sigma$称为被积表达式，$\mathrm{d}\sigma$称为面积元素，x与y称为积分变量，区域D称为积分区域，$\sum_{i=1}^{n} f(\xi_i,\eta_i)\Delta\sigma_i$称为积分和.

根据二重积分的定义可知，实例 1 中曲顶柱体的体积V是其曲顶函数$f(x,y)$在底面区域D上的二重积分，即

$$V=\iint_D f(x,y)\mathrm{d}\sigma\text{；}$$

实例2中平面薄片的质量M是其面密度函数$\rho(x,y)$在其所占闭区域D上的二重积分，即

$$M=\iint_D \rho(x,y)\mathrm{d}\sigma .$$

关于二重积分的几点说明：

(1) 如果函数$f(x,y)$在区域D上的二重积分存在，则称函数$f(x,y)$在D上可积．如果函数$f(x,y)$在有界闭区域D上连续，则$f(x,y)$在D上可积.

(2) 当$f(x,y)$在有界闭区域D上可积时，积分值与区域D的分法及点(ξ_i,η_i)的取法无关.

(3) 二重积分只与被积函数$f(x,y)$和积分区域D有关.

二重积分$\iint_D f(x,y)\mathrm{d}\sigma$的几何意义如下.

① 若在闭区域D上$f(x,y)\geqslant 0$，二重积分表示曲顶柱体的体积；

② 若在闭区域D上$f(x,y)\leqslant 0$，二重积分表示曲顶柱体体积的负值；

③ 若在闭区域D上$f(x,y)$有正有负，二重积分表示各个部分区域上曲顶柱体体积的代数和.

10.1.2　二重积分的性质

二重积分有与定积分完全类似的性质，这里我们只列举这些性质，而将证明略去.

性质 1　被积函数中的常数因子可以提到积分符号的外面，即

$$\iint_D kf(x,y)\mathrm{d}\sigma=k\iint_D f(x,y)\mathrm{d}\sigma ,$$

其中k为常数.

性质 2　有限个函数代数和的二重积分等于各函数二重积分的代数和，即

$$\iint_D [f(x,y)\pm g(x,y)]\mathrm{d}\sigma=\iint_D f(x,y)\mathrm{d}\sigma\pm\iint_D g(x,y)\mathrm{d}\sigma .$$

性质 3　若用连续曲线将区域D分成两个子区域D_1与D_2，即$D=D_1+D_2$，则

$$\iint_D f(x,y)\mathrm{d}\sigma=\iint_{D_1} f(x,y)\mathrm{d}\sigma+\iint_{D_2} f(x,y)\mathrm{d}\sigma .$$

即二重积分对积分区域具有可加性.

性质 4　设在区域D上$f(x,y)\equiv 1$，σ为D的面积，则有

$$\iint_D f(x,y)\mathrm{d}\sigma=\iint_D 1\mathrm{d}\sigma=\iint_D \mathrm{d}\sigma=\sigma .$$

因为从几何上看，高为 1 的平顶柱体的体积在数值上等于其底的面积.

性质 5 如果在区域D上$f(x,y)\leqslant g(x,y)$，则有

$$\iint_D f(x,y)\mathrm{d}\sigma\leqslant\iint_D g(x,y)\mathrm{d}\sigma.$$

由于$-|f(x,y)|\leqslant f(x,y)\leqslant|f(x,y)|$，由性质 5 可得$\left|\iint_D f(x,y)\mathrm{d}\sigma\right|\leqslant\iint_D|f(x,y)|\mathrm{d}\sigma$.

性质 6 设M与m分别是函数$f(x,y)$在有界闭区域D上的最大值与最小值，则有

$$m\sigma\leqslant\iint_D f(x,y)\mathrm{d}\sigma\leqslant M\sigma,$$

其中，σ为积分区域D的面积.

性质 7 (二重积分的中值定理) 如果函数$f(x,y)$在有界闭区域D上连续，σ为积分区域D的面积，则在D上至少存在一点(ξ,η)，使得

$$\iint_D f(x,y)\mathrm{d}\sigma=f(\xi,\eta)\sigma.$$

例 10.1.1 比较$\iint_D(x+y)\mathrm{d}\sigma$与$\iint_D(x+y)^3\mathrm{d}\sigma$的大小，其中$D$是由直线$x=0,y=0$及$x+y=1$所围成的闭区域.

解 由于对任意的$(x,y)\in D$，有$x+y\leqslant1$，故有$(x+y)^3\leqslant x+y$，因此

$$\iint_D(x+y)\mathrm{d}\sigma\geqslant\iint_D(x+y)^3\mathrm{d}\sigma.$$

例 10.1.2 估计$\iint_D(x+y+1)\mathrm{d}\sigma$的值，其中$D$为矩形区域，$0\leqslant x\leqslant1$，$0\leqslant y\leqslant2$.

解 被积函数在区域D上的最大值与最小值分别为 4 和 1，D的面积为 2，于是

$$2\leqslant\iint_D(x+y+1)\mathrm{d}\sigma\leqslant8.$$

习题

1．使用二重积分的几何意义说明$I_1=\iint_{D_1}(x^2+y^2)^3\mathrm{d}\sigma$与$I_2=\iint_{D_2}(x^2+y^2)^3\mathrm{d}\sigma$的之间关系，其中$D_1$是矩形域$-1\leqslant x\leqslant1$，$-1\leqslant y\leqslant1$，$D_2$是矩形域$0\leqslant x\leqslant1$，$0\leqslant y\leqslant1$.

2. 比较下列积分的大小.

(1) $I_1=\iint_D(x+y)^2\mathrm{d}\sigma$与$I_2=\iint_D(x+y)^3\mathrm{d}\sigma$，其中$D$由$x$轴、$y$轴及直线$x+y=1$所围成；

(2) $I_1=\iint_D\ln(x+y)\mathrm{d}\sigma$与$I_2=\iint_D\left[\ln(x+y)\right]^2\mathrm{d}\sigma$，其中$D=\left\{(x,y)\mid 3\leqslant x\leqslant5,0\leqslant y\leqslant1\right\}$.

3．估计下列积分值的大小.

(1) $I=\iint_D\sqrt[4]{xy(x+y)}\mathrm{d}\sigma$，其中$D$：$0\leqslant x\leqslant2$，$0\leqslant y\leqslant2$；

(2) $I=\iint_D(x^2+4y^2+9)\mathrm{d}\sigma$，其中$D$：$x^2+y^2\leqslant4$.

10.2　二重积分的计算

10.2.1　直角坐标系下二重积分的计算

我们知道，如果函数$f(x,y)$在有界闭区域D上连续，则在区域D上的二重积分存在，且它的值与区域D的分法和各小区域$\Delta\sigma_i$ $(i=1,2,\cdots,n)$上点(ξ_i,η_i)的选取无关，故可采用一种便于计算的划分方式，即在直角坐标系下用两族平行于坐标轴的直线将区域D分割成若干个小区域．则除去靠区域D边界的不规则的小区域外，其余的小区域全部是小矩形区域．

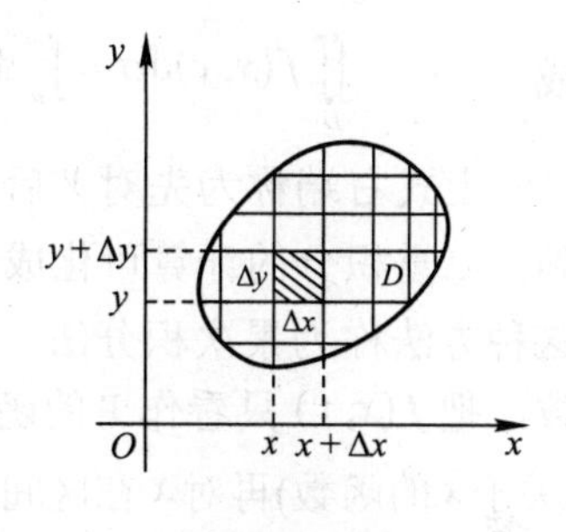

图 10.2.1

设小矩形区域$\Delta\sigma$的边长分别为Δx和Δy(见图10.2.1)，则小矩形区域的面积为$\Delta\sigma=\Delta x\Delta y$．因此，在直角坐标系下，可以把面积元素记为$\mathrm{d}\sigma=\mathrm{d}x\mathrm{d}y$．则在直角坐标系下，二重积分可表示成

$$\iint_D f(x,y)\mathrm{d}\sigma=\iint_D f(x,y)\mathrm{d}x\mathrm{d}y.$$

下面我们将利用平行截面法来求曲顶柱体的体积，以获得利用直角坐标系计算二重积分的方法．

设曲顶柱体的顶是曲面$z=f(x,y)$($f(x,y)\geqslant 0$)，底是xOy平面上的闭区域D(见图10.2.2)，即区域D可用不等式组表示为

$$D=\{(x,y)\,|\,a\leqslant x\leqslant b,y_1(x)\leqslant y\leqslant y_2(x)\},$$

其中函数$z=f(x,y)$在区域D上连续，函数$y_1(x)$与$y_2(x)$在区间$[a,b]$上连续，该区域的特点是：穿过区域D内部且垂直于x轴的直线与D的边界的交点不多于两点．

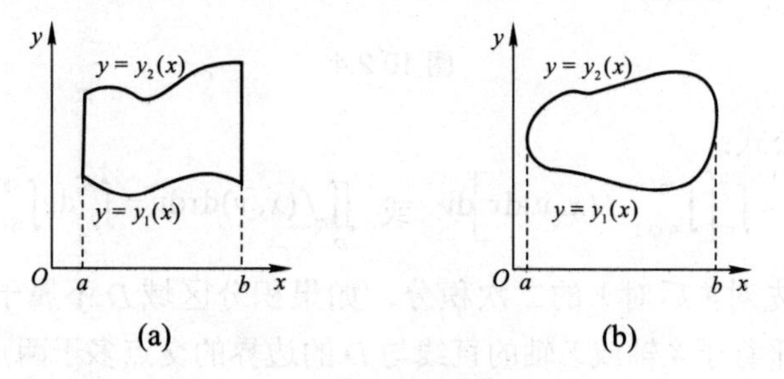

图 10.2.2

用过区间$[a,b]$上任意一点x且垂直于x轴的平面去截曲顶柱体，所得到的截面是一个以$[y_1(x),y_2(x)]$为底，以$z=f(x,y)$为曲边的曲边梯形(见图10.2.3)，其面积为

$$A(x)=\int_{y_1(x)}^{y_2(x)} f(x,y)\mathrm{d}y.$$

再利用平行截面面积为已知的立体的体积公式，便得到曲顶柱体的体积为

$$V=\int_a^b A(x)\mathrm{d}x=\int_a^b\left[\int_{y_1(x)}^{y_2(x)} f(x,y)\mathrm{d}y\right]\mathrm{d}x .$$

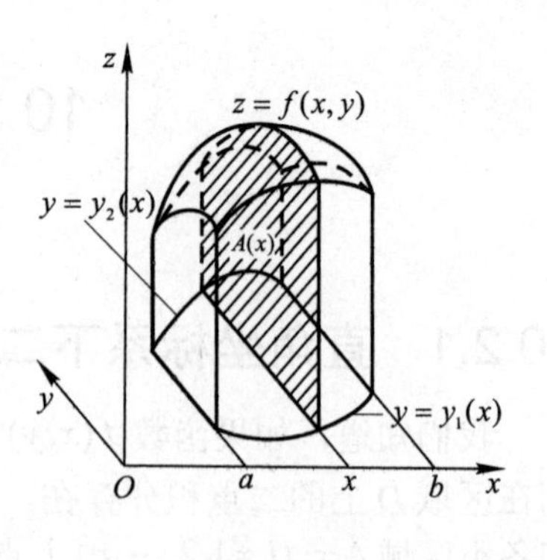

图 10.2.3

根据二重积分的几何意义可知，这个体积也就是所求二重积分的值，从而有

$$\iint_D f(x,y)\mathrm{d}\sigma=\int_a^b\left[\int_{y_1(x)}^{y_2(x)} f(x,y)\mathrm{d}y\right]\mathrm{d}x$$

或 $$\iint_D f(x,y)\mathrm{d}\sigma=\int_a^b \mathrm{d}x\int_{y_1(x)}^{y_2(x)} f(x,y)\mathrm{d}y .$$

上式右端称为先对 y 后对 x 的二次积分．由此看到，二重积分的计算可化成计算两次单积分来进行，这种方法称为累次积分法．对 y 积分时，把 x 看作常数，把 $f(x,y)$ 只看作 y 的函数，并对 y 从 $y_1(x)$ 到 $y_2(x)$ 进行定积分；然后把算得的结果(关于 x 的函数)再对 x 在区间$[a,b]$上进行定积分．

在上述过程中，我们假定 $f(x,y)\geqslant 0$ ，但实际上公式并不受此条件的限制．

类似地，如果积分区域 D 如图 10.2.4 所示，则区域 D 可表示为

$$D=\left\{(x,y)\,\middle|\, x_1(y)\leqslant x\leqslant x_2(y),c\leqslant y\leqslant d\right\},$$

其中函数 $x_1(y)$与$x_2(y)$ 在区间$[c,d]$上连续，该区域的特点是：穿过区域 D 内部且垂直于 y 轴的直线与 D 的边界的交点不多于两点．

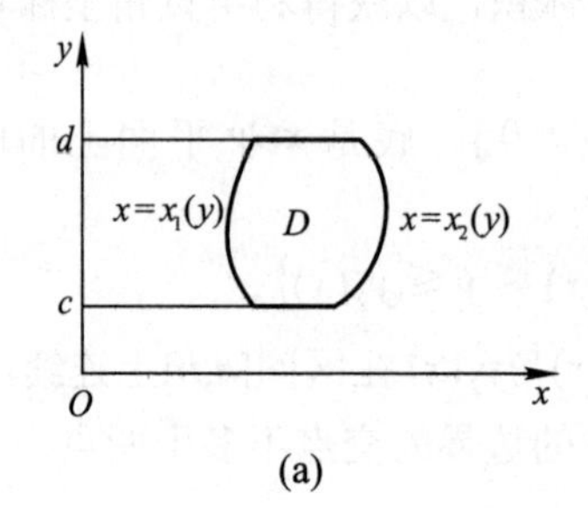

(a)

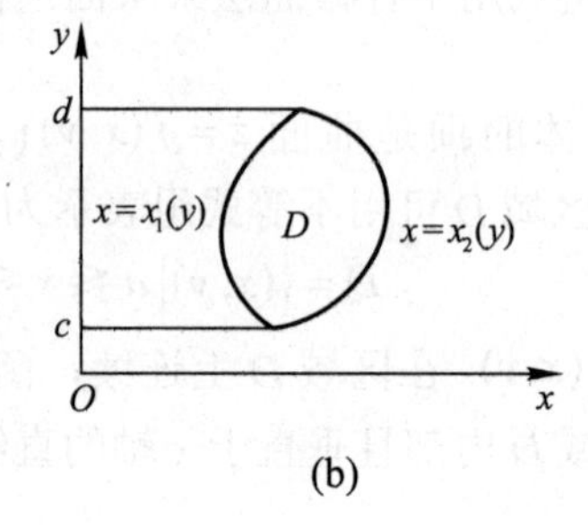

(b)

图 10.2.4

这时则有以下公式：

$$\iint_D f(x,y)\mathrm{d}x\mathrm{d}y=\int_c^d\left[\int_{x_1(y)}^{x_2(y)} f(x,y)\mathrm{d}x\right]\mathrm{d}y \quad 或 \quad \iint_D f(x,y)\mathrm{d}x\mathrm{d}y=\int_c^d \mathrm{d}y\int_{x_1(y)}^{x_2(y)} f(x,y)\mathrm{d}x .$$

上式右端称为先对 x 后对 y 的二次积分．如果积分区域 D 不属于上述两种类型，如图 10.2.5 所示．即平行于 x 轴或 y 轴的直线与 D 的边界的交点多于两点，这时可以用平行于 x 轴或平行于 y 轴的直线把 D 分成若干个小区域，使每个小区域都属于上述类型之一，则可利用重积分性质 3，将 D 上的积分化成每个小区域上积分的和．

例 10.2.1 计算 $I=\iint_D xy^2\mathrm{d}x\mathrm{d}y$ ，其中区域D：$0\leqslant x\leqslant 1$，$1\leqslant y\leqslant 2$.

解 作区域D的图形(见图 10.2.6)，这是矩形区域．化成累次积分时，积分上下限均为常数．如果先对 y 积分，则把 x 看作常数，得

$$I=\iint_D xy^2\mathrm{d}x\mathrm{d}y=\int_0^1\mathrm{d}x\int_1^2 xy^2\mathrm{d}y=\int_0^1 x\left[\frac{y^3}{3}\right]_1^2\mathrm{d}x=\frac{7}{3}\int_0^1 x\mathrm{d}x=\frac{7}{6}.$$

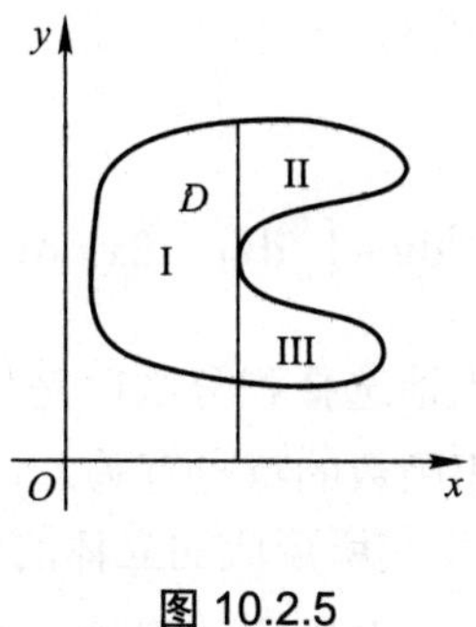

图 10.2.5

图 10.2.6

如果先对 x 积分，则有

$$I=\iint_D xy^2\mathrm{d}x\mathrm{d}y=\int_1^2\mathrm{d}y\int_0^1 xy^2\mathrm{d}x=\int_1^2 y^2\left[\frac{x^2}{2}\right]_0^1\mathrm{d}y=\frac{1}{2}\int_1^2 y^2\mathrm{d}y=\frac{7}{6}.$$

例 10.2.2　计算 $\iint_D 2xy^2\mathrm{d}x\mathrm{d}y$，其中 D 由抛物线 $y^2=x$ 及直线 $y=x-2$ 所围成.

解　画 D 的图形(见图 10.2.7 (a)). 解方程组 $\begin{cases}y^2=x\\ y=x-2\end{cases}$，得交点坐标为(1, −1)，(4, 2).

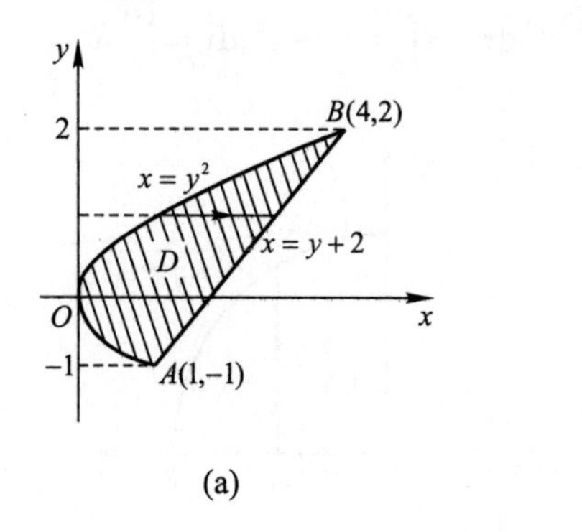

(a)

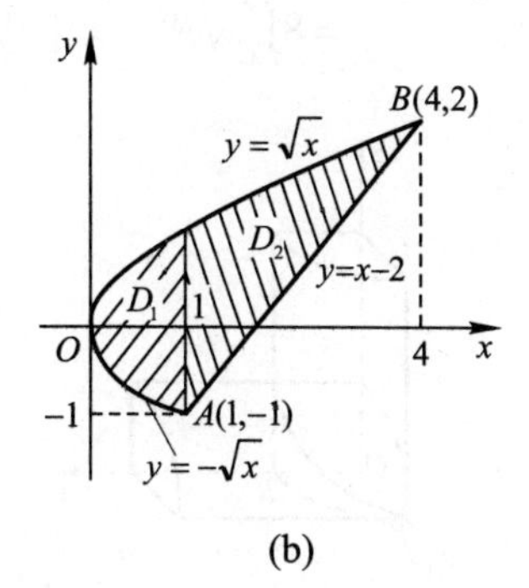

(b)

图 10.2.7

若选择先对 x 积分，这时 D 可表示为

$$D=\left\{(x,y)\,\middle|\,y^2\leqslant x\leqslant y+2,-1\leqslant y\leqslant 2\right\},$$

从而

$$\iint_D 2xy^2\mathrm{d}x\mathrm{d}y=\int_{-1}^2\mathrm{d}y\int_{y^2}^{y+2}2xy^2\mathrm{d}x=\int_{-1}^2 y^2[x^2]_{y^2}^{y+2}\mathrm{d}y=\int_{-1}^2(y^4+4y^3+4y^2-y^6)\,\mathrm{d}y$$

$$=\left[\frac{y^5}{5}+y^4+\frac{4}{3}y^3-\frac{y^7}{7}\right]_{-1}^2=15\frac{6}{35}.$$

若先对 y 积分后对 x 积分，由于下方边界曲线在区间[0，1]与[1，4]上的表达式不一致，这时就必须用直线 $x=1$ 将区域 D 分成 D_1 和 D_2 两部分(见图 10.2.7 (b)). 则 D_1 和 D_2 可

分别表示为

$$D_1=\left\{(x,y)\middle|-\sqrt{x}\leqslant y\leqslant\sqrt{x},0\leqslant x\leqslant 1\right\},$$

$$D_2=\left\{(x,y)\middle|x-2\leqslant y\leqslant\sqrt{x},1\leqslant x\leqslant 4\right\},$$

由此得

$$\iint_D 2xy^2\mathrm{d}x\mathrm{d}y=\iint_{D_1}2xy^2\mathrm{d}x\mathrm{d}y+\iint_{D_2}2xy^2\mathrm{d}x\mathrm{d}y=\int_0^1\mathrm{d}x\int_{-\sqrt{x}}^{\sqrt{x}}2xy^2\mathrm{d}y+\int_1^4\mathrm{d}x\int_{x-2}^{\sqrt{x}}2xy^2\mathrm{d}y.$$

显然，计算起来要比先对 x 后对 y 积分麻烦，所以恰当地选择积分次序是化二重积分为二次积分的关键．选择积分次序与积分区域的形状及被积函数的特点有关．

例 10.2.3 求由两个圆柱面 $x^2+y^2=R^2$ 和 $x^2+z^2=R^2$ 相交所形成的立体的体积．

解 根据对称性，所求体积 V 是图 10.2.8(a)所画出的第一卦限中体积的 8 倍．第一卦限的立体为一曲顶柱体，它以圆柱面 $z=\sqrt{R^2-x^2}$ 为顶，底为 xOy 面上的四分之一圆(见图 10.2.8(b))，用不等式组表示为

$$D=\left\{(x,y)\middle|0\leqslant y\leqslant\sqrt{R^2-x^2},0\leqslant x\leqslant R\right\},$$

所求体积为

$$V=8\iint_D\sqrt{R^2-x^2}\mathrm{d}x\mathrm{d}y=8\int_0^R\mathrm{d}x\int_0^{\sqrt{R^2-x^2}}\sqrt{R^2-x^2}\mathrm{d}y$$

$$=8\int_0^R\sqrt{R^2-x^2}[y]_0^{\sqrt{R^2-x^2}}\mathrm{d}x=8\int_0^R(R^2-x^2)\mathrm{d}x=\frac{16}{3}R^3.$$

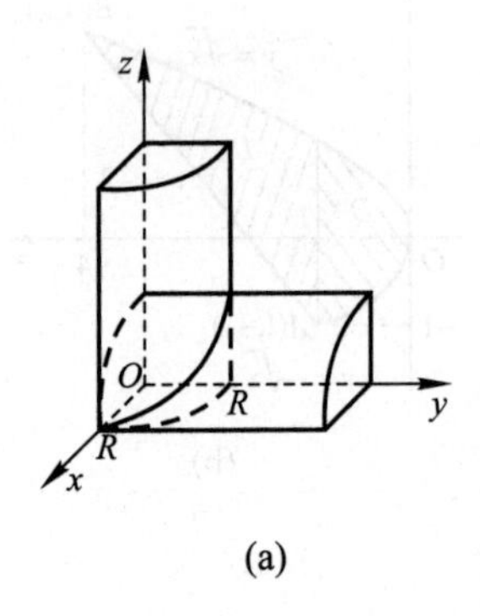

(a)

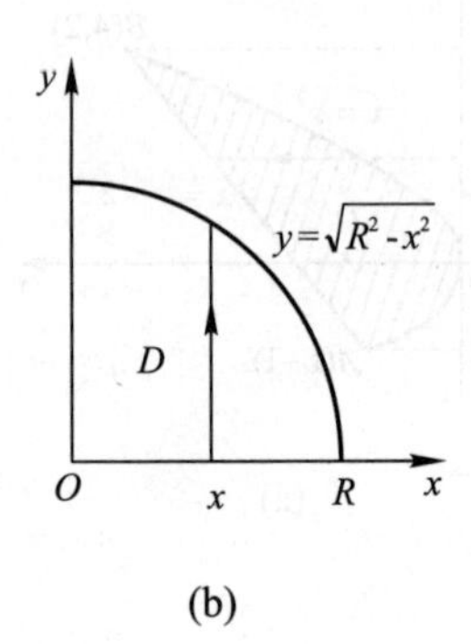

(b)

图 10.2.8

以上我们采用的是先对 y 后对 x 的积分次序，如果先对 x 后对 y 积分，则有

$$V=8\iint_D\sqrt{R^2-x^2}\mathrm{d}x\mathrm{d}y=8\int_0^R\mathrm{d}y\int_0^{\sqrt{R^2-x^2}}\sqrt{R^2-x^2}\mathrm{d}x.$$

虽然也能得到相同的结果，但计算要复杂得多．

例 10.2.4 计算二重积分 $\int_0^1\mathrm{d}y\int_y^{\sqrt{y}}\frac{\sin x}{x}\mathrm{d}x$．

解 积分区域 D 如图 10.2.9 所示，直接计算显然不行，

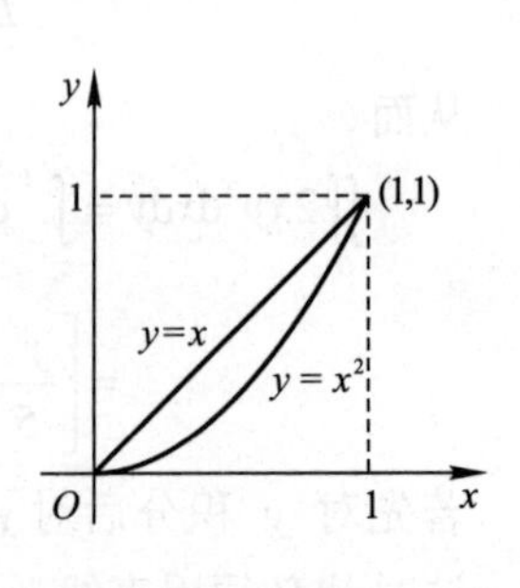

图 10.2.9

因为$\int \frac{\sin x}{x}\mathrm{d}x$不能表示为初等函数．但被积函数与$y$无关，因此我们考虑交换积分次序后再计算．

$$\int_0^1 \mathrm{d}y\int_y^{\sqrt{y}} \frac{\sin x}{x}\mathrm{d}x = \int_0^1 \mathrm{d}x\int_{x^2}^{x} \frac{\sin x}{x}\mathrm{d}y = \int_0^1 \frac{\sin x}{x}[y]_{x^2}^{x}\mathrm{d}x$$
$$= \int_0^1 (\sin x - x\sin x)\mathrm{d}x = \int_0^1 \sin x\mathrm{d}x - \int_0^1 x\sin x\mathrm{d}x$$
$$= (1-\cos 1) + (\cos 1 - \sin 1) = 1 - \sin 1 .$$

10.2.2　极坐标系下二重积分的计算

前面讨论了在直角坐标系下计算二重积分的方法．但有些二重积分，其被积函数和积分区域(如圆形、扇形、环形域等)用极坐标系表示时比较简单，这时可考虑利用极坐标计算二重积分．下面介绍在极坐标系下二重积分的计算方法．

因为二重积分与积分区域D的分法无关，所以可用极坐标系下以极点为中心的一族同心圆“$r=$常数”以及从极点发出的一族射线“$\theta=$常数”来分割区域D．不失一般性，我们考虑极径由r变到$r+\mathrm{d}r$和极角由θ变到$\theta+\mathrm{d}\theta$所得到的区域(见图 10.2.10)．该小区域可近似地看作边长分别为$\mathrm{d}r$和$r\mathrm{d}\theta$的小矩形，于是极坐标下的面积元素$\mathrm{d}\sigma = r\mathrm{d}r\mathrm{d}\theta$．再用坐标变换$x=r\cos\theta$，$y=r\sin\theta$代替被积函数$f(x,y)$中的$x$和$y$，于是得到二重积分在极坐标系下的表达式

$$\iint_D f(x,y)\mathrm{d}\sigma = \iint_D f(r\cos\theta, r\sin\theta)r\mathrm{d}r\mathrm{d}\theta .$$

实际计算时，与直角坐标情况类似，还是化二重积分为累次积分来进行计算，这里仅介绍先r后θ的积分次序，积分的上、下限则要根据极点与区域D的位置而定．下面分三种情况说明在极坐标系下，如何化二重积分为累次积分．

1. 极点O在积分区域D之外(见图 10.2.11)

此时区域D界于射线$\theta=\alpha$和$\theta=\beta$之间($\alpha<\beta$)，这两条射线与D的边界的交点把区域边界曲线分为内边界曲线$r=r_1(\theta)$和外边界曲线$r=r_2(\theta)$两个部分，则

$$D=\left\{(x,y)\,\middle|\, r_1(\theta)\leqslant r\leqslant r_2(\theta), \alpha\leqslant\theta\leqslant\beta\right\},$$
$$\iint_D f(r\cos\theta, r\sin\theta)r\mathrm{d}r\mathrm{d}\theta = \int_\alpha^\beta \mathrm{d}\theta\int_{r_1(\theta)}^{r_2(\theta)} f(r\cos\theta, r\sin\theta)r\mathrm{d}r .$$

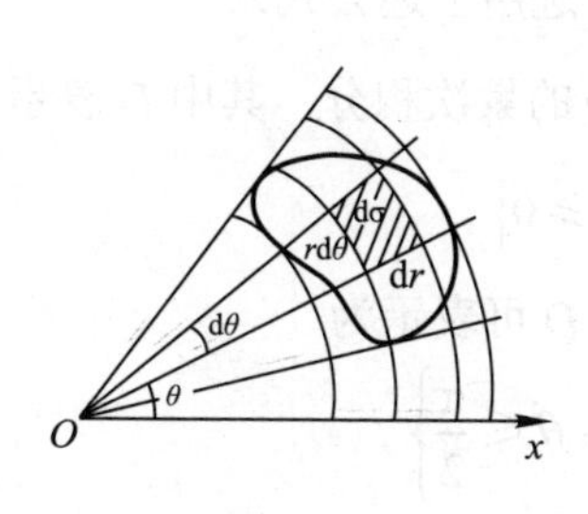

图 10.2.10

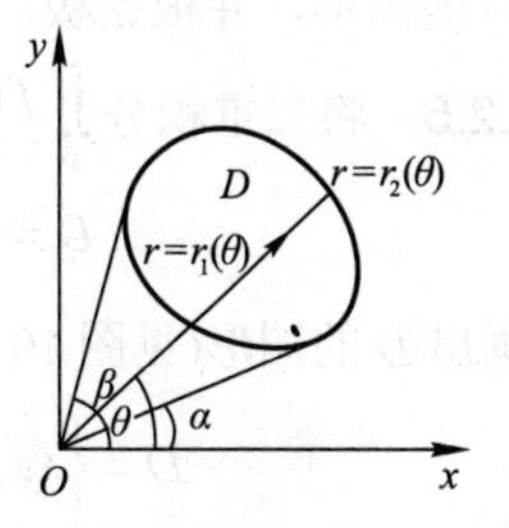

图 10.2.11

2. 极点O在积分区域D之内(见图 10.2.12)

此时极角θ从0变到2π，如果D的边界曲线方程是$r=r(\theta)$，则

$$D=\left\{(x,y)\middle|0\leqslant r\leqslant r(\theta),0\leqslant\theta\leqslant 2\pi\right\},$$

$$\iint_D f(r\cos\theta,r\sin\theta)r\mathrm{d}r\mathrm{d}\theta=\int_0^{2\pi}\mathrm{d}\theta\int_0^{r(\theta)}f(r\cos\theta,r\sin\theta)r\mathrm{d}r.$$

3. 极点O在积分区域D的边界上(见图 10.2.13)

此时极角θ从α变到β，设区域D的边界曲线方程是$r=r(\theta)$，则

$$D=\left\{(x,y)\middle|0\leqslant r\leqslant r(\theta),\alpha\leqslant\theta\leqslant\beta\right\},$$

$$\iint_D f(r\cos\theta,r\sin\theta)r\mathrm{d}r\mathrm{d}\theta=\int_\alpha^{\beta}\mathrm{d}\theta\int_0^{r(\theta)}f(r\cos\theta,r\sin\theta)r\mathrm{d}r.$$

特别地，当$f(r\cos\theta,r\sin\theta)=1$时，$\iint_D \mathrm{d}\sigma=\sigma$($\sigma$为区域$D$的面积)，即

$$\sigma=\iint_D r\mathrm{d}r\mathrm{d}\theta=\int_\alpha^\beta\mathrm{d}\theta\int_{r_1(\theta)}^{r_2(\theta)}r\mathrm{d}r=\frac{1}{2}\int_\alpha^\beta[r_2^2(\theta)-r_1^2(\theta)]\mathrm{d}\theta.$$

当$r_1(\theta)=0$，$r_2(\theta)=r(\theta)$，$\alpha\leqslant\theta\leqslant\beta$时，

$$\sigma=\frac{1}{2}\int_\alpha^\beta r^2(\theta)\mathrm{d}\theta,$$

即为在定积分应用中用极坐标计算曲边扇形面积的公式.

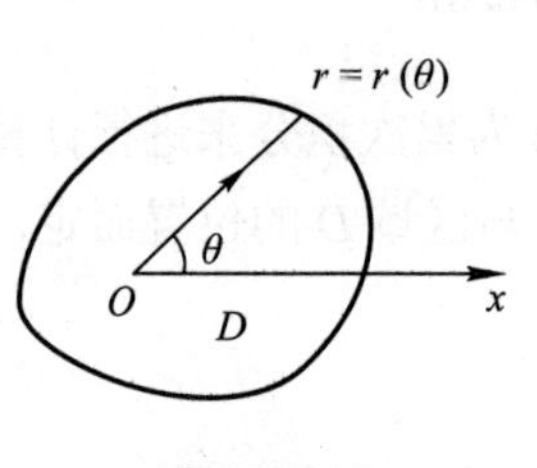

图 10.2.12

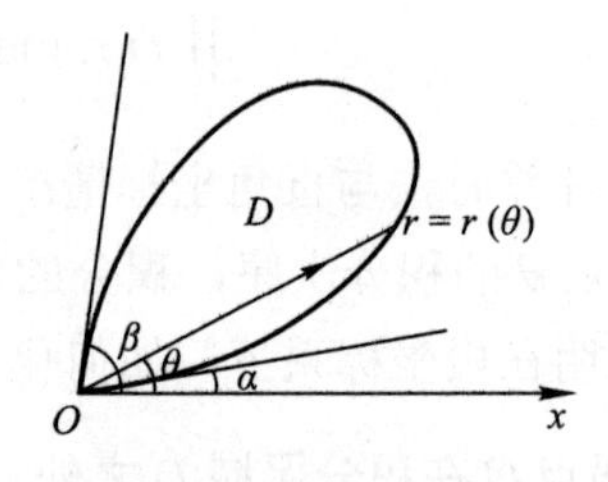

图 10.2.13

一般情况下，当二重积分的被积函数中自变量以$x^2\pm y^2$, xy, $\frac{y}{x}$, $\frac{x}{y}$等形式出现且积分区域由圆弧与射线组成(如以原点为中心的圆域、扇形域、圆环域，以及过原点而中心在坐标轴上的圆域等)，利用极坐标计算往往更加简便. 用极坐标计算二重积分时，需画出积分区域D的图形，并根据极点与区域D的位置关系，选用上述公式.

例 10.2.5 将二重积分$\iint_D f(x,y)\mathrm{d}\sigma$化为极坐标系下的累次积分，其中$D$表示为

$$D=\left\{(x,y)\middle|x^2+y^2\leqslant 2Rx,y\geqslant 0\right\},$$

解 画出D的图形(见图 10.2.14)，在极坐标系下，D可表示为

$$D=\left\{(x,y)\middle|0\leqslant r\leqslant 2R\cos\theta,0\leqslant\theta\leqslant\frac{\pi}{2}\right\},$$

于是可得

$$\iint_D f(x,y)\mathrm{d}\sigma = \int_0^{\frac{\pi}{2}}\mathrm{d}\theta\int_0^{2R\cos\theta} f(r\cos\theta, r\sin\theta)r\mathrm{d}r .$$

例 10.2.6 计算 $\iint_D \mathrm{e}^{-x^2-y^2}\mathrm{d}x\mathrm{d}y$，其中 D 是圆盘 $x^2+y^2\leqslant a^2$ 在第一象限的部分.

解 画出 D 的图形(见图 10.2.15)，在极坐标系下，D 可表示为

$$D=\left\{(r,\theta)\middle| 0\leqslant r\leqslant a, 0\leqslant\theta\leqslant\frac{\pi}{2}\right\},$$

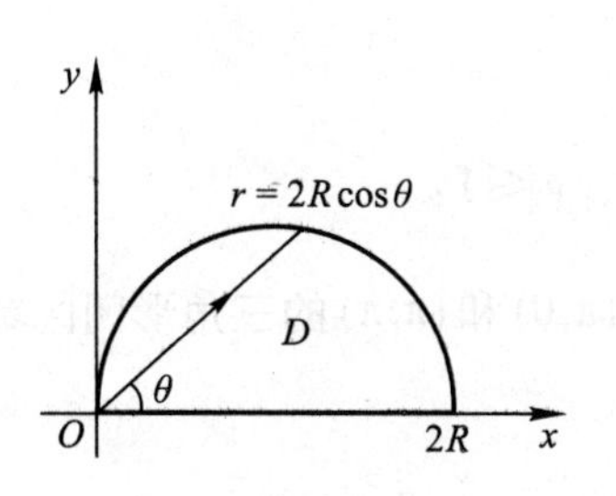

图 10.2.14

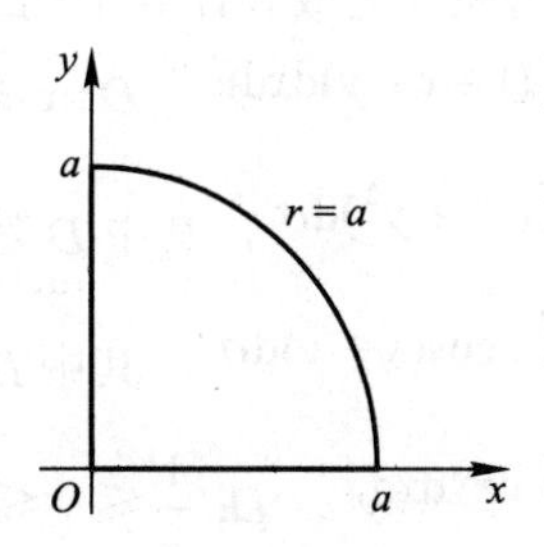

图 10.2.15

于是可得

$$\iint_D \mathrm{e}^{-x^2-y^2}\mathrm{d}x\mathrm{d}y = \iint_D \mathrm{e}^{-r^2} r\mathrm{d}r\mathrm{d}\theta = \int_0^{\frac{\pi}{2}}\mathrm{d}\theta\int_0^a \mathrm{e}^{-r^2} r\mathrm{d}r = \int_0^{\frac{\pi}{2}}\left[-\frac{1}{2}\mathrm{e}^{-r^2}\right]_0^a\mathrm{d}\theta = \frac{\pi}{4}(1-\mathrm{e}^{-a^2}) .$$

例 10.2.7 求由球面 $x^2+y^2+z^2=4a^2$ 与圆柱面 $x^2+y^2=2ax$ 所围且含于柱面内的立体体积.

解 如图 10.2.16(a)所示，由于这个立体关于 xOy 面与 xOz 面对称，所以只要计算它在第一卦限的部分. 这是以球面 $z=\sqrt{4a^2-x^2-y^2}$ 为顶，以曲线 $y=\sqrt{2ax-x^2}$ 与 x 轴所围成的半圆 D 为底(见图 10.2.16 (b))的曲顶柱体，其体积为

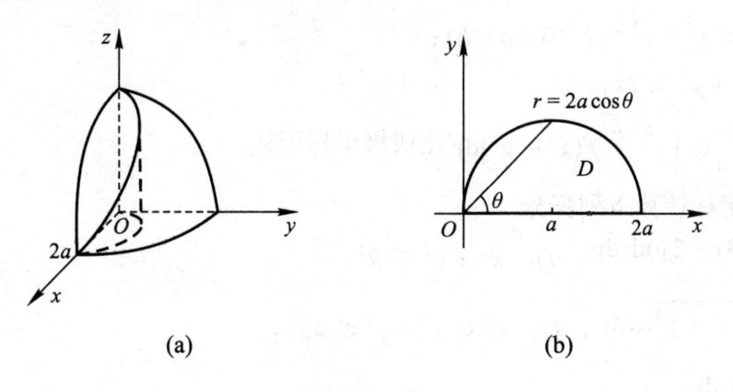

图 10.2.16

$$V = 4\iint_D \sqrt{4a^2-x^2-y^2}\,\mathrm{d}\sigma .$$

在极坐标下，$D=\left\{(r,\theta)\middle| 0\leqslant r\leqslant 2a\cos\theta, 0\leqslant\theta\leqslant\frac{\pi}{2}\right\}$，于是得到

$$V=4\int_0^{\frac{\pi}{2}}\mathrm{d}\theta\int_0^{2a\cos\theta}r\sqrt{4a^2-r^2}\,\mathrm{d}r=-\frac{4}{3}\int_0^{\frac{\pi}{2}}(4a^2-r^2)^{\frac{3}{2}}\Big|_0^{2a\cos\theta}\,\mathrm{d}\theta$$

$$=\frac{32a^3}{3}\int_0^{\frac{\pi}{2}}(1-\sin^3\theta)\mathrm{d}\theta=\frac{16}{9}a^3(3\pi-4).$$

习题

1. 画出积分区域并计算下列二重积分.

(1) $\iint\limits_D(1-x-y)\mathrm{d}x\mathrm{d}y$，$D: x\geqslant 0,\ y\geqslant 0,\ x+y\leqslant 1$；

(2) $\iint\limits_D(x^2+y^2)\mathrm{d}\sigma$，其中$D$是矩形闭区域：$|x|\leqslant 1, |y|\leqslant 1$；

(3) $\iint\limits_D x\cos(x+y)\mathrm{d}\sigma$，其中$D$是顶点分别为$(0,0),(\pi,0)$和$(\pi,\pi)$的三角形闭区域;

(4) $\iint\limits_D y\mathrm{e}^{xy}\mathrm{d}x\mathrm{d}y$，$D$: $\frac{1}{x}\leqslant y\leqslant 2,\ 1\leqslant x\leqslant 2$.

2. 将二重积分$\iint\limits_D f(x,y)\mathrm{d}x\mathrm{d}y$化为二次积分，其中积分区域$D$是:

(1) 以$(0,\ 0)$，$(1,\ 0)$，$(1,\ 1)$为顶点的三角形区域;

(2) 由直线$y=x$, $x=2$及双曲线$y=\frac{1}{x}(x>0)$所围成的区域.

3. 交换下列二次积分的积分次序.

(1) $\int_0^{\frac{1}{2}}\mathrm{d}x\int_x^{1-x}f(x,y)\mathrm{d}y$；

(2) $\int_{-a}^{a}\mathrm{d}x\int_0^{\sqrt{a^2-x^2}}f(x,y)\mathrm{d}y$；

(3) $\int_0^1\mathrm{d}y\int_{\mathrm{e}^y}^{\mathrm{e}}f(x,y)\mathrm{d}x$；

(4) $\int_0^1\mathrm{d}x\int_0^x f(x,y)\mathrm{d}y+\int_1^2\mathrm{d}x\int_0^{2-x}f(x,y)\mathrm{d}y$.

4. 画出下列积分区域，并把二重积分$\iint\limits_D f(x,y)\mathrm{d}x\mathrm{d}y$化成极坐标系下的二次积分.

(1) D：$a^2\leqslant x^2+y^2\leqslant b^2(0<a<b)$；

(2) D：$x^2+y^2\leqslant 2x$.

5. 将积分$\int_0^R\mathrm{d}x\int_0^{\sqrt{R^2-x^2}}f(x^2+y^2)\mathrm{d}y$化成极坐标形式.

6. 利用极坐标计算下列积分.

(1) $\iint\limits_D(6-3x-2y)\mathrm{d}x\mathrm{d}y$，$D$：$x^2+y^2\leqslant R^2$；

(2) $\iint\limits_D\sin\sqrt{x^2+y^2}\,\mathrm{d}x\mathrm{d}y$，$D$：$\pi^2\leqslant x^2+y^2\leqslant 4\pi^2$；

(3) $\iint\limits_D\frac{\mathrm{d}x\mathrm{d}y}{\sqrt{1+x^2+y^2}}$，$D$：$x^2+y^2\leqslant 1$.

7. 选择适当的坐标系计算下列积分.

(1) $\iint\limits_D y^2\mathrm{d}x\mathrm{d}y$，$D$由$x=\frac{\pi}{4},\ x=\pi,\ y=0,\ y=\cos x$所围成;

(2) $\iint\limits_{D}\ln(1+x^2+y^2)\mathrm{d}x\mathrm{d}y$；$D$：$x^2+y^2\leqslant R^2$，$x\geqslant 0$，$y\geqslant 0$；

(3) $\iint\limits_{D}\dfrac{x+y}{x^2+y^2}\mathrm{d}x\mathrm{d}y$，$D$：$x^2+y^2\leqslant 1$，$x+y\geqslant 1$.

8. 求圆锥面 $z=1-\sqrt{x^2+y^2}$ 与平面 $z=x$，$x=0$ 所围成的立体体积.

9. 求由平面 $x=0$，$y=0$，$z=1$，$x+y=1$ 及 $z=1+x+y$ 所围成的立体的体积.

10.3 三 重 积 分

10.3.1 三重积分的概念

将二重积分的概念推广，就得到三重积分的概念.

定义 10.3.1 设函数 $f(x,y,z)$ 是空间有界闭域 Ω 上的有界函数. 将 Ω 任意分割成 n 个小闭区域

$$\Delta v_1, \Delta v_2, \cdots, \Delta v_n$$

其中，Δv_i 表示第 i 个小闭区域，也表示它的体积. 在每个 Δv_i 上任取一点 (ξ_i,η_i,ζ_i)，作乘积 $f(\xi_i,\eta_i,\zeta_i)\Delta v_i\ (i=1,2,\cdots,n)$，并作和 $\sum\limits_{i=1}^{n} f(\xi_i,\eta_i,\zeta_i)\Delta v_i$.

记 $\lambda=\max\limits_{1\leqslant i\leqslant n}\{\Delta v_i\text{直径}\}$，若极限 $\lim\limits_{\lambda\to 0}\sum\limits_{i=1}^{n} f(\xi_i,\eta_i,\zeta_i)\Delta v_i$ 总存在，则称此极限为函数 $f(x,y,z)$ 在闭区域 Ω 上的三重积分. 记作 $\iiint\limits_{\Omega} f(x,y,z)\mathrm{d}v$，即

$$\iiint\limits_{\Omega} f(x,y,z)\mathrm{d}v=\lim_{\lambda\to 0}\sum_{i=1}^{n} f(\xi_i,\eta_i,\zeta_i)\Delta v_i \tag{10.3.1}$$

其中 $\mathrm{d}v$ 叫作体积微元.

在直角坐标系中，如果用平行于坐标面的平面来划分 Ω，那么除了包含 Ω 的边界点的一些不规则小闭区域外，得到的小闭区域 Δv_i 为长方体. 设长方体小闭区域 Δv_i 的边长为 Δx_j、Δy_k、Δz_l，则 $\Delta v_i=\Delta x_j\Delta y_k\Delta z_l$. 因此在直角坐标系中，有时也把体积微元 $\mathrm{d}v$ 记作 $\mathrm{d}x\mathrm{d}y\mathrm{d}z$，而把三重积分记作

$$\iiint\limits_{\Omega} f(x,y,z)\mathrm{d}x\mathrm{d}y\mathrm{d}z,$$

其中 $\mathrm{d}x\mathrm{d}y\mathrm{d}z$ 叫作直角坐标系中的体积微元.

当函数 $f(x,y,z)$ 在闭区域 Ω 上连续时，式(10.3.1)右端的和的极限必定存在，也就是说，函数 $f(x,y,z)$ 在闭区域 Ω 上的三重积分必定存在. 以后我们总假定函数 $f(x,y,z)$ 在闭区域 Ω 上是连续的. 关于二重积分的一些术语，例如，被积函数、积分区域等，也可相应地用到三重积分上. 三重积分的性质也与二重积分的性质类似，这里不再重复了.

如果 $f(x,y,z)$ 表示某物体在点 $(x,\ y,\ z)$ 处的密度，Ω 是该物体所占有的空间闭区域，$f(x,y,z)$ 在 Ω 上连续，则 $\sum\limits_{i=1}^{n} f(\xi_i,\eta_i,\zeta_i)\Delta v_i$ 是该物体的质量 m 的近似值，这个和当 $\lambda\to 0$ 时的极限就是该物体的质量 m，所以

$$m = \iiint_{\Omega} f(x,y,z)\mathrm{d}v ,$$

当 $f(x,y,z)\equiv 1$ 时，$\iiint\limits_{\Omega}\mathrm{d}v$ 积分值就等于积分区域 Ω 的体积.

10.3.2 在直角坐标系下三重积分的计算

1. 先一后二法

设函数 $f(x,y,z)$ 在空间有界闭区域 Ω 上连续. 设区域 Ω 在 xOy 面上的投影区域为 D，如果平行于 z 轴且穿过区域 Ω 的直线与 Ω 的边界曲面的交点不超过两个，此区域表示为

$$\Omega = \left\{(x,y,z)\middle| z_1(x,y)\leqslant z\leqslant z_2(x,y)\,,(x,y)\in D\right\}.$$

即过区域 Ω 在 xOy 面上的投影区域 D 内任一点 (x,y)，做平行于 z 轴的直线，穿进 Ω 的点总在曲面 $\Sigma_1: z=z_1(x,y)$ 上，穿出 Ω 的点总在曲面 Σ_2 : $z=z_2(x,y)$ 上，且 $z_1(x,y)\leqslant z_2(x,y)$ (见图 10.3.1). 此时三重积分可化为

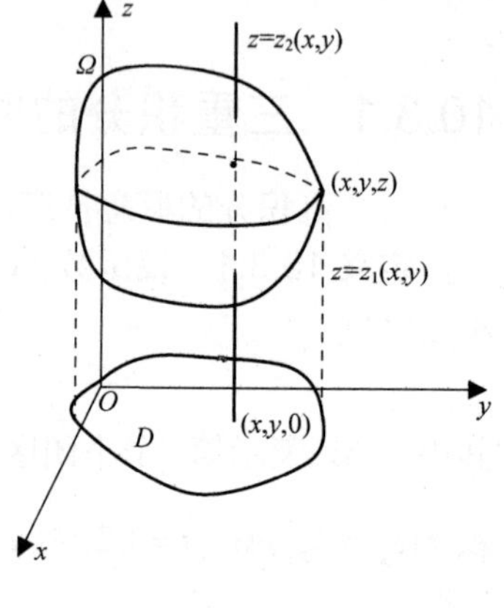

图 10.3.1

$$\iiint_{\Omega} f(x,y,z)\mathrm{d}v = \iint_{D}\mathrm{d}\sigma\int_{z_1(x,y)}^{z_2(x,y)} f(x,y,z)\mathrm{d}z ,$$

即先对 z 积分再计算在 D 上的二重积分(先一后二法).

假如闭区域

$$D=\{(x,y)|y_1(x)\leqslant y\leqslant y_2(x)\,, a\leqslant x\leqslant b\},$$

把这个二重积分化为二次积分，于是得到三重积分的计算公式

$$\iiint_{\Omega} f(x,y,z)\mathrm{d}v = \int_a^b\mathrm{d}x\int_{y_1(x)}^{y_2(x)}\mathrm{d}y\int_{z_1(x,y)}^{z_2(x,y)} f(x,y,z)\mathrm{d}z . \tag{10.3.2}$$

即把三重积分化为先对 z，再对 y，最后对 x 的三次积分.

如果平行于 x 轴或 y 轴且穿过闭区域 Ω 内部的直线与 Ω 的边界曲面 S 相交不多于两点，也可把闭区域 Ω 投影到 yOz 面上或 xOz 面上，这样便可以把三重积分化为按其他顺序的三次积分. 因此，在直角坐标系下的三重积分可能有 6 种不同顺序的三次积分.

如果平行于坐标轴且穿过闭区域 Ω 内部的直线与边界曲面 S 的交点多于两个，也可像处理二重积分那样，把 Ω 分成若干部分，使 Ω 上的三重积分化为各部分闭区域上的三重积分的和.

例 10.3.1 计算三重积分 $I=\iiint\limits_{\Omega} x\mathrm{d}x\mathrm{d}y\mathrm{d}z$，其中积分区域 Ω 为平面 $x+2y+z=1$ 及三个坐标面所围成的闭区域.

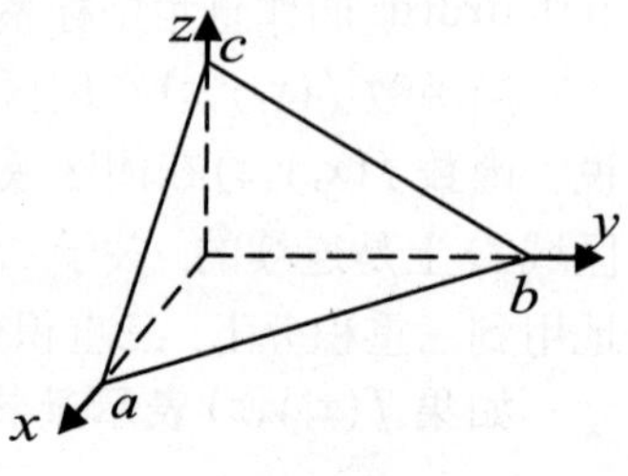

图 10.3.2

解 积分区域 Ω 是如图 10.3.2 所示的四面体，将 Ω 投影在 xOy 面，投影区域 D 为

$$D=\{(x,y)|\ 0\leqslant y\leqslant \frac{1-x}{2},\ 0\leqslant x\leqslant 1\}$$

在D内任取一点(x,y)，过此点作平行于z轴的直线，该直线通过平面$z=0$穿入Ω内，然后通过平面$z=1-x-2y$穿出Ω外，所以，积分区域Ω表示为

$$\Omega=\{(x,y,z)|\ 0\leqslant z\leqslant 1-x-2y,\ 0\leqslant y\leqslant \frac{1-x}{2},\ 0\leqslant x\leqslant 1\}.$$

于是，由公式(10.3.2)得

$$\begin{aligned}I&=\iiint_{\Omega}x\,\mathrm{d}x\mathrm{d}y\mathrm{d}z=\iint_{D}\mathrm{d}x\mathrm{d}y\int_0^{1-x-2y}x\mathrm{d}z\\&=\int_0^1\mathrm{d}x\int_0^{\frac{1-x}{2}}\mathrm{d}y\int_0^{1-x-2y}x\mathrm{d}z\\&=\int_0^1 x\mathrm{d}x\int_0^{\frac{1-x}{2}}(1-x-2y)\mathrm{d}y\\&=\frac{1}{4}\int_0^1(x-2x^2+x^3)\mathrm{d}x=\frac{1}{48}\end{aligned}$$

例 10.3.2　计算三重积分$\iiint_{\Omega}x\mathrm{d}v$，其中积分区域$\Omega$为椭圆抛物面$z=x^2+2y^2$及抛物柱面$z=2-x^2$所围成的闭区域.

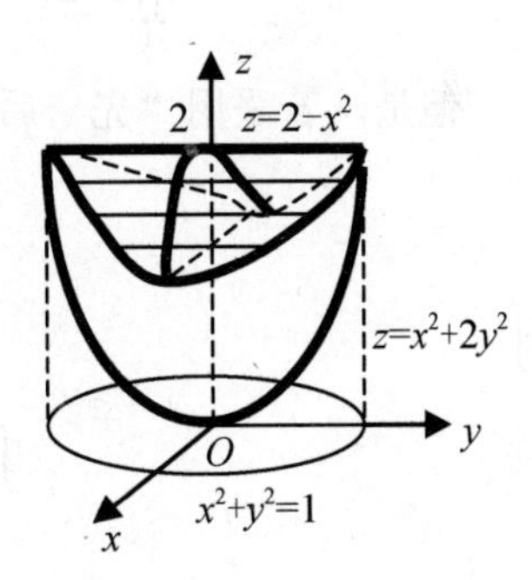

图 10.3.3

解　积分区域Ω如图10.3.3所示，Ω在xOy坐标面上的投影区域为

$$D=\{(x,y)|\ x^2+y^2\leqslant 1\}.$$

积分区域Ω表示为

$$\Omega=\{(x,y,z)|\ x^2+2y^2\leqslant z\leqslant 2-x^2,(x,y)\in D\}$$

于是

$$\begin{aligned}\iiint_{\Omega}x\mathrm{d}v&=\iint_{D}\mathrm{d}\sigma\int_{x^2+2y^2}^{2-x^2}x\mathrm{d}z\\&=\int_{-1}^{1}\mathrm{d}x\int_{-\sqrt{1-x^2}}^{\sqrt{1-x^2}}\mathrm{d}y\int_{x^2+2y^2}^{2-x^2}x\mathrm{d}z\\&=\int_{-1}^{1}\mathrm{d}x\int_{-\sqrt{1-x^2}}^{\sqrt{1-x^2}}2x(1-x^2-y^2)\mathrm{d}y\\&=0\end{aligned}$$

2. 先二后一法

有时，计算一个三重积分也可以化为先计算一个二重积分、再计算一个定积分.

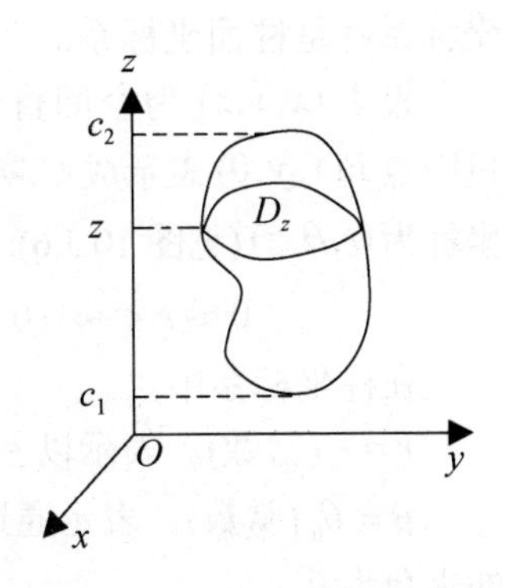

图 10.3.4

设空间区域Ω如图10.3.4所示，则$c_1\leqslant z\leqslant c_2$，$\forall z\in(c_1,c_2)$，过$z$点作$z$轴的垂面，与区域$\Omega$的截面为$D_z$，则

$$\iiint_{\Omega}f(x,y,z)\mathrm{d}v=\int_{c_1}^{c_2}\mathrm{d}z\iint_{D_z}f(x,y,z)\mathrm{d}\sigma$$

即先计算在D_z上的二重积分，再对z积分(先二后一法).

例 10.3.3 计算三重积分$\iiint\limits_{\Omega} z^2\,\mathrm{d}v$，其中椭球体$\Omega=\left\{(x,y,z)\,|\,\dfrac{x^2}{a^2}+\dfrac{y^2}{b^2}+\dfrac{z^2}{c^2}\leqslant 1\right\}$.

解 将Ω投影到z轴上，则$-c\leqslant z\leqslant c$，对任意$z\in(-c,c)$，过点$(0, 0, z)$的平面截椭球体，得到椭圆域为D_z：$\dfrac{x^2}{a^2}+\dfrac{y^2}{b^2}\leqslant 1-\dfrac{z^2}{c^2}$, $z\in(-c,c)$(见图 10.3.5)，即空间闭区域Ω可表示为

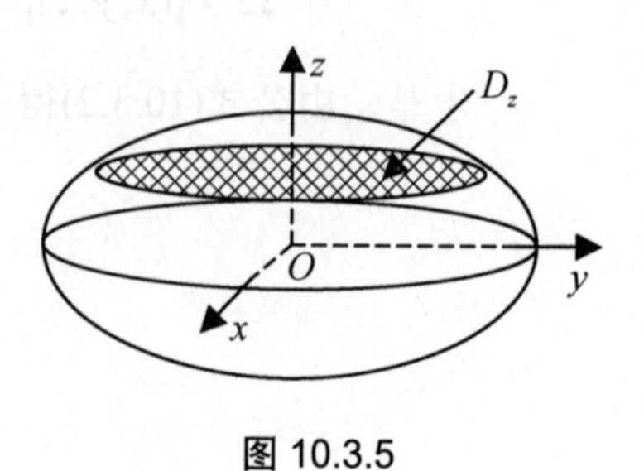

图 10.3.5

$$\Omega=\left\{(x,y,z)\left|\,\frac{x^2}{a^2}+\frac{y^2}{b^2}\leqslant 1-\frac{z^2}{c^2},\ -c\leqslant z\leqslant c\right.\right\},$$

于是

$$\iiint\limits_{\Omega} z^2\,\mathrm{d}v=\int_{-c}^{c} z^2\mathrm{d}z\iint\limits_{D_z}\mathrm{d}x\mathrm{d}y=\pi ab\int_{-c}^{c}\left(1-\frac{z^2}{c^2}\right)z^2\mathrm{d}z=\frac{4}{15}\pi abc^3$$

但是，若采用“先一后二法”将Ω投影到xOy平面上，得

$$D=\left\{(x,y)\left|\,\frac{x^2}{a^2}+\frac{y^2}{b^2}\leqslant 1\right.\right\}$$

则

$$\iiint\limits_{\Omega} z^2\,\mathrm{d}v=\int_{-a}^{a}\mathrm{d}x\int_{-b\sqrt{1-\frac{x^2}{a^2}}}^{b\sqrt{1-\frac{x^2}{a^2}}}\mathrm{d}y\int_{-c\sqrt{1-\frac{x^2}{a^2}-\frac{y^2}{b^2}}}^{c\sqrt{1-\frac{x^2}{a^2}-\frac{y^2}{b^2}}} z^2\mathrm{d}z$$

$$=\frac{2}{3}c^3\int_{-a}^{a}\mathrm{d}x\int_{-b\sqrt{1-\frac{x^2}{a^2}}}^{b\sqrt{1-\frac{x^2}{a^2}}}\left(1-\frac{x^2}{a^2}-\frac{y^2}{b^2}\right)^{\frac{3}{2}}\mathrm{d}y\,.$$

此积分很难完成.

10.3.3 柱坐标系和球坐标系下三重积分的计算

1. 利用柱坐标系计算三重积分

在空间直角坐标系中，将xOy面用极坐标系表示所建立的坐标系就是**柱面坐标系**.

设$M(x,y,z)$为空间直角坐标系中一点，此点在xOy面上投影点$P(x,y,0)$表示成相应的极坐标形式为(r,θ)，则M点的**柱坐标为**(r,θ,z)(见图 10.3.6). 这里规定r，θ，z的变化范围为

$$0\leqslant r<+\infty,\ 0\leqslant\theta\leqslant 2\pi,\ -\infty<z<+\infty$$

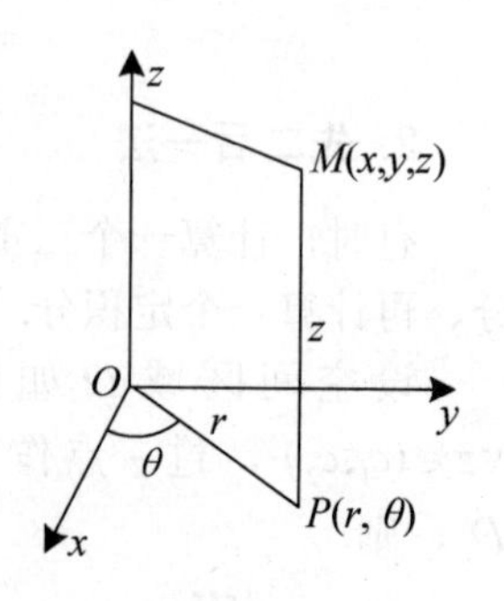

图 10.3.6

在柱坐标系中：

$r=r_0$(常数)，表示以z轴为中心的圆柱面；

$\theta=\theta_0$(常数)，表示通过z轴的半平面，此半平面与zOx面的夹角为θ_0；

$z=z_0$(常数)，表示平行于xOy坐标面的平面.

空间直角坐标与柱坐标的关系为

$$\begin{cases} x = r\cos\theta \\ y = r\sin\theta \\ z = z \end{cases} \tag{10.3.3}$$

现在要把三重积分 $\iiint\limits_{\Omega} f(x,y,z)\mathrm{d}v$ 中的变量变换为柱面坐标. 为此，用“$r=$常数”“$\theta=$常数”“$z=$常数”把 Ω 分成许多小闭区域，除了含 Ω 的边界点的一些不规则小闭区域外，这种小闭区域都是柱体. 考虑由 r , θ , z 各取得微小增量 $\mathrm{d}r$ ，$\mathrm{d}\theta$ ，$\mathrm{d}z$ 所成的柱体的体积(见图 10.3.7). 这个体积等于高和底面积的乘积. 现在高为 $\mathrm{d}z$ 、底面积在不计高阶无穷小时为 $r\mathrm{d}r\mathrm{d}\theta$ (即极坐标系中的面积元素)，于是得

$$\mathrm{d}v = r\mathrm{d}r\mathrm{d}\theta\mathrm{d}z\,,$$

这就是柱面坐标系中的体积元素.

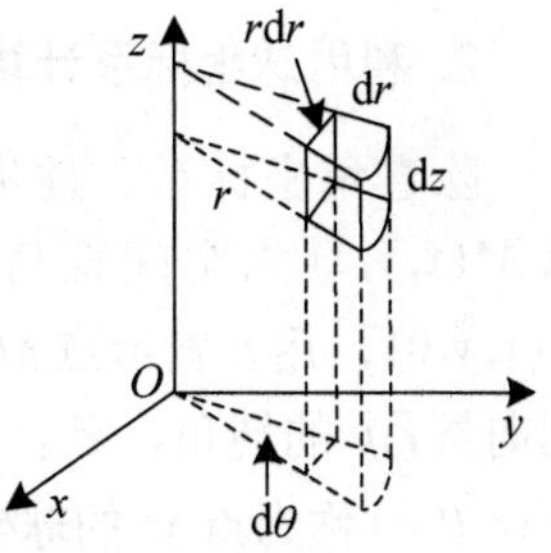

图 10.3.7

再注意到关系式(10.3.3)，就得到三重积分的变量从直角坐标变换为柱面坐标的公式(10.3.4).

$$\iiint\limits_{\Omega} f(x,y,z)\mathrm{d}v = \iiint\limits_{\Omega} f(r\cos\theta, r\sin\theta, z)r\mathrm{d}r\mathrm{d}\theta\mathrm{d}z \tag{10.3.4}$$

设空间区域 Ω 在 xOy 面上的投影区域 $D=\{(r,\theta)\,|\,\varphi_1(\theta)\leqslant r\leqslant\varphi_2(\theta),\ \alpha\leqslant\theta\leqslant\beta\}$ ，空间区域 $\Omega=\{(r,\theta,z)|z_1(r,\theta)\leqslant z\leqslant z_2(r,\theta),\ (r,\theta)\in D\}$ ，则柱坐标系下的三重积分化为三次积分为：

$$\iiint\limits_{\Omega} f(r\cos\theta, r\sin\theta, z)r\mathrm{d}r\mathrm{d}\theta\mathrm{d}z$$

$$= \int_{\alpha}^{\beta}\mathrm{d}\theta\int_{\varphi_1(\theta)}^{\varphi_2(\theta)} r\mathrm{d}r\int_{z_1(r,\theta)}^{z_2(r,\theta)} f(r\cos\theta, r\sin\theta, z)\mathrm{d}z$$

例 10.3.4　计算三重积分 $\iiint\limits_{\Omega} z\mathrm{d}v$ ，其中 Ω 是由圆锥面 $z=\sqrt{x^2+y^2}$ 、圆柱面 $x^2+y^2=2x$ 与平面 $z=0$ 所围成的闭区域.

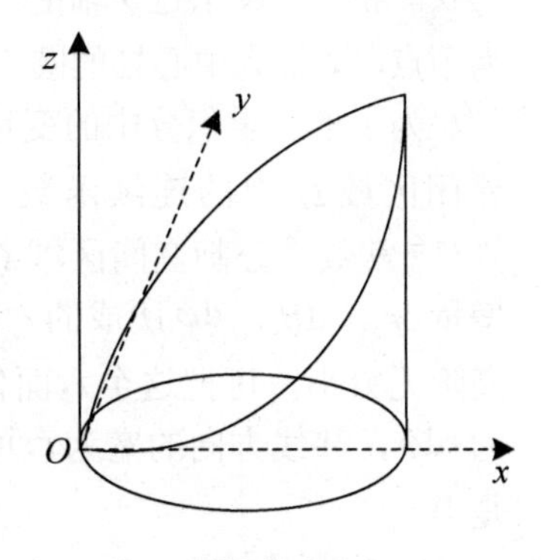

图 10.3.8

解　积分区域 Ω 在 xOy 平面上的投影区域(见图 10.3.8)，$D=\{(x,y)\,|\,x^2+y^2\leqslant 2x\}$ ，并且 $0\leqslant z\leqslant\sqrt{x^2+y^2}$ ，于是，

$$\Omega=\left\{(r,\theta,z)\,\middle|\,0\leqslant z\leqslant r, 0\leqslant r\leqslant 2\cos\theta, -\frac{\pi}{2}\leqslant\theta\leqslant\frac{\pi}{2}\right\}.$$

$$\iiint\limits_{\Omega} z\mathrm{d}v = \iiint\limits_{\Omega} zr\mathrm{d}r\mathrm{d}\theta\mathrm{d}z = \int_{-\frac{\pi}{2}}^{\frac{\pi}{2}}\mathrm{d}\theta\int_0^{2\cos\theta} r\mathrm{d}r\int_0^r z\mathrm{d}z = \frac{3\pi}{4}.$$

例 10.3.5　计算三重积分 $\iiint\limits_{\Omega}\frac{\mathrm{d}x\mathrm{d}y\mathrm{d}z}{1+x^2+y^2}$ ，其中 Ω 是由抛物面 $x^2+y^2=4z$ 及平面 $z=h\,(h>0)$ 所围成的闭区域.

解　在柱坐标系下积分区域 Ω 表示为(见图 10.3.9) $\Omega=\left\{(r,\theta,z)\,|\,\frac{r^2}{4}\leqslant z\leqslant h\right\}$,

$0 \leqslant r \leqslant 2\sqrt{h}, 0 \leqslant \theta \leqslant 2\pi\}$，则

$$\iiint_{\Omega} \frac{\mathrm{d}x\mathrm{d}y\mathrm{d}z}{1+x^2+y^2} = \int_0^{2\pi}\mathrm{d}\theta\int_0^{2\sqrt{h}}\frac{r}{1+r^2}\mathrm{d}r\int_{\frac{r^2}{4}}^{h}\mathrm{d}z$$

$$= \frac{\pi}{4}[(1+4h)\ln(1+4h)-4h]$$

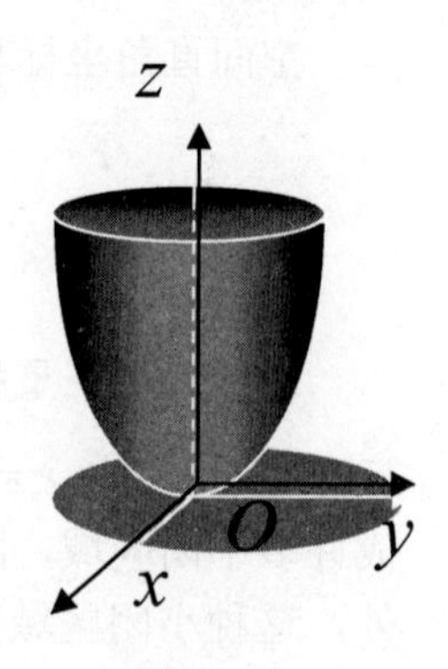

图 10.3.9

2. 利用球坐标系计算三重积分

除直角坐标系、柱坐标系之外，空间点还可以用球坐标系表示. 设 $M(x,y,z)$ 为空间直角坐标系中一点，此点在 xOy 面上投影点为 $P(x,y,0)$，用 r 表示点 M 到原点 O 的距离，θ 表示 x 轴正向按逆时针到向量 $\overrightarrow{OP}$ 的转角，φ 表示 z 轴正向与向量 $\overrightarrow{OM}$ 的夹角，则坐标 (r,θ,φ) 称为点 M 的**球坐标**(见图 10.3.10). 这里 r，θ，φ 的变化范围为

$$0 \leqslant r < +\infty, 0 \leqslant \theta \leqslant 2\pi, 0 \leqslant \varphi \leqslant \pi$$

点 M 的球坐标 (r,θ,φ) 与直角坐标 (x,y,z) 的关系为

$$\begin{cases} x = r\sin\varphi\cos\theta \\ y = r\sin\varphi\sin\theta \\ z = r\cos\varphi \end{cases} \tag{10.3.5}$$

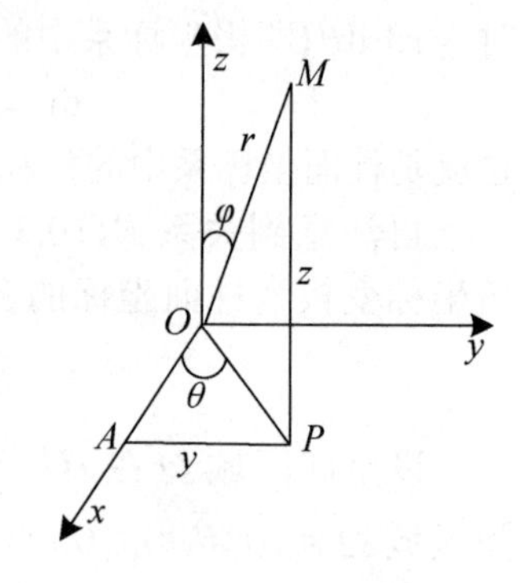

图 10.3.10

在球坐标系下，“$r=$ 常数”表示中心在原点的球面；“$\theta=$ 常数”表示过 z 轴的半平面；“$\varphi=$ 常数”，表示原点为顶点，z 轴为中心轴的圆锥面.

为了把三重积分中的变量从直角坐标系变换为球面坐标，设 $f(x,y,z)$ 是定义在空间有界闭区域 Ω 上的连续函数，用“$r=$ 常数”“$\theta=$ 常数”“$\varphi=$ 常数”分割空间区域 Ω，考虑由 r，θ，φ 各取得微小增量 $\mathrm{d}r$，$\mathrm{d}\theta$，$\mathrm{d}\varphi$ 所成的六面体的体积(见图 10.3.11). 不计高阶无穷小，可把这个六面体看作长方体，其经线方向的长为 $r\mathrm{d}\varphi$，纬线方向的宽为 $r\sin\varphi\mathrm{d}\theta$，向径方向的高为 $\mathrm{d}r$，于是得

$$\mathrm{d}v = r^2\sin\varphi\mathrm{d}r\mathrm{d}\theta\mathrm{d}\varphi.$$

这就是球面坐标系中的体积元素.

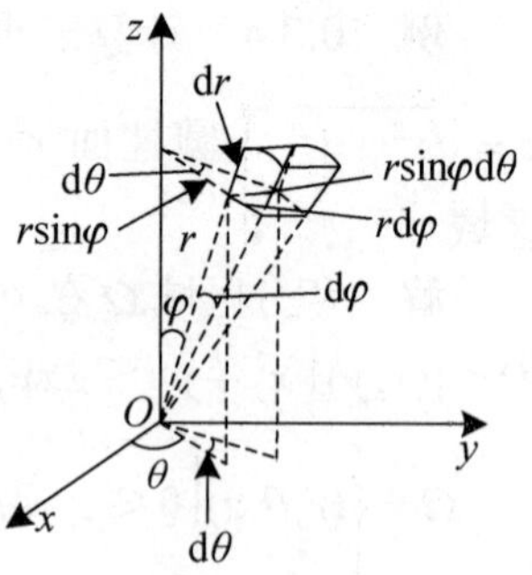

图 10.3.11

再注意到关系式(10.3.5)，就得到三重积分的变量从直角坐标变换为球坐标的公式(10.3.6).

$$\iiint_{\Omega} f(x,y,z)\mathrm{d}v = \iiint_{\Omega} f(r\sin\varphi\cos\theta, r\sin\varphi\sin\theta, r\cos\varphi)r^2\sin\varphi\mathrm{d}r\mathrm{d}\theta\mathrm{d}\varphi \tag{10.3.6}$$

要计算变量变换为球面坐标后的三重积分，可把它化为对 r、对 θ 及对 φ 的三次积分.

例 10.3.6 计算三重积分 $\iiint_{\Omega}(x^2+y^2+z^2)\mathrm{d}x\mathrm{d}y\mathrm{d}z$，其中 Ω 是由圆锥面 $z=\sqrt{x^2+y^2}$ 与球面 $z=\sqrt{12-x^2-y^2}$ 所围成的闭区域.

解　在球坐标系下，圆锥面 $z=\sqrt{x^2+y^2}$ 的方程为 $\varphi=\dfrac{\pi}{4}$，球面 $z=\sqrt{12-x^2-y^2}$ 的方程为 $z=2\sqrt{3}$.

如图 10.3.12 所示，Ω 表示为

$$\Omega=\left\{(r,\varphi,\theta)\,|\,0\leqslant r\leqslant 2\sqrt{3},\ 0\leqslant\theta\leqslant 2\pi,\ 0\leqslant\varphi\leqslant\frac{\pi}{4}\right\}$$

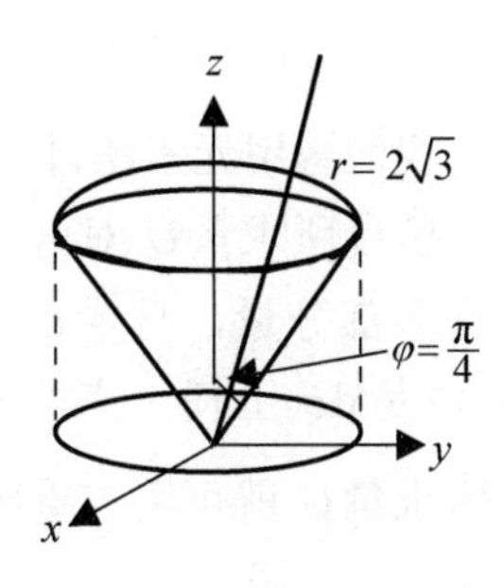

图 10.3.12

于是

$$\iiint_\Omega (x^2+y^2+z^2)\,\mathrm{d}x\mathrm{d}y\mathrm{d}z=\iiint_\Omega r^2\cdot r^2\sin\varphi\,\mathrm{d}r\mathrm{d}\theta\mathrm{d}\varphi$$

$$=\int_0^{2\pi}\mathrm{d}\theta\int_0^{\frac{\pi}{4}}\sin\varphi\,\mathrm{d}\varphi\int_0^{2\sqrt{3}}r^4\,\mathrm{d}r$$

$$=\frac{288\sqrt{3}}{5}\pi(2-\sqrt{2})$$

习题

1. 化三重积分 $\iiint_\Omega f(x,y,z)\mathrm{d}v$ 为三次积分，其中积分区域 Ω 分别是：

(1) 由曲面 $z=x^2+y^2$ 及平面 $z=1$ 所围成的闭区域；

(2) 由圆柱面 $x^2+y^2=1$ 及平面 $z=1$，$z=0$，$x=0$，$y=0$ 所围成的位于第一卦限内的闭区域.

2. 计算三重积分 $\iiint_\Omega z\mathrm{d}x\mathrm{d}y\mathrm{d}z$，其中积分区域 Ω 是由三个坐标面及平面 $x+y+z=1$ 所围成的闭区域.

3. 利用柱面坐标计算下列积分.

(1) $\iiint_\Omega 2(x^2+y^2)\mathrm{d}v$，其中 Ω 是由圆柱体 $x^2+y^2=1$、$z=0$ 及 $z=3$ 所围成的闭区域.

(2) $\iiint_\Omega \sqrt{x^2+y^2}\mathrm{d}x\mathrm{d}y\mathrm{d}z$，其中 Ω 是由曲面 $z=9-x^2-y^2$ 与 $z=0$ 所围成的闭区域；

(3) $\iiint_\Omega x^2\mathrm{d}x\mathrm{d}y\mathrm{d}z$，其中 Ω 是由曲面 $z=2\sqrt{x^2+y^2}$，$x^2+y^2=1$ 与 $z=0$ 所围成的闭区域.

4. 利用球坐标计算下列积分.

(1) $\iiint_\Omega y^2\mathrm{d}x\mathrm{d}y\mathrm{d}z$，其中积分区域 Ω 为介于两球面 $x^2+y^2+z^2=a^2$ 与 $x^2+y^2+z^2=b^2$ 之间的部分 $(0\leqslant a\leqslant b)$；

(2) $\iiint_\Omega (x^2+y^2)\mathrm{d}x\mathrm{d}y\mathrm{d}z$，其中积分区域 Ω 是由曲面 $z=\sqrt{x^2+y^2}$ 与 $z=\sqrt{1-x^2-y^2}$ 所围成的闭区域.

5. 选用适当的坐标计算下列三次积分.

(1) $\int_{-1}^1\mathrm{d}x\int_0^{\sqrt{1-x^2}}\mathrm{d}y\int_{\sqrt{x^2+y^2}}^1 z^3\mathrm{d}z$；　　(2) $\int_0^1\mathrm{d}x\int_0^{\sqrt{1-x^2}}\mathrm{d}y\int_0^{\sqrt{4-x^2-y^2}}\mathrm{d}z$.

6. 一个物体由旋转抛物面 $z=x^2+y^2$ 及平面 $z=1$ 所围成，已知其任一点处的密度 ρ

与到 z 轴距离成正比，求其质量 m.

10.4 重积分的应用

我们曾用元素法讨论了定积分的应用问题，该方法也可以推广到重积分的应用中.

假设所求量 U 对区域 D 具有可加性，即当区域 D 分成若干小区域时，量 U 相应地分成许多部分量，且量 U 等于所有部分量之和. 在 D 内任取一直径很小的小区域 $\mathrm{d}\sigma$，设 (x,y) 是 $\mathrm{d}\sigma$ 上任一点，如果与 $\mathrm{d}\sigma$ 相应的部分量可以近似地表示为 $f(x,y)\mathrm{d}\sigma$ 的形式，那么所求量 U 就可用二重积分表示为 $U=\iint\limits_D f(x,y)\mathrm{d}\sigma$，其中 $f(x,y)\mathrm{d}\sigma$ 称为所求量 U 的元素或微元，记为 $\mathrm{d}U$，即 $\mathrm{d}U=f(x,y)\mathrm{d}\sigma$.

10.4.1 立体体积和平面图形的面积

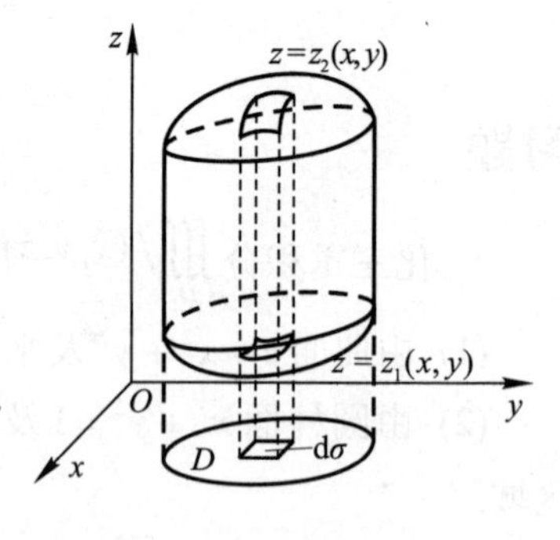

图 10.4.1

设一立体 Ω，它在 xOy 面上的投影为有界闭区域 D，上顶与下底分别为连续曲面 $z=z_2(x,y)$ 与 $z=z_1(x,y)$，侧面是以 D 的边界曲线为准线而母线平行于 z 轴的柱面，求此立体的体积 V (见图 10.4.1).

在区域 D 内任取一直径很小的小区域 $\mathrm{d}\sigma$，设 (x,y) 是 $\mathrm{d}\sigma$ 上任一点，以 $\mathrm{d}\sigma$ 的边界曲线为准线作母线平行于 z 轴的柱面，截立体得一个小柱形，因为 $\mathrm{d}\sigma$ 的直径很小，且 $z=z_2(x,y)$，$z=z_1(x,y)$ 在 D 上连续，所以可用高为 $z=z_2(x,y)-z=z_1(x,y)$，底为 $\mathrm{d}\sigma$ 的小平顶柱体的体积作为小柱形体积的近似值，得体积元素为

$$\mathrm{d}V=[z_2(x,y)-z_1(x,y)]\mathrm{d}\sigma$$

将体积元素在 D 上积分，即得立体的体积

$$V=\iint\limits_D[z_2(x,y)-z_1(x,y)]\mathrm{d}\sigma.$$

例 10.4.1 求由曲面 $z=x^2+y^2$ 及 $z=2-x^2-y^2$ 所围成的立体的体积.

解 如图 10.4.2 所示，立体的上顶曲面是 $z=2-x^2-y^2$，下底曲面是 $z=x^2+y^2$，在 xOy 面上的投影区域 D 的边界曲线方程为 $x^2+y^2=1$，它是上顶曲面和下底曲面的交线在 xOy 面上的投影，是从 $z=x^2+y^2$ 与 $z=2-x^2-y^2$ 中消去 z 而得出的. 利用极坐标，可得

$$V=\iint\limits_D[(2-x^2-y^2)-(x^2+y^2)]\mathrm{d}\sigma=2\iint\limits_D[1-(x^2+y^2)]\mathrm{d}\sigma$$

$$=2\int_0^{2\pi}\mathrm{d}\theta\int_0^1(1-r^2)r\mathrm{d}r=2\cdot2\pi\cdot\left[\frac{r^2}{2}-\frac{r^4}{4}\right]_0^1=\pi.$$

例 10.4.2 求曲线 $r=2\sin\theta$ 与直线 $\theta=\dfrac{\pi}{6}$ 及 $\theta=\dfrac{\pi}{3}$ 围成平面图形的面积(见图 10.4.3).

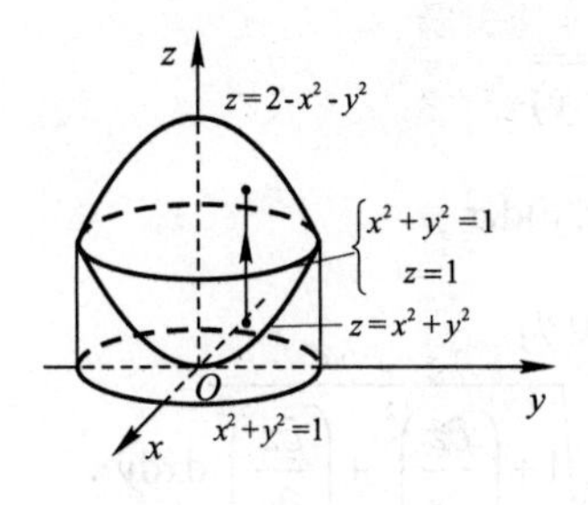

图 10.4.2

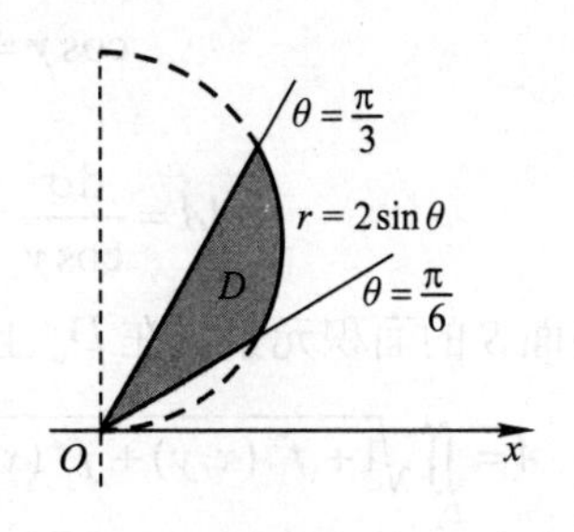

图 10.4.3

解　设所求图形的面积为A，所占区域为D，则 $A=\iint\limits_D \mathrm{d}\sigma$.

利用极坐标可将区域D表示为$\begin{cases}\dfrac{\pi}{6}\leqslant\theta\leqslant\dfrac{\pi}{3}\\ 0\leqslant r\leqslant 2\sin\theta\end{cases}$，于是

$$A=\iint\limits_D \mathrm{d}\sigma=\int_{\frac{\pi}{6}}^{\frac{\pi}{3}}\mathrm{d}\theta\int_0^{2\sin\theta} r\mathrm{d}r=\frac{1}{2}\int_{\frac{\pi}{6}}^{\frac{\pi}{3}} r^2\Big|_0^{2\sin\theta}\mathrm{d}\theta=2\int_{\frac{\pi}{6}}^{\frac{\pi}{3}}\sin^2\theta\mathrm{d}\theta=\int_{\frac{\pi}{6}}^{\frac{\pi}{3}}(1-\cos 2\theta)\mathrm{d}\theta=\frac{\pi}{6}.$$

10.4.2　曲面面积

假设曲面S的方程为$z=f(x,y)$，S在xOy面上的投影是有界闭区域D_{xy}，函数$f(x,y)$在D_{xy}上具有连续偏导数，求曲面S的面积A.

在闭区域D_{xy}内任取一直径很小的小区域$\mathrm{d}\sigma$，设$p(x,y)$是$\mathrm{d}\sigma$内任一点，则曲面S上的对应点为$M(x,y,f(x,y))$. 过点M作曲面S的切平面T，并以小区域$\mathrm{d}\sigma$的边界曲线为准线，作母线平行于z轴的柱面，它在曲面S和切平面T上分别截得小块曲面ΔA和小块切平面$\mathrm{d}A$(见图 10.4.4). 显然，ΔA与$\mathrm{d}A$在xOy面上的投影都是$\mathrm{d}\sigma$，因为$\mathrm{d}\sigma$的直径很小，所以小块曲面的面积就可以用小块切平面的面积近似代替，即有$\Delta A\approx\mathrm{d}A$，从而$\mathrm{d}A$为曲面$S$的面积元素.

设曲面S在点M处的法向量与z轴正向的夹角为锐角γ，则切平面T与xOy面的夹角也为γ (见图 10.4.5)，于是

$$\mathrm{d}\sigma=\mathrm{d}A\cdot\cos\gamma\ .$$

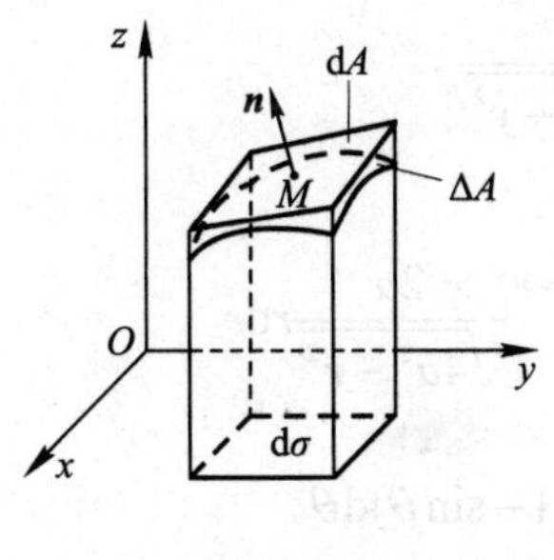

图 10.4.4

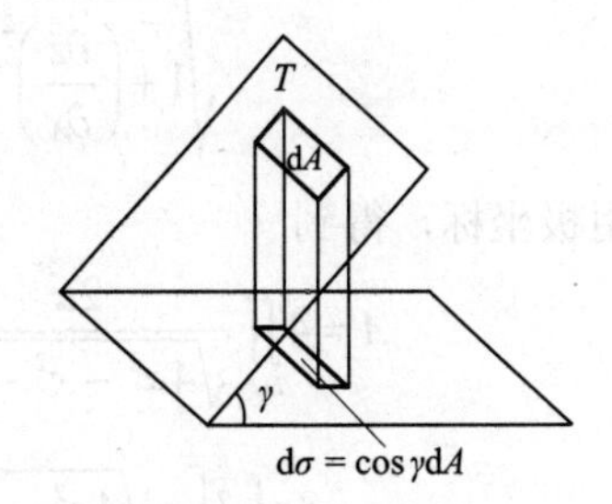

图 10.4.5

注意到切平面的法向量为$\boldsymbol{n}=\{-f_x(x,y),\ -f_y(y,z),\ 1\}$，所以

$$\cos\gamma=\frac{1}{\sqrt{1+f_x^2(x,y)+f_y^2(x,y)}},$$

即得
$$\mathrm{d}A=\frac{\mathrm{d}\sigma}{\cos\gamma}=\sqrt{1+f_x^2(x,y)+f_y^2(x,y)}\mathrm{d}\sigma,$$

这就是曲面S的面积元素，在D_{xy}上积分得曲面S的面积为

$$A=\iint_{D_{xy}}\sqrt{1+f_x^2(x,y)+f_y^2(x,y)}\mathrm{d}\sigma \quad 或 \quad A=\iint_{D_{xy}}\sqrt{1+\left(\frac{\partial z}{\partial x}\right)^2+\left(\frac{\partial z}{\partial y}\right)^2}\mathrm{d}x\mathrm{d}y .$$

这就是计算曲面面积的公式.

如果曲面S的方程为$x=g(y,z)$或$y=h(z,x)$，S在yOz面或zOx面上的投影区域分别记为D_{yz}或D_{zx}．类似地，可得曲面S的面积为

$$A=\iint_{D_{yz}}\sqrt{1+\left(\frac{\partial x}{\partial y}\right)^2+\left(\frac{\partial x}{\partial z}\right)^2}\mathrm{d}y\mathrm{d}z \quad 或 \quad A=\iint_{D_{zx}}\sqrt{1+\left(\frac{\partial y}{\partial x}\right)^2+\left(\frac{\partial y}{\partial z}\right)^2}\mathrm{d}z\mathrm{d}x .$$

例 10.4.3 求球面$x^2+y^2+z^2=4a^2$被圆柱面$x^2+y^2=2ax$截下部分的面积(见图 10.4.6).

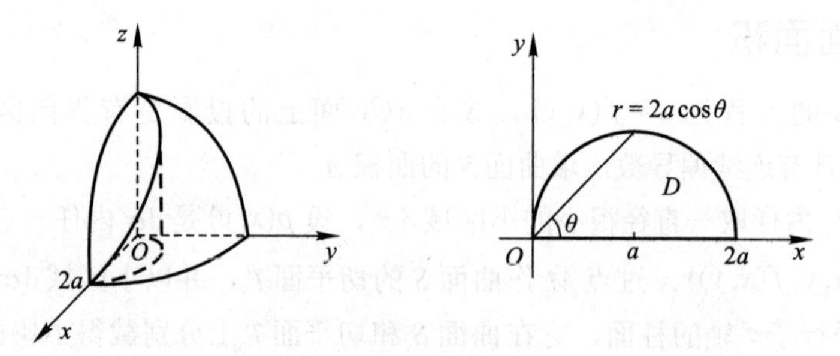

图 10.4.6

解 利用对称性，只需求出球面在第一卦限部分的面积，再 4 倍即可．在第一卦限，球面方程为$z=\sqrt{4a^2-x^2-y^2}$，投影区域D_{xy}为半圆形区域：$y\geqslant 0$，$x^2+y^2\leqslant 2ax$．

$$\frac{\partial z}{\partial x}=\frac{-x}{\sqrt{4a^2-x^2-y^2}},\quad \frac{\partial z}{\partial y}=\frac{-y}{\sqrt{4a^2-x^2-y^2}},$$

$$\sqrt{1+\left(\frac{\partial z}{\partial x}\right)^2+\left(\frac{\partial z}{\partial y}\right)^2}=\frac{2a}{\sqrt{4a^2-x^2-y^2}},$$

利用极坐标，得到

$$\begin{aligned}A&=4\iint_{D_{xy}}\frac{2a}{\sqrt{4a^2-x^2-y^2}}\mathrm{d}x\mathrm{d}y=4\int_0^{\frac{\pi}{2}}\mathrm{d}\theta\int_0^{2a\cos\theta}\frac{2a}{\sqrt{4a^2-r^2}}r\mathrm{d}r\\&=8a\int_0^{\frac{\pi}{2}}\left[-\sqrt{4a^2-r^2}\right]_0^{2a\cos\theta}\mathrm{d}\theta=16a^2\int_0^{\frac{\pi}{2}}(1-\sin\theta)\mathrm{d}\theta\\&=16a^2\left(\frac{\pi}{2}-1\right).\end{aligned}$$

10.4.3　平面薄片的重心

由力学知道，由n个质点构成的质点组的重心坐标为

$$\overline{x}=\frac{M_y}{M}=\frac{\sum_{i=1}^{n}x_i m_i}{\sum_{i=1}^{n}m_i},\quad \overline{y}=\frac{M_x}{M}=\frac{\sum_{i=1}^{n}y_i m_i}{\sum_{i=1}^{n}m_i},$$

其中(x_i,y_i)是第i个质点的位置坐标，m_i是第i个质点的质量，M是n个质点的总质量，M_x和M_y分别是质点组对x轴和y轴的静力矩.

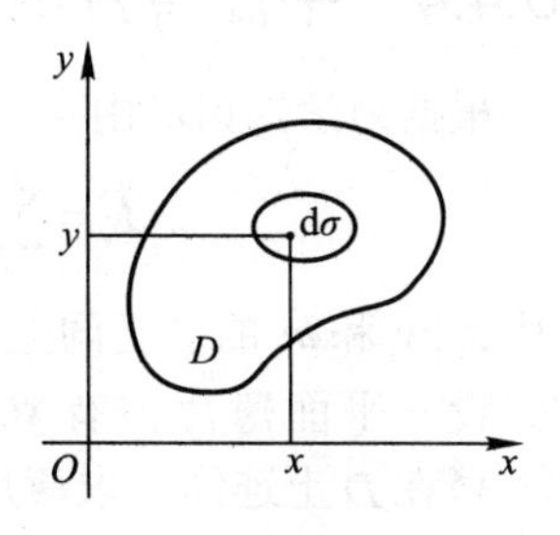

图 10.4.7

设有一平面薄板，它占有xOy面上的有界闭区域D，在点(x,y)处的面密度为$\rho(x,y)$，且$\rho(x,y)$在D上连续，求薄片的重心坐标(见图 10.4.7).

为求薄片的重心坐标，在区域D上任取一直径很小的小区域$\mathrm{d}\sigma$，设(x,y)是$\mathrm{d}\sigma$上任一点，注意到$\rho(x,y)$在区域D上连续且$\mathrm{d}\sigma$的直径很小，可知$\mathrm{d}\sigma$上的部分质量近似等于$\rho(x,y)\mathrm{d}\sigma$，从而得质量元素为

$$\mathrm{d}M=\rho(x,y)\mathrm{d}\sigma .$$

可将小薄片$\mathrm{d}\sigma$视为位于点(x,y)处的一个质点，则小薄片对x轴和y轴的静力矩分别为

$$\mathrm{d}M_x=y\rho(x,y)\mathrm{d}\sigma,\quad \mathrm{d}M_y=x\rho(x,y)\mathrm{d}\sigma .$$

将上述元素在D上积分，即得

$$M=\iint_D \rho(x,y)\mathrm{d}\sigma,\quad M_x=\iint_D y\rho(x,y)\mathrm{d}\sigma,\quad M_y=\iint_D x\rho(x,y)\mathrm{d}\sigma .$$

因此平面薄片的重心坐标为

$$\overline{x}=\frac{M_y}{M}=\frac{\iint_D x\rho(x,y)\mathrm{d}\sigma}{\iint_D \rho(x,y)\mathrm{d}\sigma},\quad \overline{y}=\frac{M_x}{M}=\frac{\iint_D y\rho(x,y)\mathrm{d}\sigma}{\iint_D \rho(x,y)\mathrm{d}\sigma} .\tag{10.4.1}$$

特别地，如果薄片是均匀的，则面密度ρ为常数，从而薄片的重心即为薄片占有的平面图形的几何中心．只需在式(10.4.1)中令$\rho(x,y)=\rho$（常数），并用σ表示区域D的面积，就可以推出几何中心坐标的计算公式

$$\overline{x}=\frac{1}{\sigma}\iint_D x\mathrm{d}\sigma,\quad \overline{y}=\frac{1}{\sigma}\iint_D y\mathrm{d}\sigma .\tag{10.4.2}$$

例 10.4.4　在半径为a的均匀半圆形薄片的直径上接一个一边之长与直径相等的均匀矩形薄片，使其重心恰好位于圆心，求矩形另一边的长(设两块薄片的面密度均为 1).

解　如图 10.4.8 所示建立坐标系．由均匀性和对称性可知，重心在y轴上，即$\overline{x}=0$．设矩形的另一边长为b，则有

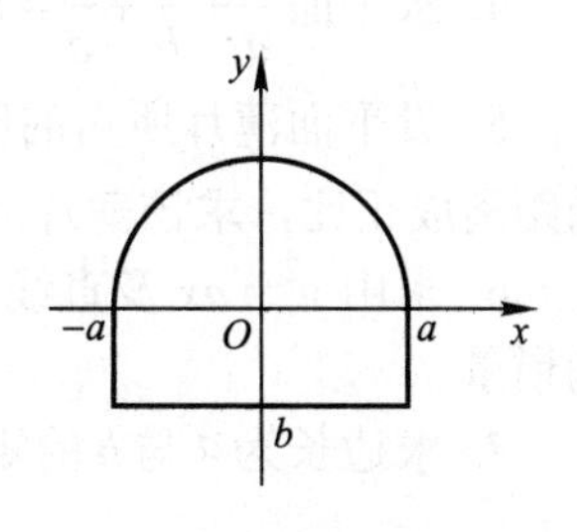

图 10.4.8

$$\iint_D y\mathrm{d}x\mathrm{d}y = \int_{-a}^{a}\mathrm{d}x\int_{-b}^{\sqrt{a^2-x^2}} y\mathrm{d}y = \int_{-a}^{a}\frac{1}{2}(a^2-b^2-x^2)\mathrm{d}x$$

$$= \int_0^a (a^2-b^2-x^2)\mathrm{d}x = a\left(\frac{2}{3}a^2-b^2\right).$$

由式(10.4.2)知，当矩形的另一边长$b=\sqrt{\frac{2}{3}}a$时，$\overline{y}=0$，即图形的重心位于圆心上.

10.4.4　平面薄片的转动惯量

根据力学知识，由n个质点构成的质点组对x轴、y轴和原点O的转动惯量分别为

$$I_x = \sum_{i=1}^{n} m_i y_i^2,\quad I_y = \sum_{i=1}^{n} m_i x_i^2,\quad I_O = \sum_{i=1}^{n} m_i (x_i^2+y_i^2),$$

其中x_i, y_i和m_i的含义同上述.

设一平面薄片占有xOy面上的有界闭区域D，点(x,y)处的面密度为$\rho(x,y)$，且$\rho(x,y)$在D上连续，求薄片对x轴、y轴和原点O的转动惯量.

采用与前段类似的方法，可以得到薄片的相应转动惯量分别为

$$I_x = \iint_D y^2\rho(x,y)\mathrm{d}\sigma,\quad I_y = \iint_D x^2\rho(x,y)\mathrm{d}\sigma,\quad I_O = \iint_D (x^2+y^2)\rho(x,y)\mathrm{d}\sigma.$$

例 10.4.5　求半径为a的均匀半圆形薄片关于其对称轴的转动惯量.

解　选取如图 10.4.9 所示的坐标系，则所求转动惯量即为对y轴的转动惯量I_y. 设面密度为常数ρ，采用极坐标得

$$I_y = \iint_D \rho x^2\mathrm{d}\sigma = \rho\int_0^{\pi}\mathrm{d}\theta\int_0^a \cos^2\theta\cdot r^3\mathrm{d}r$$

$$= \rho\int_0^{\pi}\cos^2\theta\mathrm{d}\theta\int_0^a r^3\mathrm{d}r = \rho\cdot\frac{\pi}{2}\cdot\frac{a^4}{4} = \frac{1}{4}Ma^2,$$

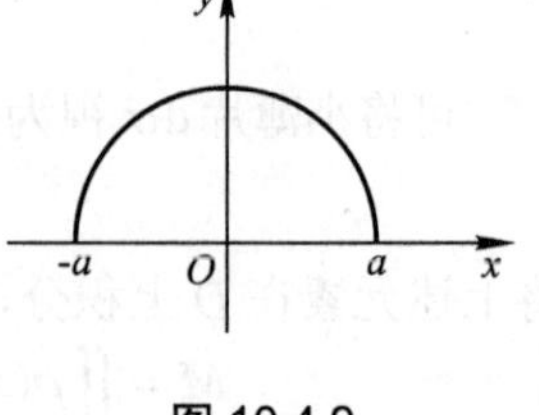

图 10.4.9

其中$M=\frac{1}{2}\pi a^2\rho$为薄片的质量.

习题

1. 求由$z=\sqrt{5-x^2-y^2}$及$x^2+y^2=4z$所围成的立体的体积.

2. 求锥面$z=\sqrt{x^2+y^2}$，圆柱面$x^2+y^2=1$及平面$z=0$所围立体的体积.

3. 求球面$x^2+y^2+z^2=a^2$含在圆柱面$x^2+y^2=ax$内部的那部分面积.

4. 求平面$\frac{x}{a}+\frac{y}{b}+\frac{z}{c}=1$被三个坐标面所割出部分的面积.

5. 设平面薄片所占的区域D为$ax\leqslant x^2+y^2\leqslant a^2(a>0)$，任一点的密度与该点到原点的距离成正比，求该薄片的重心.

6. 求由$y^2=ax$及直线$x=a$ ($a>0$)所围成的均匀薄片(面密度为常数ρ)关于y轴的转动惯量.

7. 求边长为a与b的矩形均匀薄片对两条边的转动惯量.

总　习　题

一、填空题

1. 设 $D=\{(x,y)|1\leqslant x^2+y^2\leqslant 4\}$，则 $\iint\limits_D x^2\mathrm{d}x\mathrm{d}y=$ ________.

2. 设 D 由抛物线 $y^2=x$ 及直线 $y=x-2$ 所围成，则 $\iint\limits_D 2xy^2\mathrm{d}x\mathrm{d}y=$ ________.

3. 设 $I=\int_0^1\mathrm{d}x\int_{x^2}^{x}f(x,y)\mathrm{d}y$，交换积分次序后，则 $I=$ ________.

4. 已知 D: $-1\leqslant x\leqslant 1,\ 0\leqslant y\leqslant 1$，则 $\iint\limits_D y\mathrm{e}^{xy}\mathrm{d}x\mathrm{d}y=$ ________.

二、判断题

1. 当 $f(x,y)\geqslant 0$ 时，二重积分 $\iint\limits_D f(x,y)\mathrm{d}x\mathrm{d}y$ 的几何意义是以 $z=f(x,y)$ 为曲顶，以 D 为底的曲顶柱体体积.　(　　)

2. 若 $f(x,y)$ 在 D: $a\leqslant x\leqslant b,\ c\leqslant y\leqslant d$ 上两个二次积分都存在，则必定有 $\int_a^b\mathrm{d}x\int_c^d f(x,y)\mathrm{d}y=\int_c^d\mathrm{d}y\int_a^b f(x,y)\mathrm{d}x$.　(　　)

3. 若 D: $x^2+y^2\leqslant 1$，$D_1=\left\{(x,y)\,\middle|\,x^2+y^2\leqslant 1,\ x\geqslant 0,\ y\geqslant 0\right\}$，则 $\iint\limits_D\sqrt{1-x^2-y^2}\mathrm{d}x\mathrm{d}y=2\iint\limits_{D_1}\sqrt{1-x^2-y^2}\mathrm{d}x\mathrm{d}y$.　(　　)

4. $\iint\limits_D f(x,y)\mathrm{d}x\mathrm{d}y=4\int_0^{\frac{\pi}{2}}\mathrm{d}\theta\int_1^2 f(r\cos\theta,r\sin\theta)\mathrm{d}r$. D: $1\leqslant x^2+y^2\leqslant 4$.　(　　)

三、选择题

1. 设 D 为 $x^2+y^2\leqslant 25$，则 $\iint\limits_D(x^2+y^2)\mathrm{d}\sigma$ (　　).

A. $4\int_0^5\mathrm{d}x\int_0^{25-x}(x^2+y^2)\mathrm{d}y$　　B. $4\int_0^5\mathrm{d}x\int_0^5 25\mathrm{d}y$

C. $\int_{-5}^5\mathrm{d}x\int_{-\sqrt{25-x^2}}^{\sqrt{25-x^2}}(x^2+y^2)\mathrm{d}y$　　D. $\int_0^{2\pi}\mathrm{d}x\int_0^5 r^3\mathrm{d}y$

2. $\int_0^1\mathrm{d}x\int_0^{1-x}f(x,y)\mathrm{d}y=$ (　　).

A. $\int_0^{1-x}\mathrm{d}y\int_0^1 f(x,y)\mathrm{d}x$　　B. $\int_0^1\mathrm{d}y\int_0^{1-x}f(x,y)\mathrm{d}x$

C. $\int_0^1\mathrm{d}y\int_0^1 f(x,y)\mathrm{d}x$　　D. $\int_0^1\mathrm{d}y\int_0^{1-y}f(x,y)\mathrm{d}x$

3. 设 D: $x^2+y^2\leqslant a^2$，当 a=(　　)时，$\iint\limits_D\sqrt{a^2-x^2+y^2}\mathrm{d}x\mathrm{d}y=\pi$.

A. 1　　B. $\sqrt[3]{\dfrac{3}{2}}$　　C. $\sqrt{\dfrac{3}{2}}$　　D. $\sqrt[3]{\dfrac{1}{2}}$

4. 当D是由(　　)围成的区域时，$\iint\limits_D \mathrm{d}x\mathrm{d}y=1$.

A. x轴、y轴及$2x+y-2=0$　　B. $x=1$，$x=2$及$y=3$，$y=4$

C. $|x|=\dfrac{1}{2}$, $|y|=\dfrac{1}{2}$　　D. $|x+y|=1$, $|x-y|=1$

四、综合题

1. 计算下列二重积分.

(1) $\iint\limits_D (100+2x+2y)\mathrm{d}\sigma$，其中$D=\{(x,y)|0\leqslant x\leqslant 1，-1\leqslant y\leqslant 1\}$；

(2) $\iint\limits_D xy\mathrm{d}\sigma$，其中$D$是由抛物线$y=\sqrt{x}$及直线$y=x^2$所围成的闭区域.

2. 交换二次积分的次序.

(1) $\int_1^{\mathrm{e}}\mathrm{d}x\int_0^{\ln x} f(x,y)\,\mathrm{d}y$；　　(2) $\int_0^2\mathrm{d}y\int_0^y f(x,y)\mathrm{d}x+\int_1^2\mathrm{d}y\int_0^{2-y} f(x,y)\,\mathrm{d}x$.

3. 利用极坐标计算下列积分.

(1) $\iint\limits_D \mathrm{e}^{x^2+y^2}\mathrm{d}\sigma$, D: $x^2+y^2\leqslant 4$；

(2) $\iint\limits_D y\mathrm{d}\sigma$, D: $x^2+y^2\leqslant a^2$, $x\geqslant 0$, $y\geqslant 0$.

4. 交换积分次序，证明

$$\int_0^1\mathrm{d}y\int_0^{\sqrt{y}}\mathrm{e}^y f(x)\,\mathrm{d}x=\int_0^2(\mathrm{e}-\mathrm{e}^2)f(x)\,\mathrm{d}x.$$

5. 计算$\iiint\limits_\Omega z\mathrm{d}v$，其中$\Omega$为$z=6-x^2-y^2$及$z=\sqrt{x^2+y^2}$所围成的闭区域.

6. 计算$\iiint\limits_\Omega z\mathrm{d}x\mathrm{d}y\mathrm{d}z$，其中$\Omega$是由曲面$z=x^2+y^2$与平面$z=4$围成的区域.

7. 计算$\iiint\limits_\Omega (x^2+y^2)\mathrm{d}x\mathrm{d}y\mathrm{d}z$，其中$\Omega$是由锥面$z^2=x^2+y^2$，$x=0$，$y=0$与$z=a\ (a>0)$所围成的第一卦限部分.

第 11 章　曲线积分与曲面积分

定积分的积分范围为数轴上一个区间，二重积分、三重积分的积分范围分别为平面上或空间内的一个闭区域，这些都是定积分的推广. 根据解决实际问题的需要，本章将把积分范围推广到一段曲线或一片曲面的情形(这样推广后的积分称为曲线积分和曲面积分)，主要介绍曲线积分和曲面积分的概念、性质、计算方法及它们的一些简单应用.

11.1　第一类曲线积分

11.1.1　第一类曲线积分的定义与性质

实例　曲线形构件的质量

在设计曲线形构件时，为了合理使用材料，应该根据构件各部分受力情况，把构件上各点处的粗细程度设计得不完全一样. 因此，可以认为此构件的线密度(单位长度的质量)是变量. 假设此构件所占的位置在 xOy 面内的一段曲线弧 L 上. 它的端点是 A、B，在 L 上任一点 (x,y) 处，它的线密度为 $\rho(x,y)$. 现在要计算此构件的质量 M (见图 11.1.1).

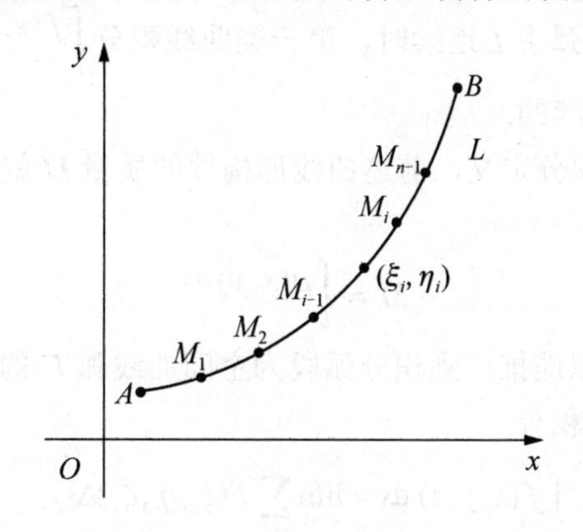

图 11.1.1

如果构件的线密度为常量，那么此构件的质量就等于它的线密度与长度的乘积. 现在构件上各点处的线密度是变量，就不能直接用上述方法来计算. 我们的做法是：在 L 上插入点 M_1，M_2，…，M_{n-1}，把 L 分成 n 个小段，取其中一小段构件 $\widehat{M_{i-1}M_i}$ 来分析. 在线密度连续变化的前提下，只要这一小段很短，就可以用这一小段上任一点 (ξ_i,η_i) 处的线密度代替这一小段上其他各点处的线密度，从而得到这一小段构件的质量的近似值为

$$\rho(\xi_i,\eta_i)\Delta s_i,$$

其中，Δs_i 表示 $\widehat{M_{i-1}M_i}$ 的长度. 于是整个曲线形构件的质量为

$$M \approx \sum_{i=1}^{n}\rho(\xi_i,\eta_i)\Delta s_i.$$

用λ表示n个小弧段的最大长度．为了计算M的精确值，取上式右端之和当$\lambda\to 0$时的极限，从而得到

$$M=\lim_{\lambda\to 0}\sum_{i=1}^{n}\rho(\xi_i,\eta_i)\Delta s_i .$$

这种和的极限在研究其他问题时也会遇到，有一定的普遍性，我们抽象成如下的数学概念．

定义 11.1.1 设L为xOy面内的一条光滑曲线弧，函数$f(x,y)$在L上有界．在L任意插入一点列$M_1,M_2,\cdots M_{n-1}$，把L分成n个小段．设第i个小段的长度为Δs_i，又(ξ_i,η_i)为第i个小段上任意取定的一点，作乘积$f(\xi_i,\eta_i)\Delta s_i\,(i=1,2,\cdots,n)$，并作和$\sum_{i=1}^{n}f(\xi_i,\eta_i)\Delta s_i$，如果当各小弧段的长度的最大值$\lambda\to 0$时，这和的极限总存在，则称此极限为函数$f(x,y)$在曲线弧$L$上第一类曲线积分或对弧长的曲线积分，记作$\int_L f(x,y)\,\mathrm{d}s$，即

$$\int_L f(x,y)\,\mathrm{d}s=\lim_{\lambda\to 0}\sum_{i=1}^{n}f(\xi_i,\eta_i)\Delta s_i ,$$

其中$f(x,y)$叫作被积函数，$f(x,y)\mathrm{d}s$叫作被积表达式，$\mathrm{d}s$叫作弧微分，L叫作积分弧段．

关于第一类曲线积分，有如下解释．

(1) 关于存在性，我们不加证明地给出结论．

当$f(x,y)$在光滑曲线弧上L连续时，第一类曲线积分$\int_L f(x,y)\,\mathrm{d}s$一定存在，以后我们总假设$f(x,y)$在$L$上是连续的．

(2) 根据第一类曲线积分定义，前述曲线形构件的质量M就是$\rho(x,y)$在曲线弧L上的第一类曲线积分，即

$$M=\int_L \rho(x,y)\,ds$$

(3) 上述定义可以类似地推广到积分弧段为空间曲线弧$\varGamma$的情形，即函数$f(x,y,z)$在曲线弧$\varGamma$上的第一类曲线积分

$$\int_\varGamma f(x,y,z)\,\mathrm{d}s=\lim_{\lambda\to 0}\sum_{i=1}^{n}f(\xi_i,\eta_i,\zeta_i)\Delta s_i .$$

(4) 如果L是闭曲线，那么函数$f(x,y)$在闭曲线上的第一类曲线积分记为$\oint_L f(x,y)\,\mathrm{d}s$.

由定义，容易得到第一类曲线积分有如下和定积分、重积分类似的性质．

性质 1 $\int_L[f(x,y)\pm g(x,y)]\mathrm{d}s=\int_L f(x,y)\,\mathrm{d}s\pm\int_L g(x,y)\,\mathrm{d}s$.

性质 2 $\int_L kf(x,y)\,\mathrm{d}s=k\int_L f(x,y)\,\mathrm{d}s$　(k为不等于零的常数)

性质 3 $\int_{L_1+L_2} f(x,y,z)\,\mathrm{d}s=\int_{L_1} f(x,y)\,\mathrm{d}s+\int_{L_2} f(x,y)\,\mathrm{d}s$　$(L=L_1+L_2)$，L_1+L_2表示两段光滑曲线弧L_1及L_2相连后的曲线弧．

11.1.2　第一类曲线积分的计算法

定理 11.1.1　设函数 $f(x,y)$ 定义在曲线弧 L 上且连续，L 的参数方程为

$$\begin{cases} x=\varphi(t) \\ y=\psi(t) \end{cases} \quad (\alpha \leqslant t \leqslant \beta),$$

其中 $x=\varphi(t)$，$y=\psi(t)$ 在 $[\alpha,\beta]$ 上具有一阶连续导数，且 $\varphi'^2(t)+\psi'^2(t)\neq 0$，即 L 是光滑曲线，则曲线积分 $\int_L f(x,y)\mathrm{d}s$ 存在，且

$$\int_L f(x,y)\mathrm{d}s=\int_\alpha^\beta f[\varphi(t),\psi(t)]\sqrt{\varphi'^2(t)+\psi'^2(t)}\mathrm{d}t \tag{11.1.1}$$

此定理证明略．只做如下解释：

(1) 上式给出了第一类曲线积分的计算公式，其计算方法就是把曲线积分化成定积分．

(2) 公式形式相当于做代换 $x=\varphi(t)$，$y=\psi(t)$，其中 $\sqrt{\varphi'^2(t)+\psi'^2(t)}\mathrm{d}t$ 相当于弧微分 $\mathrm{d}s$．

(3) 如果 L 为函数 $y=\varphi(x)$ 在区间 $[a,b]$ 的曲线弧，于是参数方程可写为

$$\begin{cases} x=x \\ y=\varphi(x) \end{cases} \quad (a \leqslant x \leqslant b),$$

则计算公式为

$$\int_L f(x,y)\mathrm{d}s=\int_a^b f[x,\varphi(x)]\sqrt{1+\varphi'^2(x)}\mathrm{d}x \tag{11.1.2}$$

同理，如果 L 为函数 $x=\psi(y)$ 在区间 $[c,d]$ 的曲线弧，于是参数方程可写为

$$\begin{cases} y=y \\ x=\psi(y) \end{cases} \quad (c \leqslant y \leqslant d),$$

则计算公式为

$$\int_L f(x,y)\mathrm{d}s=\int_c^d f[\psi(y),y]\sqrt{1+\psi'^2(y)}\mathrm{d}y \tag{11.1.3}$$

(4) 如果空间曲线 Γ 由参数方程

$$x=\varphi(t),\quad y=\psi(t),\quad z=\omega(t) \quad (\alpha \leqslant t \leqslant \beta)$$

给出，则有相应的计算公式

$$\int_\Gamma f(x,y,z)\mathrm{d}s=\int_\alpha^\beta f[\varphi(t),\psi(t),\omega(t)]\sqrt{\varphi'^2(t)+\psi'^2(t)+\omega'^2(t)}\mathrm{d}t \tag{11.1.4}$$

(5) 如果曲线 L 是由极坐标方程 $r=r(\theta)$，$\alpha \leqslant \theta \leqslant \beta$ 给定，由 $x=r(\theta)\cos\theta,\ y=r(\theta)\sin\theta,\ \mathrm{d}s=\sqrt{r^2(\theta)+r'^2(\theta)}\mathrm{d}\theta$，有计算公式

$$\int_L f(x,y)\mathrm{d}s=\int_\alpha^\beta f[r(\theta)\cos\theta,r(\theta)\sin\theta]\sqrt{r^2(\theta)+r'^2(\theta)}\mathrm{d}\theta \tag{11.1.5}$$

其中，$r(\theta)$ 导数连续．

例 11.1.1　计算 $\int_L xy\mathrm{d}s$，其中 L 是单位圆在第一象限部分．

解　曲线 L 的参数方程

$$x=\cos t,\ y=\sin t,\ 0\leqslant t\leqslant \frac{\pi}{2},$$

则
$$\int_L xy\mathrm{d}s=\int_0^{\frac{\pi}{2}}\cos t\sin t\sqrt{(-\sin t)^2+(\cos t)^2}\mathrm{d}t$$
$$=\int_0^{\frac{\pi}{2}}\sin t\cos t\mathrm{d}t=\frac{1}{2}.$$

例 11.1.2 已知函数 $y=\ln x$ 在以区间 $[1,2]$ 上的一段弧的线密度等于曲线上点横坐标的平方，求这段曲线的质量.

解 由题设知密度函数为 $f(x,y)=x^2$，曲线 L 为函数 $y=\ln x$ 在区间 $[1,2]$ 的一段曲线弧，于是所求质量

$$m=\int_L x^2\mathrm{d}s=\int_1^2 x^2\sqrt{1+\left(\frac{1}{x}\right)^2}\mathrm{d}x$$
$$=\int_1^2 x\sqrt{1+x^2}\mathrm{d}x=\frac{1}{3}(1+x^2)^{\frac{3}{2}}\Big|_1^2=\frac{1}{3}(5\sqrt{5}-2\sqrt{2}).$$

例 11.1.3 计算 $\int_L x|y|\mathrm{d}s$，其中 L 是椭圆 $x=a\cos t$，$y=b\sin t$ ($a>b>0$) 的右半部分.

解 L 的参数方程 $x=a\cos t$，$y=b\sin t$，$t\in\left[-\frac{\pi}{2},\frac{\pi}{2}\right]$，于是

$$\int_L x|y|\mathrm{d}s=\int_{-\frac{\pi}{2}}^{\frac{\pi}{2}}a\cos t|b\sin t|\sqrt{(-a\sin t)^2+(b\cos t)^2}\mathrm{d}t$$
$$=2ab\int_0^{\frac{\pi}{2}}\sin t\cos t\sqrt{a^2-(a^2-b^2)\cos^2 t}\mathrm{d}t$$
$$=ab\cdot\frac{1}{a^2-b^2}\int_0^{\frac{\pi}{2}}\sqrt{a^2-(a^2-b^2)\cos^2 t}\,\mathrm{d}[a^2-(a^2-b^2)\cos^2 t)]$$
$$=ab\cdot\frac{1}{a^2-b^2}\cdot\frac{2}{3}[a^2-(a^2-b^2)\cos^2 t)]^{\frac{3}{2}}\Big|_0^{\frac{\pi}{2}}$$
$$=\frac{2ab}{3(a+b)}(a^2+ab+b^2)$$

例 11.1.4 计算 $\int_\Gamma xyz\mathrm{d}s$，其中空间曲线 Γ 是由参数方程 $x=t$，$y=\frac{2t}{3}\sqrt{2t}$，$z=\frac{t^2}{2}$ ($0\leqslant t\leqslant 1$) 所确定的一段弧.

解
$$\int_L xyz\mathrm{d}s=\int_0^1 t\times\frac{2t}{3}\sqrt{2t}\times\frac{1}{2}t^2\times\sqrt{1+2t+t^2}\mathrm{d}t$$
$$=\int_0^1\frac{\sqrt{2}}{3}t^{\frac{3}{2}}(1+t)\mathrm{d}t=\frac{16\sqrt{2}}{143}$$

例 11.1.5 求螺旋线 Γ：$x=a\cos t$，$y=a\sin t$，$z=bt$ 一周(即 t 从 0 到 2π)之长 s.

解 所求曲线 Γ 弧长

$$s=\int_\Gamma \mathrm{d}s=\int_0^{2\pi}\sqrt{(-a\sin t)^2+(a\cos t)^2+b^2}\,\mathrm{d}t$$
$$=\int_0^{2\pi}\sqrt{a^2+b^2}\,\mathrm{d}t=2\pi\sqrt{a^2+b^2}\ .$$

习题

计算下列第一类曲线积分.

1. $\oint_L (x^2+y^2)^n\mathrm{d}s$，其中 L 为圆周 $x=a\cos t$, $y=a\sin t$ $(0\leqslant t\leqslant 2\pi)$.

2. $\int_L (x+y)\mathrm{d}s$，其中 L 为连接(1,0)及(0,1)两点的直线段.

3. $\oint_L x\mathrm{d}s$，其中 L 为由直线 $y=x$ 及抛物线 $y=x^2$ 所围成的区域的整个边界.

4. $\oint_L \mathrm{e}^{\sqrt{x^2+y^2}}\mathrm{d}s$，其中 L 为圆周 $x^2+y^2=a$，直线 $y=x$ 及 x 轴在第一象限内所围成的扇形的整个边界.

5. $\int_L y^2\mathrm{d}s$，其中 L 为摆线 $x=a(t-\sin t)$，$y=a(1-\cos t)$ $(0\leqslant t\leqslant 2\pi)$ 的一拱.

6. $\int_\Gamma \dfrac{1}{x^2+y^2+z^2}\mathrm{d}s$，其中 Γ 为曲线 $x=\mathrm{e}^t\cos t$，$y=\mathrm{e}^t\sin t$，$z=\mathrm{e}^t$ 上相应于 t 从 0 变到 2 的这段弧.

7. $\oint_L (x^2+y^2)\mathrm{d}s$，其中 L 是星形线 $x^{\frac{2}{3}}+y^{\frac{2}{3}}=a^{\frac{2}{3}}$ 的一周.

11.2　第二类曲线积分

11.2.1　第二类曲线积分的定义与性质

实例　变力沿曲线所做的功

设一个质点在 xOy 面内从点 A 沿光滑曲线弧 L 移动到点 B. 在移动过程中，此质点受到力

$$\boldsymbol{F}(x,y)=P(x,y)\boldsymbol{i}+Q(x,y)\boldsymbol{j}$$

的作用，其中函数在 L 上连续. 要计算在上述移动过程中变力 $F(x,y)$ 所做的功(见图 11.2.1).

分析　我们知道，如果力 $\boldsymbol{F}$ 是常力，且质点从 A 沿直线移动到 B，那么常力 $\boldsymbol{F}$ 所做的功 W 等于两个向量 $\boldsymbol{F}$ 与 $\overrightarrow{AB}$ 的数量积，即

$$W=\boldsymbol{F}\cdot\overrightarrow{AB}\ .$$

现在 $\boldsymbol{F}(x,y)$ 是变力，且质点沿曲线 L 移动，功 W 不能直接按以上公式计算. 但是在 11.1 节中用来处理构件质量问题的方法，原则上也适用于目前的问题.

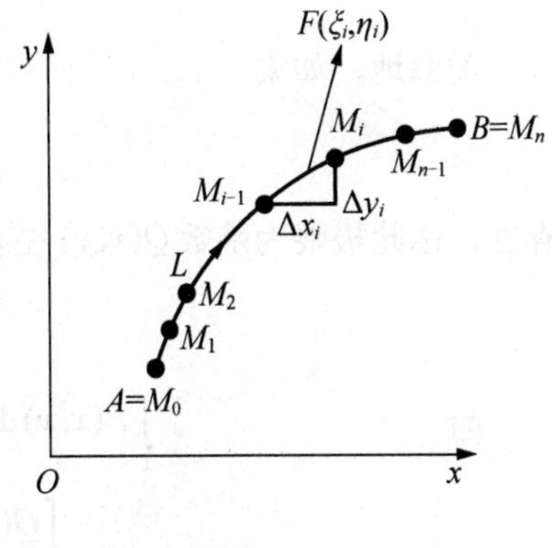

图 11.2.1

在L上的点$M_1(x_1,y_1)$，$M_2(x_2,y_2)$，…，$M_{n-1}(x_{n-1},y_{n-1})$把L分成n个小段，取其中一条有向小弧段$\overset{\frown}{M_{i-1}M_i}$，由于$\overset{\frown}{M_{i-1}M_i}$很短，就用有向直线段

$$\overrightarrow{M_{i-1}M_i}=(\Delta x_i)\boldsymbol{i}+(\Delta y_i)\boldsymbol{j}$$

来近似代替，其中$\Delta x_i=x_i-x_{i-1}$，$\Delta y_i=y_i-y_{i-1}$，小弧段$\overset{\frown}{M_{i-1}M_i}$上变力用小弧段$\overset{\frown}{M_{i-1}M_i}$上一点$(\xi_i\eta_i)$处的力

$$\boldsymbol{F}(\xi_i,\eta_i)=P(\xi_i,\eta_i)\boldsymbol{i}+Q(\xi_i,\eta_i)\boldsymbol{j}$$

来近似代替，于是，小弧段$\overset{\frown}{M_{i-1}M_i}$上变力所做的功$\Delta W_i$就近似地等于常力$F(\xi_i,\eta_i)$在有向直线段$\overrightarrow{M_{i-1}M_i}$上所做的功：

$$\Delta W_i\approx F(\xi_i,\eta_i)\cdot\overrightarrow{M_{i-1}M_i},$$

即
$$\Delta W_i\approx\boldsymbol{F}(\xi_i,\eta_i)\cdot\overrightarrow{M_{i-1}M_i}=P(\xi_i,\eta_i)\Delta x_i+Q(\xi_i,\eta_i)\Delta y_i.$$

于是变力$\boldsymbol{F}(x,y)$沿曲线从点A移动到点B所做的功为

$$W=\sum_{i=1}^{n}\Delta W_i\approx\sum_{i=1}^{n}[P(\xi_i,\eta_i)\Delta x_i+Q(\xi_i,\eta_i)\Delta y_i].$$

用λ表示n个小弧段的最大长度．当$\lambda\to0$时的极限，就是变力所做的功，即

$$W=\lim_{\lambda\to0}\sum_{i=1}^{n}[P(\xi_i,\eta_i)\Delta x_i+Q(\xi_i,\eta_i)\Delta y_i].$$

这种和的极限在研究其他问题时也会遇到，有一定的普遍性，我们抽象成如下的数学概念．

定义 11.2.1 设L为xOy面内从点A到点B的一条有向光滑曲线弧，函数$P(x,y)$，$Q(x,y)$在L上有界，在L上从A点到B点的方向任意插入$n-1$个点$M_1(x_1,y_1)$，$M_2(x_2,y_2)$，…，$M_{n-1}(x_{n-1},y_{n-1})$，把L分成n个小段，取其中一条有向小弧段$\overset{\frown}{M_{i-1}M_i}$，设$\Delta x_i=x_i-x_{i-1}$，$\Delta y_i=y_i-y_{i-1}$，在小弧段$\overset{\frown}{M_{i-1}M_i}$上任取一点$(\xi_i,\eta_i)$，用$\lambda$表示$n$个小弧段的最大长度．如果

$$\lim_{\lambda\to0}\sum_{i=1}^{n}P(\xi_i,\eta_i)\Delta x_i$$

存在，称此极限为函数$P(x,y)$在有向曲线L上对坐标x的曲线积分，记作

$$\int_L P(x,y)\mathrm{d}x.$$

类似地，如果

$$\lim_{\lambda\to0}\sum_{i=1}^{n}Q(\xi_i,\eta_i)\Delta y_i$$

存在，称此极限为函数$Q(x,y)$在有向曲线L上对坐标y的曲线积分，记作

$$\int_L Q(x,y)\mathrm{d}y.$$

即
$$\int_L P(x,y)\,\mathrm{d}x=\lim_{\lambda\to0}\sum_{i=1}^{n}P(\xi_i,\eta_i)\Delta x_i$$

$$\int_L Q(x,y)\mathrm{d}y=\lim_{\lambda\to0}\sum_{i=1}^{n}Q(\xi_i,\eta_i)\Delta y_i$$

将 $\int_L P(x,y)\mathrm{d}x$ 和 $\int_L Q(x,y)\mathrm{d}y$ 统称为第二类曲线积分，也称为对坐标的曲线积分，函数 $P(x,y)$、$Q(x,y)$ 叫作被积函数，x、y 叫作积分变量，L 叫作积分曲线.

我们把 $\int_L P(x,y)\mathrm{d}x$ 与 $\int_L Q(x,y)\mathrm{d}y$ 的和写成 $\int_L P(x,y)\mathrm{d}x+Q(x,y)\mathrm{d}y$，即

$$\int_L P(x,y)\mathrm{d}x+Q(x,y)\mathrm{d}y=\int_L P(x,y)\mathrm{d}x+\int_L Q(x,y)\mathrm{d}y$$
$$=\lim_{\lambda\to 0}\sum_{i=1}^{n}P(\xi_i,\eta_i)\Delta x_i+\lim_{\lambda\to 0}\sum_{i=1}^{n}Q(\xi_i,\eta_i)\Delta y_i .$$

变力 $\boldsymbol{F}(x,y)=P(x,y)\boldsymbol{i}+Q(x,y)\boldsymbol{j}$ 沿光滑曲线弧 L 所做的功 W，就是一个第二类曲线积分：

$$W=\int_L P(x,y)\mathrm{d}x+Q(x,y)\mathrm{d}y .$$

类似地，我们可以推广出有向积分弧段为空间曲线 Γ 的第二类曲线积分.

对于第二类曲线积分，可以得出以下结论.

如果 $P(x,y)$，$Q(x,y)$ 是定义在有向光滑曲线弧 L 上的连续函数，则 $\int_L P(x,y)\mathrm{d}x$ 与 $\int_L Q(x,y)\mathrm{d}y$ 一定存在.

根据第二类曲线积分的定义，可以推导出下述性质.

性质 1　设 L 为有向曲线，$-L$ 为与 L 方向相反的有向曲线，则

$$\int_{-L} P(x,y)\mathrm{d}x=-\int_L P(x,y)\mathrm{d}x$$
$$\int_{-L} Q(x,y)\mathrm{d}y=-\int_L Q(x,y)\mathrm{d}y$$

可见，第二类曲线积分与曲线方向有关，在同一条曲线上，如果方向改变，那么积分改变符号.

性质 2　如果把有向曲线 L 分为首尾相连的 L_1 和 L_2 两条有向曲线，记为 $L=L_1+L_2$，那么有

$$\int_L P\mathrm{d}x+Q\mathrm{d}y=\int_{L_1} P\mathrm{d}x+Q\mathrm{d}y+\int_{L_2} P\mathrm{d}x+Q\mathrm{d}y .$$

这一性质说明第二类曲线积分关于曲线有可加性.

第二类曲线积分还有类似于其他类型积分(定积分)的性质，这里不一一赘述.

11.2.2　第二类曲线积分的计算法

定理 11.2.1　设 L 为 xOy 面内从点 A 到点 B 的一条有向光滑曲线弧，$P(x,y)$，$Q(x,y)$ 在 L 上有定义，且连续，L 的参数方程为

$$\begin{cases}x=\varphi(t)\\ y=\psi(t)\end{cases}$$

当 t 单调地从 α 变到 β 时，点 $M(x,y)$ 从 L 的起点 A 沿 L 变到终点 B，且 $\varphi(t)$，$\psi(t)$ 在以 α，β 为端点的闭区间上具有一阶连续导数，且 $\varphi'^2(t)+\psi'^2(t)\neq 0$，则 $\int_L P(x,y)\mathrm{d}x+Q(x,y)\mathrm{d}y$ 存在，且

$$\int_L P(x,y)\mathrm{d}x + Q(x,y)\mathrm{d}y = \int_\alpha^\beta \{P[\varphi(t),\psi(t)]\varphi'(t) + Q[\varphi(t),\psi(t)]\psi'(t)\}\mathrm{d}t . \tag{11.2.1}$$

此定理的证明略，请感兴趣的读者自己查阅.

注意：(1)下限α为L的起点A对应参数，上限β为L的终点B对应参数，α不一定小于β.

(2) 此公式可推广到空间有向光滑曲线弧Γ由参数方程

$$x=\varphi(t),\ y=\psi(t),\ z=\omega(t)$$

给出的情形，这样便得到

$$\int_\Gamma P(x,y,z)\mathrm{d}x + Q(x,y,z)\mathrm{d}y + R(x,y,z)\mathrm{d}z$$

$$=\int_\alpha^\beta \{P[\varphi(t),\psi(t),\omega(t)]\varphi'(t) + Q[\varphi(t),\psi(t),\omega(t)]\psi'(t) + R[\varphi(t),\psi(t),\omega(t)]\omega'(t)\}\mathrm{d}t \tag{11. 2. 2}$$

在这里，下限α为Γ的起点对应的参数，上限β为Γ的终点对应的参数.

例 11.2.1 设L是抛物线$y^2=x$上从$A(1,-1)$至$B(1,1)$的一段弧(见图 11.2.2)，计算$\int_L xy\mathrm{d}x$.

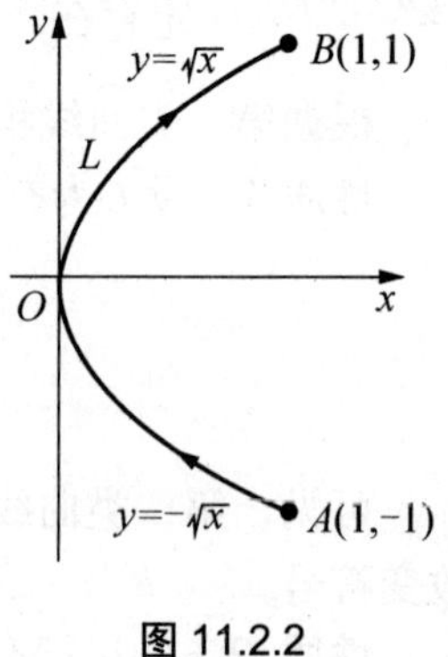

图 11.2.2

解法一 化为对x的积分计算，应注意到：当点沿L由A到B时，它的横坐标x先由 1 变到 0，然后又由 0 回到 1，因此，必须分两部分计算，即

$$\int_L xy\mathrm{d}x = \int_{(\overset{\frown}{AO})} xy\mathrm{d}x + \int_{(\overset{\frown}{OB})} xy\mathrm{d}x$$

而$\overset{\frown}{AO}$的方程是：$y=-\sqrt{x}$，$\overset{\frown}{OB}$的方程是：$y=\sqrt{x}$. 因此

$$\int_{(\overset{\frown}{AO})} xy\mathrm{d}x = -\int_1^0 x\sqrt{x}\mathrm{d}x = \int_0^1 x^{\frac{3}{2}}\mathrm{d}x = \frac{2}{5}$$

$$\int_{(\overset{\frown}{OB})} xy\mathrm{d}x = \int_0^1 x\sqrt{x}\mathrm{d}x = \int_0^1 x^{\frac{3}{2}}\mathrm{d}x = \frac{2}{5}$$

$$\int_L xy\mathrm{d}x = \frac{2}{5}+\frac{2}{5}=\frac{4}{5}.$$

解法二 化为对y的积分计算，当点沿L由A到B时，它的纵坐标y先由−1 变到+1，则

$$\int_L xy\mathrm{d}x = \int_{-1}^1 y^2 y 2y\mathrm{d}y = 2\int_{-1}^1 y^4\mathrm{d}y = \frac{2}{5}y^5\Big|_{-1}^1 = \frac{4}{5}.$$

这显然简便得多. 因此，当L是由直角坐标方程给定时，所要计算的积分可按解法一进行，亦可按解法二进行，但有繁简之差别，应合理选择.

例 11.2.2 设一质点在变力$\boldsymbol{F}=(x^3,\ 3y^2z,\ -x^2y)$的作用下，从点$A(3,\ 2,\ 1)$沿直线段移动到点$B(0,\ 0,\ 0)$，求力$\boldsymbol{F}$所做的功.

解 直线段AB的方向向量为$\boldsymbol{s}=(3,\ 2,\ 1)$，且过点$B(0,\ 0,\ 0)$，故其方程为

$$\frac{x}{3}=\frac{y}{2}=\frac{z}{1},$$

化为参数方程，得 $x=3t$，$y=2t$，$z=t$，t 从 1 变到 0.

所求的功为

$$\begin{aligned}W&=\int_L x^3\mathrm{d}x+3zy^2\mathrm{d}y-x^2y\mathrm{d}z\\&=\int_1^0[(3t)^3\cdot 3+3t\cdot(2t)^2\cdot 2-(3t)^2\cdot 2t]\mathrm{d}t\\&=87\int_0^1 t^3\mathrm{d}t=-\frac{87}{4}\end{aligned}$$

例 11.2.3　计算 $\int_L x^2\mathrm{d}x+(y-x)\mathrm{d}y$，其中：

(1) L 是圆心在原点，由点 $A(a,\ 0)$ 到点 $B(-a,\ 0)$ 的半径为 a 的上半圆周(见图 11.2.3)；

(2) L 是由点 $A(a,\ 0)$ 到点 $B(-a,\ 0)$ 的直径 AOB.

解　(1) L 的方程为

$$\begin{cases}x=a\cos t\\y=a\sin t\end{cases}\quad(0\leqslant t\leqslant\pi)$$

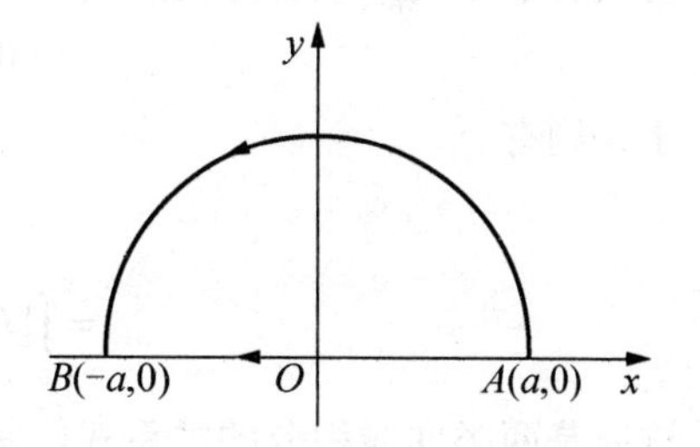

图 11.2.3

于是有

$$\begin{aligned}&\int_L x^2\mathrm{d}x+(y-x)\mathrm{d}y\\&=\int_0^\pi[(a^2\cos^2 t)a\sin t\times(-1)+(a\sin t-a\cos t)a\cos t]\mathrm{d}t\\&=a^3\left.\frac{\cos^3 t}{3}\right|_0^\pi+a^2\left.\frac{\sin^2 t}{2}\right|_0^\pi-\frac{1}{2}a^2\left.\left(t+\frac{\sin 2t}{2}\right)\right|_0^\pi=-\frac{2a^3}{3}-\frac{\pi}{2}a^2\end{aligned}$$

(2) L 的方程为 $y=0$，$-a\leqslant x\leqslant a$，于是有

$$\int_L x^2\mathrm{d}x+(y-x)\mathrm{d}y=\int_a^{-a}x^2\mathrm{d}x=-\frac{2}{3}a^3.$$

本例中不同曲线起、终点相同，积分值不同. 说明第二类曲线积分的值不仅与起、终点有关，还与积分路径的选取有关.

例 11.2.4　计算 $\int_L(x+y)\mathrm{d}x+(x-y)\mathrm{d}y$，其中 L 分别为

(1) 单位圆弧在第一象限的部分，方向是逆时针方向；

(2) 由 $A(1,\ 0)$ 到点 $B(0,\ 1)$ 经过 $O(0,\ 0)$ 的折线 AOB.

解 (1) 单位圆弧的参数方程是 $x=\cos t, y=\sin t$，当参数 θ 从 0 变到 $\frac{\pi}{2}$ 的有向曲线弧，因此

$$\begin{aligned}&\int_L(x+y)\mathrm{d}x+(x-y)\mathrm{d}y\\&=\int_0^{\frac{\pi}{2}}[(\cos t+\sin t)(-\sin t)+(\cos t-\sin t)\cos t]\mathrm{d}t\\&=\int_0^{\frac{\pi}{2}}(\cos 2t-\sin 2t)\mathrm{d}t=-1.\end{aligned}$$

(2) AO 的方程是 $y=0\ (0\leqslant x\leqslant 1)$，$OB$ 的方程是 $x=0\ (0\leqslant y\leqslant 1)$，于是

$$\int_{(\overset{\frown}{AOB})}(x+y)\mathrm{d}x+(x-y)\mathrm{d}y=\int_{(\overset{\frown}{AO})}(x+y)\mathrm{d}x+\int_{(\overset{\frown}{OB})}(x+y)\mathrm{d}y$$

$$=\int_1^0 x\mathrm{d}x+\int_0^1(-y)\mathrm{d}y=-\frac{1}{2}-\frac{1}{2}=-1$$

在本例中，不同曲线起、终点相同，积分值却相同. 说明该第二类曲线积分的值仅与起、终点有关，而与积分路径的选取无关. 下节将专门讨论这个问题.

11.2.3　两类曲线积分之间的联系

对平面上的曲线段 L，由于在

$$\int_L P(x,y)\mathrm{d}x+Q(x,y)\mathrm{d}y$$

中已经考虑了曲线 L 的方向，如果我们约定用曲线的方向也来规定切线的方向，于是切线也就有了方向，设有方向的切线 T 与 x 轴、y 轴的交角分别为 α 与 β，则有

$$\mathrm{d}x=\cos\alpha\mathrm{d}s,\ \mathrm{d}y=\cos p\mathrm{d}s$$

于是则有

$$\int_L P(x,y)\mathrm{d}x+Q(x,y)\mathrm{d}y$$

$$=\int_L[P(x,y)\cos\alpha+Q(x,y)\cos\beta]\mathrm{d}s$$

这就是两类曲线积分的关系式，其中 $\cos\alpha$，$\cos\beta$ 为 L 切线的方向余弦.

同样，对于空间第二类曲线积分，我们也有

$$\int_\Gamma P\mathrm{d}x+Q\mathrm{d}y+R\mathrm{d}z=\int_\Gamma[P\cos\alpha+Q\cos\beta+R\cos\gamma]\mathrm{d}s \tag{11.2.3}$$

其中 $\cos\alpha$，$\cos\beta$，$\cos\gamma$ 为 Γ 切线的方向余弦.

习题

1. 计算下列第二类曲线积分.

(1) $\int_L(x+y)\mathrm{d}x+(y-x)\mathrm{d}y$，其中 L 是曲线 $x=2t^2+t+1,\ y=t^2+1$ 上从点(1,1)到点(4,2)的一段弧；

(2) $\int_L(1+2xy)\mathrm{d}x+x^2\mathrm{d}y$，其中 L 是从点(1,0)到点(−1,0)的上半椭圆周 $x^2+2y^2=1\ (y\geqslant 0)$；

(3) $\oint_L\cos y\mathrm{d}x+\cos x\mathrm{d}y$，其中 L 是由直线 $y=x$，$x=\pi$ 和 x 轴所围成三角形的正向边界；

(4) $\int_L(x^2+y^2)\mathrm{d}x+(x^2-y^2)\mathrm{d}y$，其中 L 是从点 $A(0,0)$ 到点 $B(1,1)$，再到点 $C(2,0)$ 的折线段；

(5) $\int_L(x^2-y^2)\mathrm{d}x$，其中 L 是抛物线 $y=x^2$ 上从点(−1,1)到点(1,1)的一段弧；

(6) $\int_{\Gamma} x^2 \mathrm{d}x + z\mathrm{d}y - y\mathrm{d}z$，其中 Γ 是螺旋线 $x = k\theta$, $y = a\cos\theta$, $z = a\sin\theta$ 上对应于 $\theta = 0$ 到 $\theta = \pi$ 的一段弧．

2. 计算曲线积分 $\int_L (2a - y)\mathrm{d}x + x\mathrm{d}y$，其中 L 是从原点起沿摆线 $x = a(t - \sin t)$，$y = a(1 - \cos t)$ 的第一拱到 $(2a\pi,\ 0)$ 的一段弧．

3. 计算曲线积分 $\oint_L \dfrac{y\mathrm{d}x - x\mathrm{d}y}{x^2 + y^2}$，其中 L 为椭圆 $x^2 + 4y^2 = 144$ 的正向．

4. 一力场由横轴正向的常力 $\boldsymbol{F}$ 所构成．试求当一质量为 m 的质点在力 $\boldsymbol{F}$ 的作用下沿圆周 $x^2 + y^2 = R^2$ 按逆时针方向移到位于第一象限的一段弧时力 $\boldsymbol{F}$ 所做的功．

11.3　格林公式、平面曲线积分与路径无关的条件

11.3.1　格林公式

在一元函数积分学中，牛顿-莱布尼兹公式

$$\int_a^b f(x)\mathrm{d}x = F(b) - F(a)\,,\quad (F'(x) = f(x))$$

给出了 $f(x)$ 在区间 $[a\,,b]$ 的定积分与它的原函数 $F(x)$ 在这个区间端点处的函数值的关系．

本节介绍的格林公式(Green 公式)揭示了在有界闭区域 D 上的二重积分与 D 的边界曲线 L 上的曲线积分之间的关系．可以看作是牛顿-莱布尼兹公式的推广．

现在我们先介绍平面单连通区域的概念．

定义 11.3.1　设 D 为平面区域，若 D 内任一闭曲线所围的部分都属于 D，则称 D 为平面单连通区域，否则称为复连通区域．

通俗地说，平面单连通区域是不含洞的区域(包括点洞)，复连通区域是含有洞的区域(包括点洞)．例如，平面上的圆形区域 $\{(x,y): x^2 + y^2 < 4\}$ 和右半平面 $\{(x,y): x > 4\}$ 都是单连通区域；圆环形区域 $\{(x,y): 1 < x^2 + y^2 < 4\}$ 和去心圆盘 $\{(x,y): 0 < x^2 + y^2 < 4\}$ 都是复连通区域．

图 11.3.1

我们规定关于平面 D 的边界曲线 L 的正方向如下：当观测者沿 L 行走时，D 内在他邻近的那一部分总在他的左侧．例如 D 是由边界曲线 L 和 l 所围成的复连通区域，见图 11.3.1，作为 D 的正向边界，L 的正向是逆时针方向，l 的方向是顺时针方向．再如，对于圆形区域 $\{(x,y): x^2 + y^2 < 4\}$，逆时针的圆周 $x^2 + y^2 = 4$ 是它的正向边界曲线；对于圆环形区域 $\{(x,y): 1 < x^2 + y^2 < 4\}$，逆时针的圆周 $x^2 + y^2 = 4$ 与顺时针的圆周 $x^2 + y^2 = 1$ 是它的正向边界曲线．

定理 11.3.1　(格林公式)设平面闭区域 D 由光滑或分段光滑的曲线 L 围成，函数 $P(x,y)$ 和 $Q(x,y)$ 在 D 上具有一阶连续偏导数，则有

$$\iint\limits_{D}\left(\frac{\partial Q}{\partial x}-\frac{\partial P}{\partial y}\right)\mathrm{d}x\mathrm{d}y=\oint\limits_{L}P\mathrm{d}x+Q\mathrm{d}y \tag{11.3.1}$$

其中，L 为 D 的正向边界曲线.

证明 为了证明本定理，按照积分区域为单连通和复连通，分两种情况进行讨论.

(1) 先考虑对积分区域 D 既为 $X-$ 型又为 $Y-$ 型区域的情形(见图 11.3.2).

L_2： $y=\varphi_2(x)$，由于 $\dfrac{\partial P}{\partial y}$ 连续，所以由二重积分的计算法有

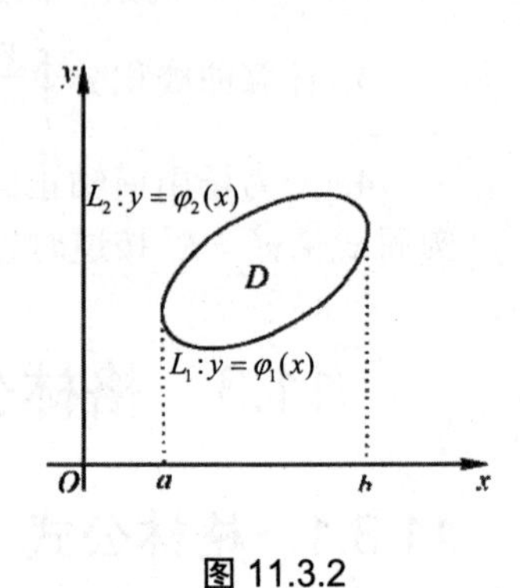

图 11.3.2

$$\iint\limits_{D}\frac{\partial P}{\partial y}\mathrm{d}x\mathrm{d}y=\int_a^b\mathrm{d}x\int_{\varphi_1(x)}^{\varphi_2(x)}\frac{\partial P(x,y)}{\partial y}\mathrm{d}y$$

$$=\int_a^b\{P[x_1,\varphi_2(x)]-P[x_1,\varphi_1(x)]\}\mathrm{d}x.$$

L_1： $y=\varphi_1(x)$，又 $\oint\limits_{L}P\mathrm{d}x=\oint\limits_{L_1}P\mathrm{d}x+\oint\limits_{L_2}P\mathrm{d}x=\int_a^b P[x_1,\varphi_1(x)]\mathrm{d}x$
$+\int_a^b P[x_1,\varphi_2(x)]\mathrm{d}x$

$$=\int_a^b\{P[x_1,\varphi_1(x)]-P[x_1,\varphi_2(x)]\}\mathrm{d}x.$$

因此，$-\iint\limits_{D}\dfrac{\partial P}{\partial y}\mathrm{d}x\mathrm{d}y=\oint\limits_{L}P\mathrm{d}x$.

对于 $Y-$ 型区域，同理可证 $\iint\limits_{D}\dfrac{\partial Q}{\partial x}\mathrm{d}x\mathrm{d}y=\int\limits_{L}Q\mathrm{d}x$，所以原式成立.

(2) 再考虑积分区域 D 为一般平面区域的情形. 如果 D 的边界曲线 L 与平行坐标轴的直线的交点多于两个，可利用几条辅助曲线把 D 分为有限个部分区域，使得每个部分区域都属于(1)中所讲的形状，例如，D 为图 11.3.3 所示的区域时，用辅助线 AB 将 D 分为 D_1,D_2,D_3，则根据重积分的性质有

$$\iint\limits_{D}\left(\frac{\partial Q}{\partial x}-\frac{\partial P}{\partial y}\right)\mathrm{d}\sigma=\iint\limits_{D_1}\left(\frac{\partial Q}{\partial x}-\frac{\partial P}{\partial y}\right)\mathrm{d}\sigma+\iint\limits_{D_2}\left(\frac{\partial Q}{\partial x}-\frac{\partial P}{\partial y}\right)\mathrm{d}\sigma. \tag{11.3.2}$$

再根据(1)的结果，有

$$\iint\limits_{D_1}\left(\frac{\partial Q}{\partial x}-\frac{\partial P}{\partial y}\right)\mathrm{d}x\mathrm{d}y=\int\limits_{\overset{\frown}{MCBAM}}P\mathrm{d}x+Q\mathrm{d}y \tag{11.3.3}$$

$$\iint\limits_{D_2}\left(\frac{\partial Q}{\partial x}-\frac{\partial P}{\partial y}\right)\mathrm{d}x\mathrm{d}y=\oint\limits_{\overset{\frown}{ABPA}}P\mathrm{d}x+Q\mathrm{d}y \tag{11.3.4}$$

$$\iint\limits_{D_3}\left(\frac{\partial Q}{\partial x}-\frac{\partial P}{\partial y}\right)\mathrm{d}x\mathrm{d}y=\oint\limits_{\overset{\frown}{BCNB}}P\mathrm{d}x+Q\mathrm{d}y \tag{11.3.5}$$

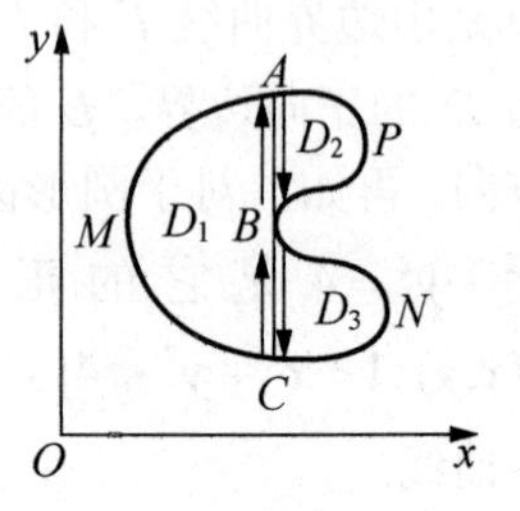

图 11.3.3

将式(11.3.3)、式(11.3.4)、式(11.3.5)相加后，代入式(13.3.1)即得.

由此可见，式(11.3.1)对于任何形式的单连通区域都成立.

注 (1) $P(x,y)$ 和 $Q(x,y)$ 在积分区域 D 上具有一阶连续偏导数；

(2) 复连通区域 D，格林公式的右端应包括区域 D 的全部正向边界曲线上的曲线积分.

例 11.3.1　计算 $I=\oint_L y\mathrm{d}x-(\mathrm{e}^{y^2}+x)\mathrm{d}y$．$L$ 是以 (0, 0),(1, 0),(1, 1),(0, 1) 为顶点的正向正方形边界.

解　设 $P(x,y)=y$，$Q(x,y)=-(\mathrm{e}^{y^2}+x)$．则有 $\dfrac{\partial P}{\partial y}=1$，$\dfrac{\partial Q}{\partial x}=-1$，显然，满足格林公式条件

$$I=\iint_D(-2)\mathrm{d}\sigma=-2S_D=-2.$$

例 11.3.2　计算 $I=\int_L(\mathrm{e}^x\sin y-y)\mathrm{d}x+(\mathrm{e}^x\cos y-1)\mathrm{d}y$，$L$ 是由点 $A(a,0)$ 至点 $O(0,\ 0)$ 的上半圆周(见图 11.3.4).

解　设 $P(x,y)=\mathrm{e}^x\sin y-y$，$Q(x,y)=\mathrm{e}^x\cos y-1$．则有 $\dfrac{\partial P}{\partial y}=\mathrm{e}^x\cos y-1$，$\dfrac{\partial Q}{\partial x}=\mathrm{e}^x\cos y$，满足格林公式条件，所以

$$\begin{aligned}I&=\iint_D\mathrm{d}\sigma-\int_{\overset{\frown}{OA}}(\mathrm{e}^x\sin y-y)\mathrm{d}x+(\mathrm{e}^x\cos y-1)\mathrm{d}y\\&=\frac{\pi}{2}\left(\frac{a}{2}\right)^2-0=\frac{\pi a^2}{8}.\end{aligned}$$

例 11.3.3　计算 $I=\oint_L\dfrac{(x+y)\mathrm{d}x-(x-y)\mathrm{d}y}{x^2+y^2}$，其中 L 分别为

(1) 不包含也不经过原点的任意闭曲线 L_1；

(2) 包含原点的任意闭曲线 L_2 (见图 11.3.5).

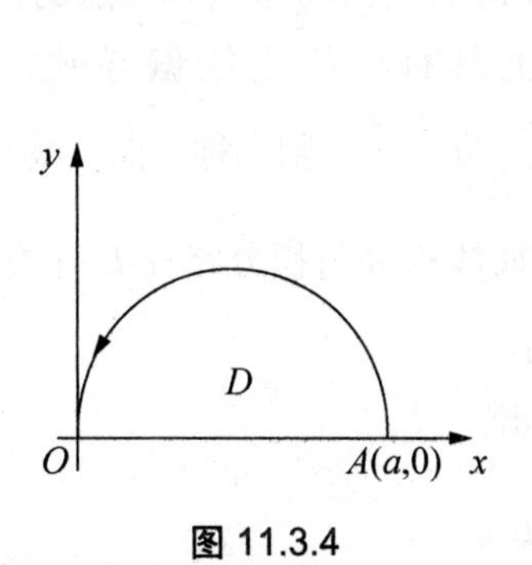

图 11.3.4

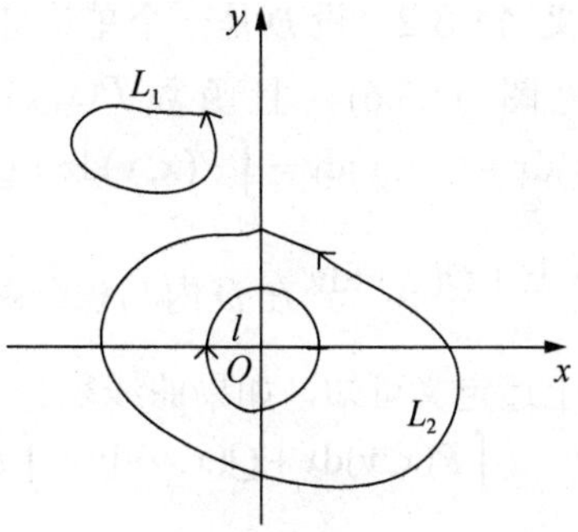

图 11.3.5

解　(1) 设考虑格林公式，由于 $P(x,y)=\dfrac{x+y}{x^2+y^2}$，$Q(x,y)=\dfrac{-x+y}{x^2+y^2}$，且 $\dfrac{\partial P}{\partial y}=\dfrac{x^2-2xy-y^2}{(x^2+y^2)^2}$，$\dfrac{\partial Q}{\partial x}=\dfrac{x^2-2xy-y^2}{(x^2+y^2)^2}$，满足格林公式条件，所以

$$I=\iint_D\left(\frac{\partial Q}{\partial x}-\frac{\partial P}{\partial y}\right)\mathrm{d}\sigma=0.$$

(2) 由于 L_2 包含原点导致 P、Q 在所围区域 D 内不具有一阶连续偏导数，所以 D 为复

连通区域，直接积分很困难也不现实．为了去掉原点，需构造辅助线 L_3：$\{(x,y)\mid x^2+y^2=r^2\}$(见图 11.3.5)得新区域 D'，则

$$I=\oint_{L_2+L_3}\frac{(x+y)\mathrm{d}x-(x-y)\mathrm{d}y}{x^2+y^2}=\iint_{D'}\left(\frac{\partial Q}{\partial x}-\frac{\partial P}{\partial y}\right)\mathrm{d}x\mathrm{d}y=0,$$

得

$$\oint_{L_2}\frac{(x+y)\mathrm{d}x-(x-y)\mathrm{d}y}{x^2+y^2}=-\oint_{L_3}\frac{(x+y)\mathrm{d}x-(x-y)\mathrm{d}y}{x^2+y^2}=-2\pi.$$

下面举例说明格林公式的简单应用.

几何应用：在格林公式中，取 $P=-y$，$Q=x$，则

$$2\iint_D\mathrm{d}x\mathrm{d}y=\oint_L -y\mathrm{d}x+x\mathrm{d}y$$

因此闭区域 D 的面积 $A=\iint_D\mathrm{d}x\mathrm{d}y=\dfrac{1}{2}\oint_L x\mathrm{d}y-y\mathrm{d}x$.

例 11.3.4 计算椭圆 $\dfrac{x^2}{a^2}+\dfrac{y^2}{b^2}=1$ 的面积.

解 将椭圆的方程写成

$$x=a\cos t,\ y=b\sin t,\ 0\leqslant t\leqslant 2\pi,$$

则

$$A=\oint_L(x\mathrm{d}y-y\mathrm{d}x)=\frac{1}{2}\int_0^{2\pi}(ab\cos^2 t+ab\sin^2 t)\mathrm{d}t=\pi ab$$

11.3.2 平面曲线积分与路线无关的条件

定义 11.3.2 设 D 是一个单连通区域，L_1,L_2 是 D 内的有相同起点和终点的任意两条曲线(见图 11.3.6)，且函数 $P(x,y)$ 和 $Q(x,y)$ 在 D 上具有一阶连续偏导数．如果有 $\int_{L_1}P(x,y)\mathrm{d}x+Q(x,y)\mathrm{d}y=\int_{L_2}P(x,y)\mathrm{d}x+Q(x,y)\mathrm{d}y$ 恒成立，则称曲线积分 $\int_L P(x,y)\mathrm{d}x+Q(x,y)\mathrm{d}y$ 在 D 内与积分路径无关，否则称曲线积分与积分路径 L 有关.

由上述定义可知，如果曲线积分与路径无关，则有

$$\int_{L_1}P(x,y)\mathrm{d}x+Q(x,y)\mathrm{d}y=\int_{L_2}P(x,y)\mathrm{d}x+Q(x,y)\mathrm{d}y$$

或 $\int_{L_1}P(x,y)\mathrm{d}x+Q(x,y)\mathrm{d}y-\int_{L_2}P(x,y)\mathrm{d}x+Q(x,y)\mathrm{d}y=0$

即有

$$\int_{L_1}P(x,y)\mathrm{d}x+Q(x,y)\mathrm{d}y-\int_{L_2}P(x,y)\mathrm{d}x+Q(x,y)\mathrm{d}y=0$$

所以有 $\oint_{L_1+(-L_2)}P\mathrm{d}x+Q\mathrm{d}y=0$，其中 $-L_2$ 为 B 到 A 的方向.

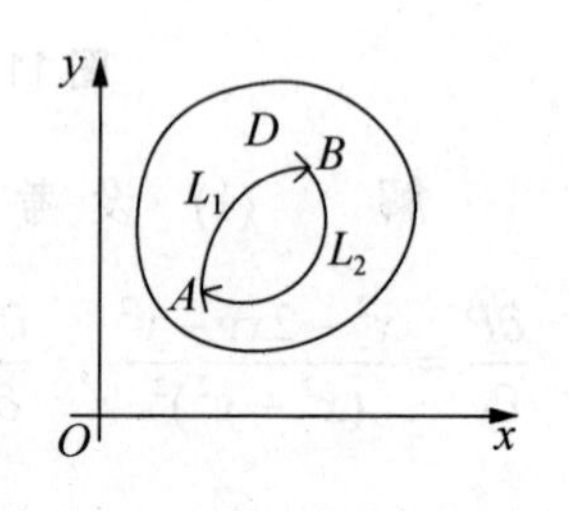

图 11.3.6

上述推理反之也成立，故得如下结论.

定理 11.3.2 设 D 是一单连通区域，函数 $P(x,y)$ 和 $Q(x,y)$ 在

D 内具有一阶连续偏导数，则曲线积分 $\int_L P(x,y)\mathrm{d}x + Q(x,y)\mathrm{d}y$ 在 D 内与路径无关的充要条件是: 在 D 内恒有

$$\frac{\partial P}{\partial y}=\frac{\partial Q}{\partial x}. \tag{11.3.6}$$

例如，对于积分 $\int_L 2xy\mathrm{d}x + x^2\mathrm{d}y$，因为在整个 xOy 坐标平面上恒有 $\frac{\partial P}{\partial y}=\frac{\partial Q}{\partial x}=2x$ 成立，所以积分与路径无关; 然而对于积分 $\int_L x\mathrm{d}y + (-y)\mathrm{d}x$，因为 $\frac{\partial P}{\partial y}\neq\frac{\partial Q}{\partial x}$，故积分与路径是有关的， 路径会决定积分值.

若曲线积分与路径无关，则计算时常取与积分路径有相同起点和终点的简便路径来计算曲线积分.

例 11.3.5 计算曲线积分 $I=\int_L (\mathrm{e}^y + x)\mathrm{d}x + (x\mathrm{e}^y - 2y)\mathrm{d}y$，其中 L 为通过三点(0,0)，(1,0)和(1,2)的圆周弧段(见图 11.3.7).

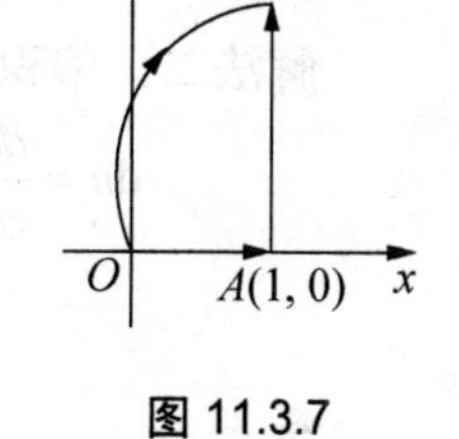

图 11.3.7

解 设 $P(x,y)=\mathrm{e}^y + x$, $Q(x,y)=x\mathrm{e}^y - 2y$，则有 $\frac{\partial P}{\partial y}=\frac{\partial Q}{\partial x}=\mathrm{e}^y$， 所以曲线积分与积分路径无关. 为计算简便，取图 11.3.7 中的折线段 OAB 为积分路径， 于是

$$I=\int_{OA} P\mathrm{d}x + Q\mathrm{d}y + \int_{AB} P\mathrm{d}x + Q\mathrm{d}y.$$

在 OA 上， $y=0, \mathrm{d}y=0$; 在 AB 上， $x=1, \mathrm{d}x=0$. 因此有

$$I=\int_{(0,0)}^{(1,2)}(\mathrm{e}^y + x)\mathrm{d}x + (x\mathrm{e}^y - 2y)\mathrm{d}y = \int_0^1 (1+x)\mathrm{d}x + \int_0^2 (\mathrm{e}^y - 2y)\mathrm{d}y = \mathrm{e}^2 - \frac{7}{2}.$$

11.3.3 二元函数全微分求积

在第 9 章我们研究了二元函数的全微分问题. 我们知道，如果一个函数 $u(x,y)$ 在区域 D 内可微分，那么就有

$$\mathrm{d}u = P(x,y)\mathrm{d}x + Q(x,y)\mathrm{d}y \tag{11.3.7}$$

其中 $P(x,y)=\frac{\partial u}{\partial x}$， $Q(x,y)=\frac{\partial u}{\partial y}$. 现在要问: 这个结论反过来还成立吗? 即是说: 如果给定一个形如 $P(x,y)\mathrm{d}x + Q(x,y)\mathrm{d}y$ 的表达式， 那么在区域 D 内是否存在一个可微的二元函数 $u(x,y)$，满足 $\mathrm{d}u = P(x,y)\mathrm{d}x + Q(x,y)\mathrm{d}y$ 呢？

一般说来，对于任意的两个函数 $P(x,y), Q(x,y)$， $P(x,y)\mathrm{d}x + Q(x,y)\mathrm{d}y$ 未必就是某个二元函数的全微分. 但是有下面的定理.

定理 11.3.3 设 D 是一单连通区域，函数 $P(x,y)$ 和 $Q(x,y)$ 在 D 内具有一阶连续偏导数，则 $P(x,y)\mathrm{d}x + Q(x,y)\mathrm{d}y$ 在 D 内是某个函数 $u(x,y)$ 的全微分的充要条件是：在 D 内恒有

$$\frac{\partial P}{\partial y}=\frac{\partial Q}{\partial x} \tag{11.3.8}$$

在满足定理的条件下，不仅 $P(x,y)\mathrm{d}x+Q(x,y)\mathrm{d}y$ 一定是某函数 $u(x,y)$ 的全微分， 而且还可以计算曲线积分

$$u(x,y)=\int_{(x_0,y_0)}^{(x,y)}P(x,y)\mathrm{d}x+Q(x,y)\mathrm{d}y\,. \tag{11.3.9}$$

例 11.3.6 验证：在整个 xOy 平面内，$xy^2\mathrm{d}x+x^2y\mathrm{d}y$ 是某个函数 $u(x,y)$ 的全微分，并求 $u(x,y)$.

解 由于 $P=xy^2$，$Q=x^2y$ 且 $\dfrac{\partial P}{\partial y}=2xy=\dfrac{\partial Q}{\partial x}$ 在整个 xOy 平面上成立， 因此在整个 xOy 平面内， $xy^2\mathrm{d}x+x^2y\mathrm{d}y$ 是某个函数 $u(x,y)$ 的全微分，取 M_0 为(0,0)，则这个函数 $u(x,y)$ 可由式(11.3.8)求得，路线为折线(见图 11.3.8).

解法一：凑微分法.

$$\mathrm{d}u=xy^2\mathrm{d}x+\mathrm{d}^2y\mathrm{d}y=\mathrm{d}\left(\frac{1}{2}x^2y^2+c\right)\cdot$$

则

$$u(x,y)=\frac{1}{2}x^2y^2+C\,.$$

解法二：偏积分法.

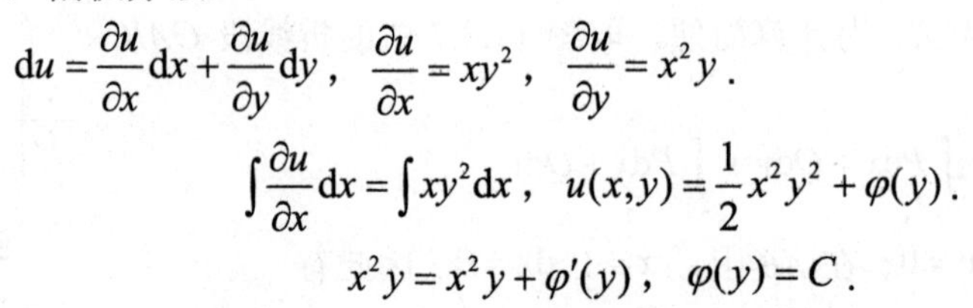

图 11.3.8

$$\mathrm{d}u=\frac{\partial u}{\partial x}\mathrm{d}x+\frac{\partial u}{\partial y}\mathrm{d}y\,,\quad \frac{\partial u}{\partial x}=xy^2\,,\quad \frac{\partial u}{\partial y}=x^2y\,.$$

$$\int\frac{\partial u}{\partial x}\mathrm{d}x=\int xy^2\mathrm{d}x\,,\quad u(x,y)=\frac{1}{2}x^2y^2+\varphi(y)\,.$$

$$x^2y=x^2y+\varphi'(y)\,,\quad \varphi(y)=C\,.$$

则

$$u(x,y)=\frac{1}{2}x^2y^2+C\,.$$

解法三：线积分法.

$$u(x,y)=\int_{(0,0)}^{(x,y)}xy^2\mathrm{d}x+x^2y\mathrm{d}y=\int_{OA}x\times 0^2\,\mathrm{d}x+\int_{AB}x^2y\mathrm{d}y=\int_0^y x^2y\mathrm{d}y=\frac{x^2y^2}{2}+C\,.$$

习题

1. 利用格林公式计算下列曲线积分.

(1) $\oint_L(x^2-xy^3)\mathrm{d}x+(y^2-2xy)\mathrm{d}y$ ，其中 L 是正方形区域 $0\leqslant x\leqslant 2\,,0\leqslant y\leqslant 2$ 的正向边界曲线；

(2) $\oint_L(2xy-x^2)\mathrm{d}x+(x+y^2)\mathrm{d}y$ ，其中 L 是由抛物线 $y=x^2$ 和 $x=y^2$ 围成区域的正向边界曲线；

(3) $\int_L y^2\mathrm{d}x-x\mathrm{d}y$ ，其中 L 是抛物线 $y=x^2$ 上从点 $A(1,1)$到点 $B(-1,1)$的一段有向曲线弧；

(4) $\int_L (x^2-y)\mathrm{d}x-(x+\sin^2 y)\mathrm{d}y$，其中 L 是圆周 $y=\sqrt{2x-x^2}$ 上从点 $A(0,0)$到点 $B(1,1)$ 的一段有向曲线弧.

2. 计算下列曲线所围成的图形的面积.

(1) 星形线 $x=\cos^3 t$，$y=\sin^3 t$；

(2) 椭圆 $9x^2+16y^2=144$；

(3) 双纽线 $\rho=a\sqrt{\cos 2\theta}$.

3. 证明下列曲线积分在整个 xOy 面内与路径无关，并计算积分值.

(1) $\int_{(1,1)}^{(2,3)}(x+y)\mathrm{d}x+(x-y)\mathrm{d}y$；

(2) $\int_{(0,0)}^{(1,2)}(x^2+y^2)(x\mathrm{d}x+y\mathrm{d}y)$；

(3) $\int_{(1,0)}^{(2,1)}(2x\mathrm{e}^y+y)\mathrm{d}x+(x^2\mathrm{e}^y+x-2y)\mathrm{d}y$.

4. 验证下列表达式在整个 xOy 面内是某个二元函数 $u(x,y)$ 的全微分，并求一个这样的函数 $u(x,y)$.

(1) $2xy\mathrm{d}x+x^2\mathrm{d}y$；

(2) $(x+2y)\mathrm{d}x+(2x+y)\mathrm{d}y$；

(3) $(2x\cos y+y^2\cos x)\mathrm{d}x+(2y\sin x-x^2\sin y)\mathrm{d}y$.

11.4　第一类曲面积分

11.4.1　第一类曲面积分的定义

实例　曲面形构件的质量

设有一分片光滑的物质曲面 Σ，其上质量分布不均匀，面密度函数为 $\mu(x,y,z)$，$(x,y,z)\in\Sigma$. 求该曲面物质 Σ 的质量 M.

分析　类似于第一类曲线积分. 可将曲面 Σ 任意分割成 n 个小片，第 i 个小片曲面 ΔS_i 的面积也记作 ΔS_i. 在 ΔS_i 上任取其中一点 (ξ_i,η_i,ζ_i)，用 $\mu(\xi_i,\eta_i,\zeta_i)$ 近似表示整个小曲面 ΔS_i 的面密度，于是小曲面的质量为

$$\Delta M_i\approx\mu(\xi_i,\eta_i,\zeta_i)\Delta S_i\ (i=1,2,\cdots,n),$$

求和可得物质曲面 Σ 的质量

$$M=\sum_{i=1}^n\Delta M_i\approx\sum_{i=1}^n\mu(\xi_i,\eta_i,\zeta_i)\Delta S_i$$

用 λ 表示各个小片曲面直径的最大值，令 $\lambda\to 0$，即得物质曲面 Σ 质量的精确值

$$M=\lim_{\lambda\to 0}\sum_{i=1}^n\mu(\xi_i,\eta_i,\zeta_i)\Delta S_i$$

这种形式的极限在研究其他问题时也会遇到，我们称之为第一类曲面积分.

定义 11.4.1　设 Σ 是空间中可求面积的曲面，$f(x,y,z)$ 为定义在 Σ 上的函数. 对曲面 Σ 作分割，把 Σ 分成 n 个小曲面块 $S_i\ (1,2,\cdots,n)$，以 ΔS_i 记小曲面块 S_i 的面积，λ 表示各

个小片曲面 S_i 直径的最大值. 在 S_i 上任取一点 (ξ_i,η_i,ζ_i) $(1,2,\cdots,n)$，若极限

$$\lim_{\lambda\to 0}\sum_{i=1}^{n} f(\xi_i,\eta_i,\zeta_i)\Delta S_i$$

存在，且与 Σ 的分割方式和任意点 (ξ_i,η_i,ζ_i) $(1,2,\cdots,n)$ 的取法无关，则称此极限为 $f(x,y,z)$ 在 Σ 上的第一类曲面积分，也称为对面积的曲面积分. 记作

$$\iint_{\Sigma} f(x,y,z)\mathrm{d}S\text{，即}\iint_{\Sigma} f(x,y,z)\mathrm{d}S=\lim_{\lambda\to 0}\sum_{i=1}^{n} f(\xi_i,\eta_i,\zeta_i)\Delta S_i .$$

将 Σ 称为积分曲面，$f(x,y,z)$ 称为被积函数，$f(x,y,z)\mathrm{d}S$ 称为被积表达式，$\mathrm{d}S$ 称为面积微元(或面积元).

特别地，当 $f(x,y,z)=1$ 时，曲面积分 $\iint\limits_{\Sigma}\mathrm{d}S$ 就是曲面 Σ 的面积.

由定义，容易得到第一类曲面积分的性质.

性质 1 $\iint\limits_{\Sigma}[f(x,y,z)\pm g(x,y,z)]\mathrm{d}S=\iint\limits_{\Sigma} f(x,y,z)\mathrm{d}S\pm\iint\limits_{\Sigma} g(x,y,z)\mathrm{d}S$

性质 2 $\iint\limits_{\Sigma} kf(x,y,z)\mathrm{d}S=k\iint\limits_{\Sigma} f(x,y,z)\mathrm{d}S$　(k 为不等于零的常数)

性质 3 $\iint\limits_{\Sigma_1+\Sigma_2} f(x,y,z)\mathrm{d}S=\iint\limits_{\Sigma_1} f(x,y,z)\mathrm{d}S+\iint\limits_{\Sigma_2} f(x,y,z)\mathrm{d}S$　$(\Sigma=\Sigma_1+\Sigma_2)$

$\Sigma_1+\Sigma_2$ 表示两片相连的光滑曲面 Σ_1 及 Σ_2.

11.4.2　第一类曲面积分的计算

对第一类曲面积分可以化为二重积分来计算.

定理 11.4.1　设有光滑曲面 $\Sigma: z=z(x,y)$，$(x,y)\in D_{xy}$，D_{xy} 是曲面 Σ 在 xOy 面上的投影. 函数 $f(x,y,z)$ 是定义在 Σ 上的连续函数，则

$$\iint_{\Sigma} f(x,y,z)\mathrm{d}S=\iint_{D_{xy}} f[x,y,z(x,y)]\sqrt{1+z_x^2+z_y^2}\,\mathrm{d}x\mathrm{d}y$$

同理：(1) 有光滑曲面 $\Sigma: y=y(x,z)$，$(x,z)\in D_{xz}$，D_{xz} 是曲面 Σ 在 xOz 面上的投影. 函数 $f(x,y,z)$ 是定义在 Σ 上的连续函数，则

$$\iint_{\Sigma} f(x,y,z)\mathrm{d}S=\iint_{D_{xz}} f[x,y(x,z),z]\sqrt{1+y_x^2+y_z^2}\,\mathrm{d}x\mathrm{d}z$$

(2) 有光滑曲面 $\Sigma: x=x(y,z)$，$(y,z)\in D_{yz}$，D_{yz} 是曲面 Σ 在 yOz 面上的投影. 函数 $f(x,y,z)$ 是定义在 Σ 上的连续函数，则

$$\iint_{\Sigma} f(x,y,z)\mathrm{d}S=\iint_{D_{yz}} f[x(y,z),y,z]\sqrt{1+x_y^2+x_z^2}\,\mathrm{d}y\mathrm{d}z$$

例 11.4.1　计算 $\iint\limits_{\Sigma}(x^2+y^2+z^2)\mathrm{d}S$，其中 Σ 为锥面 $z=\sqrt{x^2+y^2}$ 介于 $z=0$ 及 $z=1$ 之间的部分.

解　因积分是沿 $z=\sqrt{x^2+y^2}$ 进行的，故

$$\frac{\partial z}{\partial x}=\frac{x}{\sqrt{x^2+y^2}}\text{，}\frac{\partial z}{\partial y}=\frac{y}{\sqrt{x^2+y^2}}\text{.}$$

又 Σ 在平面 xOy 上的投影区域 D_{xy} 是 $x^2+y^2\leqslant 1$ 所限制的区域，所以

$$\iint_{\Sigma}(x^2+y^2+z^2)\mathrm{d}S=\iint_{D_{xy}}(2x^2+2y^2)\sqrt{2}\mathrm{d}x\mathrm{d}y$$

$$=2\sqrt{2}\iint_{D_{xy}}(x^2+y^2)\mathrm{d}x\mathrm{d}y=2\sqrt{2}\int_0^{2\pi}\mathrm{d}\theta\int_0^1 r^3\mathrm{d}r=\sqrt{2}\pi$$

例 11.4.2 计算 $\iint_{\Sigma}(x+y+z)\mathrm{d}S$，其中 Σ 为上半球面 $z=\sqrt{a^2-x^2-y^2}$.

解 此时

$$\frac{\partial z}{\partial x}=\frac{-x}{\sqrt{a^2-x^2-y^2}},\quad \frac{\partial z}{\partial y}=\frac{-y}{\sqrt{a^2-x^2-y^2}},$$

$$\sqrt{1+\left(\frac{\partial z}{\partial x}\right)^2+\left(\frac{\partial z}{\partial y}\right)^2}=\frac{a}{z}=\frac{a}{\sqrt{a^2-x^2-y^2}},$$

从而有

$$\iint_{\Sigma}(x+y+z)\mathrm{d}S=\iint_{D_{xy}}(x+y+\sqrt{a^2-x^2-y^2})\frac{a}{\sqrt{a^2-x^2-y^2}}\mathrm{d}x\mathrm{d}y$$

$$=a\int_0^{2\pi}\mathrm{d}\theta\int_0^a\left(1+\frac{r\cos\theta+r\sin\theta}{\sqrt{a^2-r^2}}\right)r\mathrm{d}r$$

$$=\pi a^3$$

例 11.4.3 求 $x^2+z^2=a^2$ 与 $y^2+z^2=a^2$ 交割下的部分的面积(见图 11.4.1).

解 利用对称性知

$$S=16\iint_{\Sigma'}\mathrm{d}S,\ D=\{(x,y):0\leqslant x\leqslant a,\ 0\leqslant y\leqslant x\},$$

其中，D 是小片曲面 Σ' 在 xOy 面上的投影区域.

$$z=\sqrt{a^2-x^2},\quad \mathrm{d}S=\sqrt{1+{z_x}^2+{z_y}^2}\mathrm{d}x\mathrm{d}y=\frac{a}{\sqrt{a^2-x^2}}\mathrm{d}x\mathrm{d}y$$

$$S=16a\iint_{\Sigma'}\frac{\mathrm{d}x\mathrm{d}y}{\sqrt{a^2-x^2}}=16a\int_0^a\frac{\mathrm{d}x}{\sqrt{a^2-x^2}}\int_0^x\mathrm{d}y=16a\int_0^a\frac{x\mathrm{d}x}{\sqrt{a^2-x^2}}$$

$$=16a[-\sqrt{a^2-x^2}]_0^a=16a^2$$

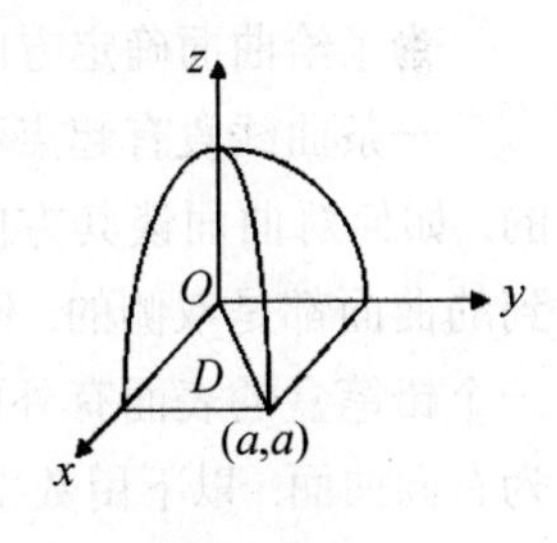

图 11.4.1

注意：这里所提到的利用对称性简化计算的方法并不适用于第二类曲线积分的计算和下一节要介绍的第二类曲面积分的计算.

例 11.4.4 已知锥面 $\Sigma: x^2+y^2=z^2$，$0\leqslant z\leqslant 1$ 上每一点的密度与该点到顶点的距离成正比，试求该锥面的质量 m.

解 锥面的密度函数为 $\mu=k\sqrt{x^2+y^2+z^2}$ (k 为常数)

$$z=\sqrt{x^2+y^2},\quad \mathrm{d}S=\sqrt{2}\mathrm{d}x\mathrm{d}y,$$

$$m=k\iint_{\Sigma}\sqrt{x^2+y^2+z^2}\mathrm{d}S=\iint_{D_{xy}}k\sqrt{4(x^2+y^2)}\mathrm{d}x\mathrm{d}y=2k\int_0^{2\pi}\mathrm{d}\theta\int_0^1 r^2\mathrm{d}r=\frac{4}{3}k\pi.$$

习题

1. 计算曲面积分$\iint\limits_{\Sigma} z\mathrm{d}S$，其中$\Sigma$是平面$x+y+z=1$位于第一卦限的部分.

2. 计算曲面积分$\iint\limits_{\Sigma} z\mathrm{d}S$，其中$\Sigma$是上半球面$z=\sqrt{a^2-x^2-y^2}$.

3. 计算曲面积分$\iint\limits_{\Sigma} \frac{1}{x^2+y^2+z^2}\mathrm{d}S$，其中$\Sigma$是圆柱面$x^2+y^2=R^2$介于$z=0$和$z=1$之间的部分.

4. 计算曲面积分$\iint\limits_{\Sigma}(x^2+y^2)\mathrm{d}S$，其中$\Sigma$是抛物柱面$z=x^2+y^2$介于$z=1$和$z=4$之间的部分.

5. 计算曲面积分$\oiint\limits_{\Sigma} xyz\mathrm{d}S$，其中$\Sigma$是正方体$0\leqslant x\leqslant a, 0\leqslant y\leqslant a, 0\leqslant z\leqslant a$的整个边界曲面.

6. 计算曲面积分$\oiint\limits_{\Sigma}(x^2+y^2)\mathrm{d}S$，其中$\Sigma$是立体$\sqrt{x^2+y^2}\leqslant z\leqslant 1$的整个边界曲面.

11.5 第二类曲面积分

11.5.1 曲面的侧

为了给曲面确定方向，先要阐明曲面的侧的概念.

一条曲线段有起点和终点，对它谈方向是比较浅显、自然的. 如何对曲面谈其方向呢？其实也是很自然的. 通常我们遇到的曲面都是双侧的. 例如我们穿的衣服有正面和反面之分；一个铅笔盒的表面有外面和内面之别. 一般地，称这样的曲面为有向曲面. 以下用数学语言给出有向曲面的定义.

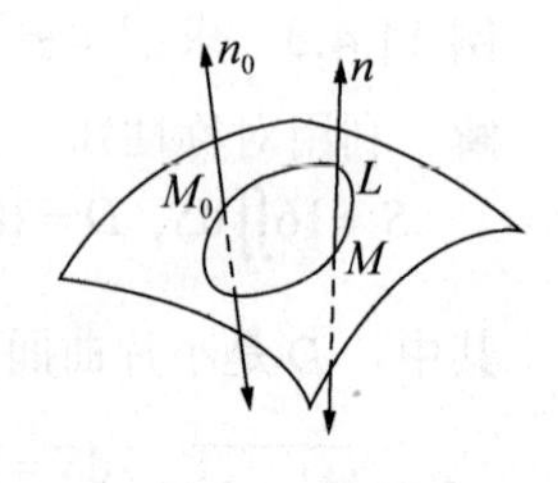

图 11.5.1

设连通曲面Σ上到处都有连续变动的切平面(或法线)，M为曲面Σ上的一点，曲面在M处的法线有两个方向：当取定其中一个指向为正方向时，则另一个指向就是负方向. 设M_0为Σ上任一点，L为Σ上任一经过点M_0，且不超出Σ边界的闭曲线. 又设M为动点，它在M_0处与M_0有相同的法线方向，且有如下特性：当M从M_0出发沿L连续移动回到M_0，这时作为曲面上的点M，它的法线方向也连续地变动，最后当M沿L回到M_0时，若这时M的法线方向仍与M_0的法线方向一致，则说此曲面Σ是双侧曲面；若与M_0的法线方向相反，则说Σ是单侧曲面，如图 11.5.1 所示.

今后，假定我们所考虑的曲面都是两侧曲面，对一般的双侧曲面，可以自然地规定它的方向，如表 11.5.1 所示.

表 11.5.1　一般曲面的方向

曲　面	侧	法线方向
$z=z(x,y)$	上侧 下侧	与 z 轴正向成锐角 与 z 轴正向成钝角
$y=y(z,x)$	右侧 左侧	与 y 轴正向成锐角 与 y 轴正向成钝角
$x=x(y,z)$	前侧 后侧	与 x 轴正向成锐角 与 x 轴正向成钝角
封闭曲面	外侧 内侧	向外 向内

需要注意的是，并不是所有的曲面都可以分为双侧的，著名的莫比乌斯带(见图 11.5.2)就是一个例子，感兴趣的读者可以自己查阅相关资料.

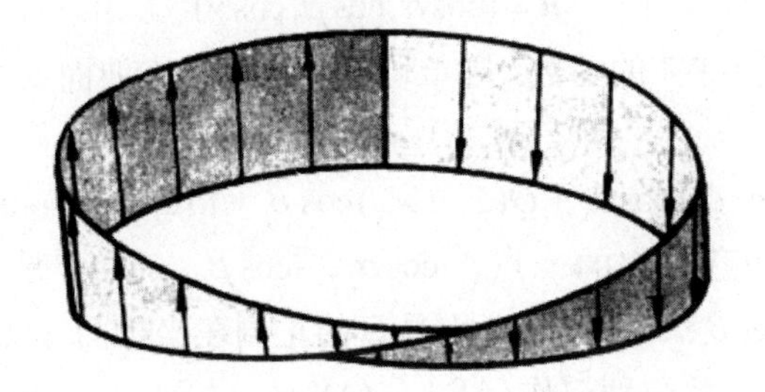

图 11.5.2

在下面的研究中，有向曲面的投影是个十分重要的概念.

设 ΔS 为有向曲面 $z=z(x,y)$ 上一片很小的曲面，假定它在坐标平面 xOy 上的投影区域面积为 $(\Delta\sigma)_{xy}$，并且 ΔS 上各点处的法向量 z 轴的方向余弦 $\cos\gamma$ 有相同的符号，定义 ΔS 在坐标平面 xOy 上的投影 $(\Delta S)_{xy}$ 为一个实数：

$$(\Delta S)_{xy}=\begin{cases}(\Delta\sigma)_{xy} & , \ \cos\gamma>0\\ -(\Delta\sigma)_{xy} & , \ \cos\gamma<0\\ 0 & , \ \cos\gamma=0\end{cases}. \tag{11.5.1}$$

类似地，可定义 ΔS 在坐标平面 yOz 及 zOx 上的投影有向曲面在另外两个坐标平面上的投影 $(\Delta S)_{yz}$ 及 $(\Delta S)_{zx}$.

11.5.2　第二类曲面积分的定义

实例　流体流向曲面指定一侧的流量

设有流体流过某曲面 Σ，在规定了曲面的侧(或方向)之后，就可以根据计算出来的流量值的正负来判断流出流体流过曲面的方向.

考虑空间中一稳定流速不可压缩的流体，其流速为

$$\boldsymbol{v}=\big(P(x,y,z),Q(x,y,z),R(x,y,z)\big)$$

其中 P，Q，R 为所讨论范围上的连续函数，求单位时间内流经曲面 Σ 的总流量 E.

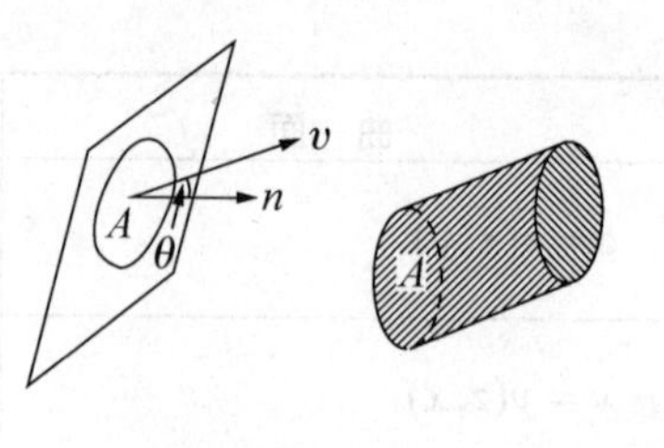

图 11.5.3

分析 如果流体流过面积为 A 的平面区域，并且在此区域上各点处的流速为一个常量，那么在单位时间内它流过该区域的流量组成一个以该区域为底、斜高为 $|v|$ 的斜柱体(见图 11.5.3). 该斜柱体的体积为

$$V=A\cdot|v|\cos\theta=A\boldsymbol{v}\cdot\boldsymbol{n},$$

其中 θ 为流速 v 与平面区域的单位法向量 $\boldsymbol{n}$ 的夹角.

当求得的 $v>0$ 时，这说明 $\cos\theta>0$，表示流体流经区域的方向为法线 $\boldsymbol{n}$ 正向所指的一侧；当 $v<0$ 时，这说明 $\cos\theta<0$，表示流体流经区域的方向为法线 $\boldsymbol{n}$ 正向所指的相反的一侧.

设在曲面 Σ 的正侧上任一点 (x,y,z) 处的单位法向量为

$$\boldsymbol{n}=(\cos\alpha,\cos\beta,\cos\gamma).$$

这里 α，β，γ 是 x,y,z 的函数. 则单位时间内流经小曲面 S_i 的流量近似为

$$\boldsymbol{v}(\xi_i,\eta_i,\zeta_i)\cdot\boldsymbol{n}(\xi_i,\eta_i,\zeta_i)\Delta S_i=$$
$$[P(\xi_i,\eta_i,\zeta_i)\cos\alpha_i+Q(\xi_i,\eta_i,\zeta_i)\cos\beta_i+R(\xi_i,\eta_i,\zeta_i)\cos\gamma_i]\Delta S_i$$

其中 (ξ_i,η_i,ζ_i) 是 S_i 上任意取定的一点，$\cos\alpha_i$，$\cos\beta_i$，$\cos\gamma_i$ 是 S_i 正侧的法线的方向余弦，又 $\Delta S_i\cos\alpha_i,\Delta S_i\cos\beta_i,\Delta S_i\cos\gamma_i$ 分别是 S_i 的正侧在坐标面 yOz，zOx 和 xOy 上的投影区域的面积的近似值，并分别记作 $(\Delta S_i)_{yz},(\Delta S_i)_{zx},(\Delta S_i)_{xy}$，也即

$$(\Delta S_i)_{yz}\approx\Delta S_i\cos\alpha_i,\quad(\Delta S_i)_{zx}\approx\Delta S_i\cos\beta_i,\quad(\Delta S_i)_{xy}\approx\Delta S_i\cos\gamma_i \tag{11.5.2}$$

于是单位时间内流经曲面指定侧的总流量近似为

$$\sum_{i=1}^{n}P(\xi_i,\eta_i,\zeta_i)\cdot(\Delta S_i)_{yz}+Q(\xi_i,\eta_i,\zeta_i)\cdot(\Delta S_i)_{zx}+R(\xi_i,\eta_i,\zeta_i)\cdot(\Delta S_i)_{xy}$$

故单位时间内流经曲面指定侧 S 的总流量为

$$E=\lim_{\lambda\to0}\sum_{i=1}^{n}\Big[P(\xi_i,\eta_i,\zeta_i)\cdot(\Delta S_i)_{yz}+Q(\xi_i,\eta_i,\zeta_i)\cdot(\Delta S_i)_{zx}+R(\xi_i,\eta_i,\zeta_i)\cdot(\Delta S_i)_{xy}\Big] \tag{11.5.3}$$

其中 λ 为小曲面 ΔS_i 直径的最大值.

这种与曲面的侧有关的和式极限就是所要讨论的坐标的曲面积分.

定义 11.5.1 设函数 $R(x,y,z)$ 在分片光滑的曲面 Σ 上有界，将 Σ 任意分割成为 n 个小曲面 ΔS_i，记 ΔS_i 在平面 xOy 上的投影为 $(\Delta S_i)_{xy}$，在 ΔS_i 上任取一点 (ξ_i,η_i,ζ_i)，作和 $\sum\limits_{i=1}^{n}R(\xi_i,\eta_i,\zeta_i)(\Delta S_i)_{xy}$. 记 λ 为各个小曲面的直径最大者. 如果不论将 Σ 怎么分割，也不论点 (ξ_i,η_i,ζ_i) 在小曲面 ΔS_i 上如何选取，极限 $\lim\limits_{\lambda\to0}\sum\limits_{i=1}^{n}R(\xi_i,\eta_i,\zeta_i)\cdot(\Delta S_i)_{xy}$ 总存在，则该极限值为函数 $R(x,y,z)$ 在曲面 Σ 上的第二类曲面积分(或函数 $R(x,y,z)$ 在 Σ 上对坐标 x，y 的曲

面积分)，记为$\iint\limits_{\Sigma} R(x,y,z)\mathrm{d}x\mathrm{d}y$，即

$$\iint\limits_{\Sigma} R(x,y,z)\mathrm{d}x\mathrm{d}y = \lim_{\lambda\to 0}\sum_{i=1}^{n} R(\xi_i,\eta_i,\zeta_i)\cdot(\Delta S_i)_{xy}.$$

其中$R(x,y,z)$称为被积函数，$R(x,y,z)\mathrm{d}x\mathrm{d}y$称为被积表达式，$\Sigma$称为积分曲面.

类似地，可以定义函数$P(x,y,z),Q(x,y,z)$在有向曲面Σ上分别关于坐标y、z及z、x的第二类曲面积分(或函数$P(x,y,z),Q(x,y,z)$分别对坐标y、z及z、x的曲面积分)，

$$\iint\limits_{\Sigma} P(x,y,z)\mathrm{d}y\mathrm{d}z = \lim_{\lambda\to 0}\sum_{i=1}^{n} P(\xi_i,\eta_i,\zeta_i)\cdot(\Delta S_i)_{yz}.$$

$$\iint\limits_{\Sigma} Q(x,y,z)\mathrm{d}z\mathrm{d}x = \lim_{\lambda\to 0}\sum_{i=1}^{n} Q(\xi_i,\eta_i,\zeta_i)\cdot(\Delta S_i)_{zx}.$$

连续函数在分片光滑的曲面Σ上的第二类曲面积分一定存在，以后总假定曲面Σ是光滑的或者分片光滑的，而函数在曲面Σ上连续.

以后经常会将

$$\iint\limits_{\Sigma} P(x,y,z)\mathrm{d}y\mathrm{d}z + \iint\limits_{\Sigma} Q(x,y,z)\mathrm{d}z\mathrm{d}x + \iint\limits_{\Sigma} R(x,y,z)\mathrm{d}x\mathrm{d}y$$

简记为

$$\iint\limits_{\Sigma} P(x,y,z)\mathrm{d}y\mathrm{d}z + Q(x,y,z)\mathrm{d}z\mathrm{d}x + R(x,y,z)\mathrm{d}x\mathrm{d}y.$$

如果曲面Σ是封闭曲面，通常也记为

$$\oiint\limits_{\Sigma} P(x,y,z)\mathrm{d}y\mathrm{d}z + Q(x,y,z)\mathrm{d}z\mathrm{d}x + R(x,y,z)\mathrm{d}x\mathrm{d}y.$$

由式(11.5.4)及定义 11.5.1 可得两类曲面积分关系式：

$$\iint\limits_{\Sigma} P\mathrm{d}y\mathrm{d}z + Q\mathrm{d}z\mathrm{d}x + R\mathrm{d}x\mathrm{d}y = \iint\limits_{\Sigma}\left(P\cos\alpha + Q\cos\beta + R\cos\gamma\right)\mathrm{d}S. \tag{11.5.4}$$

从定义可以看出，第二类曲面积分与第二类曲线积分的定义在形式上是类似的，它有与第二类曲线积分相类似的性质.

性质 1　设Σ是有向曲面，Σ^-是与Σ取相反侧的有向曲面，则有

$$\iint\limits_{\Sigma} P\mathrm{d}y\mathrm{d}z + Q\mathrm{d}z\mathrm{d}x + R\mathrm{d}x\mathrm{d}y = -\iint\limits_{\Sigma^-} P\mathrm{d}y\mathrm{d}z + Q\mathrm{d}z\mathrm{d}x + R\mathrm{d}x\mathrm{d}y$$

性质 2　如果把有向曲面Σ分成Σ_1和Σ_2，则有

$$\iint\limits_{\Sigma} P\mathrm{d}y\mathrm{d}z + Q\mathrm{d}z\mathrm{d}x + R\mathrm{d}x\mathrm{d}y =$$

$$\iint\limits_{\Sigma_1} P\mathrm{d}y\mathrm{d}z + Q\mathrm{d}z\mathrm{d}x + R\mathrm{d}x\mathrm{d}y + \iint\limits_{\Sigma_2} P\mathrm{d}y\mathrm{d}z + Q\mathrm{d}z\mathrm{d}x + R\mathrm{d}x\mathrm{d}y.$$

11.5.3　第二类曲面积分的计算

定理 11.5.1　设光滑(或分片光滑)有向曲面Σ的方程为$z=z(x,y)$，函数$R(x,y,z)$在曲面Σ上连续，则有

$$\iint\limits_{\Sigma} R(x,y,z)\mathrm{d}x\mathrm{d}y = \iint\limits_{D_{xy}} R\left[x,y,z(x,y)\right]\left(\pm\mathrm{d}x\mathrm{d}y\right)$$

其中D_{xy}为Σ在坐标平面 xOy 上的投影区域， 当有向曲面Σ取上侧时，等号右侧取正号；当Σ取下侧时，等号右侧取负号.

类似地，设有向曲面Σ：$x=x(y,z)$在yOz坐标平面上的投影区域为D_{yz}， 则有

$$\iint_{\Sigma} P(x,y,z)\mathrm{d}y\mathrm{d}z = \iint_{D_{yz}} P\left[x(y,z),y,z\right]\left(\pm\mathrm{d}y\mathrm{d}z\right)$$

设有向曲面Σ：$y=y(z,x)$在zOx坐标平面上的投影区域为D_{zx}， 则有

$$\iint_{\Sigma} Q(x,y,z)\mathrm{d}z\mathrm{d}x = \iint_{D_{zx}} Q\left[x,y(z,x),z\right]\left(\pm\mathrm{d}z\mathrm{d}x\right)$$

例 11.5.1 计算$\iint_{\Sigma} xyz\mathrm{d}x\mathrm{d}y$，其中$\Sigma$为$x^2+y^2+z^2=1$在$x\geqslant 0$，$y\geqslant 0$部分的外侧.

解 因这里考虑的曲面Σ与Oz轴的平行线有两个交点，故应先将Σ划分为两部分：

$$\Sigma_1：z_1=-\sqrt{1-x^2-y^2}，其中 x\geqslant 0，y\geqslant 0，z\leqslant 0，$$

$$\Sigma_2：z_2=\sqrt{1-x^2-y^2}，其中 x\geqslant 0，y\geqslant 0，z>0.$$

于是

$$\iint_{\Sigma} xyz\mathrm{d}x\mathrm{d}y = \iint_{\Sigma_1} xyz\mathrm{d}x\mathrm{d}y + \iint_{\Sigma_2} xyz\mathrm{d}x\mathrm{d}y$$

在Σ_1上，$\cos\gamma<0$，所以

$$\begin{aligned}\iint_{\Sigma_1} xyz\mathrm{d}x\mathrm{d}y &= \iint_{D_{xy}} xy\left(-\sqrt{1-x^2-y^2}\right)\left(-\mathrm{d}x\mathrm{d}y\right)\\ &= \iint_{D_{xy}} xy\sqrt{1-x^2-y^2}\mathrm{d}x\mathrm{d}y\\ &= \int_0^{\frac{\pi}{2}}\mathrm{d}\theta\int_0^1 r^2\sin\theta\cos\theta\sqrt{1-r^2}r\mathrm{d}r=\frac{2}{15}.\end{aligned}$$

但在Σ_2上，$\cos\gamma>0$，所以

$$\begin{aligned}\iint_{\Sigma_2} xyz\mathrm{d}x\mathrm{d}y &= \iint_{D_{xy}} xy\sqrt{1-x^2-y^2}\mathrm{d}x\mathrm{d}y\\ &= \int_0^{\frac{\pi}{2}}\sin\theta\cos\theta\mathrm{d}\theta\int_0^1 r^3\sqrt{1-r^2}r\mathrm{d}r=\frac{2}{15}.\end{aligned}$$

因此，有$\iint_{\Sigma} xyz\mathrm{d}x\mathrm{d}y=\frac{4}{15}$.

例 11.5.2 计算曲面积分$I=\iint_{\Sigma} y\left(x-z\right)\mathrm{d}y\mathrm{d}z+x^2\mathrm{d}z\mathrm{d}x+\left(y^2+xz\right)\mathrm{d}x\mathrm{d}y$.

其中，Σ是边长为a的正立方体的外表面.

解 如图 11.5.4 所示，这个积分区域Σ是由六个平面Σ_1，Σ_2，…，Σ_6连接起来的，其中平面Σ_1和Σ_3在xOy平面及zOx平面上的投影等于零(投影区域成一线段，就面积而言是零)，平面Σ_2和Σ_4在xOy平面及yOz平面上的投影等于零，平面Σ_5和Σ_6在zOx平面及yOz平面上的投影等于零，所以我们有

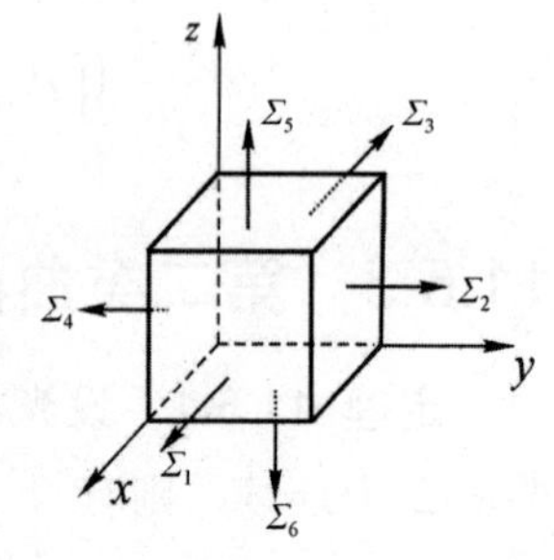

图 11.5.4

$$\begin{aligned}
&\iint_{\Sigma} y(x-z)\mathrm{d}y\mathrm{d}z \\
&=\iint_{\Sigma_1} y(x-z)\mathrm{d}y\mathrm{d}z+\iint_{\Sigma_3} y(x-z)\mathrm{d}y\mathrm{d}z \\
&=\int_0^a\int_0^a y(a-z)\mathrm{d}y\mathrm{d}z-\int_0^a\int_0^a y(0-z)\mathrm{d}y\mathrm{d}z \\
&=\frac{a^4}{4}+\frac{a^4}{4}=\frac{a^4}{2}.
\end{aligned}$$

同理，有 $\iint_{\Sigma} x^2\mathrm{d}z\mathrm{d}x=\iint_{\Sigma_2} x^2\mathrm{d}z\mathrm{d}x+\iint_{\Sigma_4} x^2\mathrm{d}z\mathrm{d}x=\int_0^a\int_0^a x^2\mathrm{d}z\mathrm{d}x-\int_0^a\int_0^a x^2\mathrm{d}z\mathrm{d}x=0$

同理，又有

$$\iint_{\Sigma}(y^2+xz)\mathrm{d}x\mathrm{d}y=\iint_{\Sigma_5}(y^2+xz)\mathrm{d}x\mathrm{d}y+\iint_{\Sigma_6}(y^2+xz)\mathrm{d}x\mathrm{d}y$$

$$=\int_0^a\int_0^a(y^2+ax)\mathrm{d}x\mathrm{d}y-\int_0^a\int_0^a(y^2+0x)\mathrm{d}x\mathrm{d}y=\frac{5}{6}a^4-\frac{a^4}{3}=\frac{a^4}{2},$$

$$I=\frac{a^4}{2}+0+\frac{a^4}{2}=a^4.$$

例 11.5.3　计算曲面积分

$$I=\iint_{\Sigma}(y-z)\mathrm{d}y\mathrm{d}z+(z-x)\mathrm{d}z\mathrm{d}x+(x-y)\mathrm{d}x\mathrm{d}y$$

其中 Σ 为锥面 $x^2+y^2=z^2$（$0\leqslant z\leqslant h$）的外侧(包括锥的侧面与顶面).

解　令 $\cos\alpha$，$\cos\beta$，$\cos\gamma$ 为 S 的外侧法线的方向余弦，$\mathrm{d}S$ 表示曲面积元素，于是 I 可表为

$$\iint_{\Sigma}\left[(y-z)\cos\alpha+(z-x)\cos\beta+(x-y)\cos\gamma\right]\mathrm{d}S$$

在 Σ 的顶面 Σ_1：$Z=0$，其法线的方向余弦为(0,0,1)，在 xOy 面上的投影区域 $D_{xy}:\{(x,y)\,|\,x^2+y^2\leqslant h^2\}$，因而在 Σ_1 上的积分为

$$\begin{aligned}
\iint_{\Sigma_1}(x-y)\mathrm{d}S&=\iint_{D_{xy}}(x-y)\mathrm{d}\sigma \\
&=\int_0^{2\pi}\mathrm{d}\theta\int_0^h r(\cos\theta-\sin\theta)r\mathrm{d}r \\
&=\frac{h^3}{3}\int_0^{2\pi}(\cos\theta-\sin\theta)\mathrm{d}\theta=0.
\end{aligned}$$

在 Σ 的侧面 Σ_2：$z=\sqrt{x^2+y^2}$，令 $F(x,y,z)=\sqrt{x^2+y^2}-z$，由多元函数微分法在几何上的应用，则有

$$\cos\alpha=\frac{F_x}{\sqrt{1+(F_x)^2+(F_y)^2}}$$

$$\cos\beta=\frac{F_y}{\sqrt{1+(F_x)^2+(F_y)^2}}$$

$$\cos\gamma=\frac{-1}{\sqrt{1+(F_x)^2+(F_y)^2}}.$$

亦即有
$$\frac{\cos\alpha}{F_x}=\frac{\cos\beta}{F_y}=\frac{\cos\gamma}{-1}.$$

其中 $F_x=\dfrac{x}{z}$，$F_y=\dfrac{y}{z}$，即

$$\frac{\cos\alpha}{x}=\frac{\cos\beta}{y}=\frac{\cos\gamma}{-z}.$$

因在 Σ_2 上有 $\cos\gamma<0$，从而

$$\cos\gamma\mathrm{d}S=-\mathrm{d}\sigma\text{，}\cos\beta\mathrm{d}S=-\frac{y}{z}\cos\gamma\mathrm{d}S=\frac{y}{z}\mathrm{d}\sigma\text{，}\cos\alpha\mathrm{d}S=\frac{x}{z}\mathrm{d}\sigma\text{，}$$

于是有

$$\begin{aligned}&\iint_{\Sigma_2}\left[(y-z)\cos\alpha+(z-x)\cos\beta+(x-y)\cos\gamma\right]\mathrm{d}S\\&=\iint_{D_{xy}}\left[\frac{x}{z}(y-z)+\frac{y}{z}(z-x)+(x-y)\right]\mathrm{d}\sigma\\&=-2\iint_{D_{xy}}(x-y)\mathrm{d}\sigma\\&=-2\int_0^{2\pi}\mathrm{d}\theta\int_0^b(r\cos\theta-r\sin\theta)r\mathrm{d}r=0.\end{aligned}$$

把上面在 Σ_1 及 Σ_2 上的两个积分结果加到一起，便知 $I=0$.

习题

1. 计算曲面积分 $\iint\limits_{\Sigma}z^2\mathrm{d}x\mathrm{d}y+z\mathrm{d}y\mathrm{d}z$，其中 Σ 是平面 $x+y+z=1$ 位于第一卦限的上侧.

2. 计算曲面积分 $\iint\limits_{\Sigma}x^2y^2z\mathrm{d}x\mathrm{d}y$，其中 Σ 是球面 $x^2+y^2+z^2=R^2$ 下半部分的下侧.

3. 计算曲面积分 $\iint\limits_{\Sigma}y\mathrm{d}z\mathrm{d}x+z\mathrm{d}x\mathrm{d}y$，其中 Σ 是圆柱面 $x^2+y^2=R^2$ $(0\leqslant z\leqslant H)$ 的外侧.

4. 计算曲面积分 $\oiint\limits_{\Sigma}xyz\mathrm{d}x\mathrm{d}y$，其中 Σ 是正方体 $0\leqslant x\leqslant a,0\leqslant y\leqslant a,0\leqslant z\leqslant a$ 的表面的外侧.

5. 计算曲面积分 $\oiint\limits_{\Sigma}(2x+z)\mathrm{d}y\mathrm{d}z+z\mathrm{d}x\mathrm{d}y$，其中 Σ 是旋转抛物面 $z=x^2+y^2$ $(0\leqslant z\leqslant 1)$ 的上侧.

6. 计算曲面积分 $\oiint\limits_{\Sigma}z\mathrm{d}x\mathrm{d}y$，其中 Σ 是球面 $x^2+y^2+z^2=2z$ 的外侧.

7. 计算曲面积分 $\iint\limits_{\Sigma}xz\mathrm{d}y\mathrm{d}z+xy\mathrm{d}z\mathrm{d}x+zy\mathrm{d}x\mathrm{d}y$，其中 Σ 是圆柱面 $x^2+y^2=R^2$ 与平面 $x=0,y=0,z=0$ 及 $z=h(h>0)$ 所围的在第一卦限中的立体的表面外侧.

11.6　高斯公式与斯托克斯公式

11.6.1　高斯公式

格林公式反映了平面闭区域D上的二重积分与其边界曲线上的曲线积分之间的关系，而高斯公式表达了空间闭区域Ω上的三重积分与其边界曲面上的曲面积分的关系.

定理 11.6.1　设空间闭区域Ω是由分片光滑的闭曲面Σ所围成，函数$P(x,y,z)$，$Q(x,y,z)$，$R(x,y,z)$在Ω上具有一阶连续偏导数，则有

$$\iiint_{\Omega}\left(\frac{\partial P}{\partial x}+\frac{\partial Q}{\partial y}+\frac{\partial R}{\partial z}\right)\mathrm{d}\upsilon=\oiint_{\Sigma}P\mathrm{d}y\mathrm{d}z+Q\mathrm{d}z\mathrm{d}x+R\mathrm{d}x\mathrm{d}y$$

$$=\oiint_{\Sigma}(P\cos\alpha+Q\cos\beta+R\cos\gamma)\mathrm{d}S \tag{11.6.1}$$

其中Σ是Ω的整个边界曲面的外侧，$\cos\alpha,\cos\beta,\cos\gamma$是$\Sigma$上点$(x,y,z)$处的法向量的方向余弦.

证明　设Ω在xOy面上的投影域为D_{xy}，过Ω内部且平行于z轴的直线与Ω的边界曲面Σ的交点不多于两个，则Σ由$\Sigma_1,\Sigma_2,\Sigma_3$组成，$\Sigma_1:z=z_1(x,y)$取下侧，$\Sigma_2:z=z_2(x,y)$取上侧，$z_1(x,y)\leqslant z_2(x,y)$，$\Sigma_3$是以$D_{xy}$的边界曲线为准线，母线平行于$z$轴的柱面的一部分，取外侧，如图 11.6.1 所示.

一方面，根据三重积分的计算方法，有

$$\iiint_{\Omega}\frac{\partial R}{\partial z}\mathrm{d}v=\iint_{D_{xy}}\left\{\int_{z_1(x,y)}^{z_2(x,y)}\frac{\partial R}{\partial z}\mathrm{d}z\right\}\mathrm{d}x\mathrm{d}y=\iint_{D_{xy}}\left\{R\left[x,y,z_2(x,y)\right]-R\left[x,y,z_1(x,y)\right]\right\}\mathrm{d}x\mathrm{d}y. \tag{11.6.2}$$

另一方面，根据曲面积分的计算方法，又有

$$\iint_{\Sigma_1}R(x,y,z)\mathrm{d}x\mathrm{d}y=-\iint_{D_{xy}}R\left[x,y,z_1(x,y)\right]\mathrm{d}x\mathrm{d}y,$$

$$\iint_{\Sigma_2}R(x,y,z)\mathrm{d}x\mathrm{d}y=\iint_{D_{xy}}R\left[x,y,z_2(x,y)\right]\mathrm{d}x\mathrm{d}y,$$

$$\iint_{\Sigma_3}R(x,y,z)\mathrm{d}x\mathrm{d}y=0,$$

$$\iiint_{\Omega}\frac{\partial R}{\partial z}\mathrm{d}v=\iint_{\Sigma}R(x,y,z)\mathrm{d}x\mathrm{d}y. \tag{11.6.3}$$

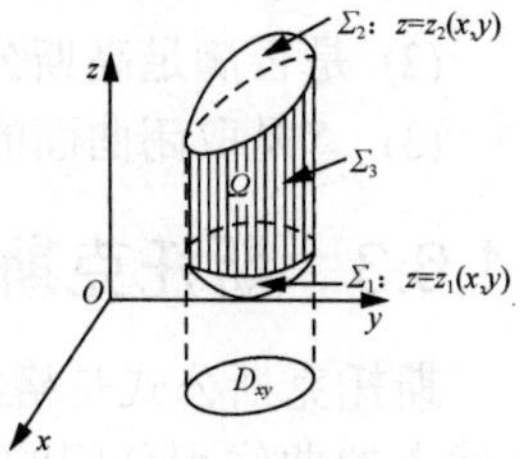

图 11.6.1

类似地，若过Ω内部且分别平行于x轴、y轴的直线与Ω的边界曲面Σ的交点也且有两个时，有

$$\iiint_{\Omega}\frac{\partial P}{\partial x}\mathrm{d}v=\iint_{\Sigma}P(x,y,z)\mathrm{d}y\mathrm{d}z\qquad\iiint_{\Omega}\frac{\partial Q}{\partial y}\mathrm{d}v=\iint_{\Sigma}Q(x,y,z)\mathrm{d}z\mathrm{d}x \tag{11.6.4}$$

由式(11.6.2)、式(11.6.3)和式(11.6.4)即可证得高斯公式.

若Ω不满足上述条件，可添加辅助面将其分成符合条件的若干块，且在辅助面两侧积分之和为零.

11.6.2 高斯公式简单的应用

例 11.6.1 计算曲面积分$\oiint\limits_{\Sigma}(x+1)\mathrm{d}y\mathrm{d}z+y\mathrm{d}z\mathrm{d}x+\mathrm{d}x\mathrm{d}y$，其中$\Sigma$为柱面$x^2+y^2=1$及平面$z=0,z=3$所围成的空间闭区域$\Omega$的整个边界曲面的外侧.

解 令$P=x+1,\ Q=y,R=1$，则有$\dfrac{\partial P}{\partial x}=1,\ \dfrac{\partial Q}{\partial y}=1,\ \dfrac{\partial R}{\partial z}=0$，满足高斯公式的条件得，原式$=\iiint\limits_{\Omega}2\mathrm{d}x\mathrm{d}y\mathrm{d}z=2\iiint\limits_{\Omega}\mathrm{d}x\mathrm{d}y\mathrm{d}z=2V_{\Omega}=6\pi$.

例 11.6.2 计算曲面积分$\iint\limits_{\Sigma}(x^2\cos\alpha+y^2\cos\beta+z^2\cos\gamma)\mathrm{d}S$，其中$\Sigma$为锥面$x^2+y^2=z^2$介于平面$z=0$及$z=h(h>0)$之间的部分的下侧，$\cos\alpha,\cos\beta,\cos\gamma$是$\Sigma$在$(x,y,z)$处的法向量的方向余弦.

解 由于曲面Σ不是封闭曲面，为利用高斯公式，补充$\Sigma_1:z=h\,(x^2+y^2\leqslant h^2)$，$\Sigma_1$取上侧，$\Sigma+\Sigma_1$构成封闭曲面，围成空间闭区域$\Omega$，在$\Omega$上满足高斯公式条件，则有

$$\iint\limits_{\Sigma+\Sigma_1}(x^2\cos\alpha+y^2\cos\beta+z^2\cos\gamma)\mathrm{d}S$$

$$=2\iiint\limits_{\Omega}(x+y+z)\mathrm{d}v$$

因空间曲面在xOy面上的投影区域为$D_{xy}:\{(x,y)\big|x^2+y^2\leqslant h^2\}$，所以

$$\iint\limits_{\Sigma+\Sigma_1}(x^2\cos\alpha+y^2\cos\beta+z^2\cos\gamma)\mathrm{d}S$$

$$=2\int_0^{2\pi}\mathrm{d}\theta\int_0^h r\mathrm{d}r\int_r^h\left(r\cos\theta+r\sin\theta+z\right)\mathrm{d}z=\frac{1}{2}\pi h^4.$$

使用高斯公式时，应注意以下几点.

(1) P,Q,R是对什么变量求偏导数;

(2) 是否满足高斯公式的条件;

(3) Σ是取闭曲面的外侧.

11.6.3 斯托克斯(Stokes)公式

斯托克斯公式是格林公式的推广. 格林公式表达了平面闭区域上的二重积分与其边界曲线上的曲线积分间的关系，而斯托克斯公式则把曲面上Σ的曲面积分与沿着Σ边界曲线上的曲线积分联系起来. 这个联系如下.

定理 11.6.2 设Γ为分段光滑的空间有向闭曲线，Σ是以Γ为边界的分片光滑的有向曲面，Γ的正向与Σ的侧符合右手法则，函数$P(x,y,z)$，$Q(x,y,z)$，$R(x,y,z)$在包含曲面Σ在内的一个空间区域内具有一阶连续偏导数，则有公式

$$\iint\limits_{\Sigma}\left(\frac{\partial R}{\partial y}-\frac{\partial Q}{\partial z}\right)\mathrm{d}y\mathrm{d}z+\left(\frac{\partial P}{\partial z}-\frac{\partial R}{\partial x}\right)\mathrm{d}z\mathrm{d}x+\left(\frac{\partial Q}{\partial x}-\frac{\partial P}{\partial y}\right)\mathrm{d}x\mathrm{d}y=\oint_{\Gamma}P\mathrm{d}x+Q\mathrm{d}y+R\mathrm{d}z \tag{11.6.5}$$

此公式叫作斯托克斯公式.

注意：如果Σ是xOy面上的一块平面区域，斯托克斯公式就变成格林公式.

为了便于记忆，斯托克斯公式可以记作如下形式：

$$\iint_{\Sigma}\begin{vmatrix}\mathrm{d}y\mathrm{d}z & \mathrm{d}z\mathrm{d}x & \mathrm{d}x\mathrm{d}y\\ \dfrac{\partial}{\partial x} & \dfrac{\partial}{\partial y} & \dfrac{\partial}{\partial z}\\ P & Q & R\end{vmatrix}=\oint_{\Gamma}P\mathrm{d}x+Q\mathrm{d}y+R\mathrm{d}z$$

另一种形式为

$$\iint_{\Sigma}\begin{vmatrix}\cos\alpha & \cos\beta & \cos\gamma\\ \dfrac{\partial}{\partial x} & \dfrac{\partial}{\partial y} & \dfrac{\partial}{\partial z}\\ P & Q & R\end{vmatrix}=\oint_{\Gamma}P\mathrm{d}x+Q\mathrm{d}y+R\mathrm{d}z$$

其中$\boldsymbol{n}=(\cos\alpha,\cos\beta,\cos\gamma)$为有向曲面$\Sigma$在点$(x,y,z)$处的单位法向量.

例 11.6.3　计算曲线积分$\oint_{\Gamma}z\mathrm{d}x+x\mathrm{d}y+y\mathrm{d}z$，其中$\Gamma$是平面$x+y+z=1$被三坐标面所截成的三角形的整个边界，它的正向与这个三角形上侧的法向量之间符合右手法则.

解　满足斯托克斯公式条件，有

$$\int_{\Gamma}z\mathrm{d}x+x\mathrm{d}y+y\mathrm{d}z=\iint_{\Sigma}\begin{vmatrix}\mathrm{d}y\mathrm{d}z & \mathrm{d}z\mathrm{d}x & \mathrm{d}x\mathrm{d}y\\ \dfrac{\partial}{\partial x} & \dfrac{\partial}{\partial y} & \dfrac{\partial}{\partial z}\\ P & Q & R\end{vmatrix}=\iint_{\Sigma}\mathrm{d}y\mathrm{d}z+\mathrm{d}z\mathrm{d}x+\mathrm{d}x\mathrm{d}y$$

由于Σ的法向量的三个方向余弦都为正，再由对称性知：

$$\iint_{\Sigma}\mathrm{d}y\mathrm{d}z+\mathrm{d}z\mathrm{d}x+\mathrm{d}x\mathrm{d}y=3\iint_{D_{xy}}\mathrm{d}\sigma,$$

$$\oint_{\Gamma}z\mathrm{d}x+x\mathrm{d}y+y\mathrm{d}z=\frac{3}{2}.$$

例 11.6.4　计算曲线积分$\oint_{\Gamma}(y^2-z^2)\mathrm{d}x+(z^2-x^2)\mathrm{d}y+(x^2-y^2)\mathrm{d}z$．其中$\Gamma$是平面$x+y+z=\dfrac{3}{2}$截立方体：$0\leqslant x\leqslant 1$，$0\leqslant y\leqslant 1$，$0\leqslant z\leqslant 1$的表面所得的截痕，若从$Ox$轴的正向看去，取逆时针方向.

解　取Σ为平面$x+y+z=\dfrac{3}{2}$的上侧被Γ所围成的部分. 则$\boldsymbol{n}=\dfrac{1}{\sqrt{3}}(1,1,1)$，

即
$$\cos\alpha=\cos\beta=\cos\gamma=\frac{1}{\sqrt{3}},$$

所以$I=\iint_{\Sigma}\begin{vmatrix}\dfrac{1}{\sqrt{3}} & \dfrac{1}{\sqrt{3}} & \dfrac{1}{\sqrt{3}}\\ \dfrac{\partial}{\partial x} & \dfrac{\partial}{\partial y} & \dfrac{\partial}{\partial z}\\ y^2-z^2 & z^2-x^2 & x^2-y^2\end{vmatrix}\mathrm{d}S$

$$=-\frac{4}{\sqrt{3}}\iint_{\Sigma}(x+y+z)\mathrm{d}S\left(\text{因为在}\Sigma\text{上}x+y+z=\frac{3}{2}\right)$$

$$=-\frac{4}{\sqrt{3}}\cdot\frac{3}{2}\iint_{\Sigma}\mathrm{d}S=-\sqrt{3}\iint_{D_{xy}}\sqrt{3}\mathrm{d}x\mathrm{d}y=-\frac{9}{2}=-2\sqrt{3}\iint_{D_{xy}}\sqrt{3}\mathrm{d}x\mathrm{d}y=-\frac{9}{2}.$$

11.6.4 场论初步

世界是物质的，物质是客观存在的，而物质的存在是以空间形式出现的. 要研究物质在空间的分布，主要是研究物理量在空间的分布，这就是场. 常见的场如下所示.

(1) 温度场. 空间每一点$M(x,y,z)$都有一个温度$u=u(M,t)$，其中t为时间. 例如，将地球及其大气层作为一个空间Ω，$\forall M\in\Omega$，则M点有温度$u=u(M,t)$. 也就是说，即使在同一点M，这点的温度与时间有关. 当然，在某些条件下，空间点的温度相对地与时间无关，例如核电厂的核反应堆里的温度分布. 若空间每点的温度与时间无关，则说温度场是恒温的.

(2) 气压场. 在气象学中，要讨论空间的气压分布，也就是说，对于空间每一点M，存在一个气压$u=u(M)$与之对应.

(3) 流速场. 大江东去，不分昼夜，它的每一点M都有一个流速$A=A(M,t)$与之对应，也就是说，每点M处都有一个向量.

下面给出场的数学定义：对于空间的任何一点M，存在一个确定的物理量$G(M)$或$G(M,t)$(t为时间)与之对应，则称$G(M)$或$G(M,t)$为场. 若场与时间无关，则称该场为稳定场，否则为不稳定的.

当场$G(M)$或$G(M,t)$为数量时(即函数)，则称之为数量场，记为$u=u(M)$或$u=u(M,t)$；当场$G(M)$或$G(M,t)$为向量时，则称之为向量场(矢量场)，记为$\boldsymbol{A}=\boldsymbol{A}(M)$或$\boldsymbol{A}=\boldsymbol{A}(M,t)$.

在直角坐标系下，数量场$u=u(x,y,z)$，向量场$A=A_x\boldsymbol{i}+A_y\boldsymbol{j}+A_z\boldsymbol{k}$. 若不是稳定场时，还要加上时间变量$t$.

11.6.5 向量场的通量与散度

1. 通量

设有一流速场$y(M)$，其流体是不可压缩的并且是稳定的(不随时间而改变)，为简便起见，设其密度为1，Σ为场中一有向曲面. 那么在单位时间内流过曲面一侧的流量

$$\Phi=\iint_{\Sigma}F\cdot n\mathrm{d}S \tag{11.6.6}$$

其中$\boldsymbol{n}$为Σ的单位法向量.

对于磁场，可研究单位时间内通过场中一曲面Σ某一侧面的磁通量.

定义 11.6.1 设$\boldsymbol{F}$为向量场，Σ为场中一有向曲面，称

$$\Phi=\iint_{\Sigma}\boldsymbol{F}\cdot\boldsymbol{n}\mathrm{d}s$$

为向量$\boldsymbol{F}$沿一侧穿过Σ的通量. 这里$\boldsymbol{n}$为Σ的单位法向量.

在直角坐标中，有向量场$\boldsymbol{F}=P(x,y,z)\boldsymbol{i}+Q(x,y,z)\boldsymbol{j}+R(x,y,z)\boldsymbol{k}$，则

$$\Phi = \iint_{\Sigma} \boldsymbol{F} \cdot \boldsymbol{n} \mathrm{d}S = \iint_{\Sigma} P\mathrm{d}y\mathrm{d}z + Q\mathrm{d}z\mathrm{d}x + R\mathrm{d}x\mathrm{d}y \tag{11.6.7}$$

例 11.6.5　设有向径 $\boldsymbol{r} = x\boldsymbol{i} + y\boldsymbol{j} + z\boldsymbol{k}$ 构成的一向量场，圆锥面 $x^2 + y^2 = z^2$ 和平面 $z = h(h > 0)$ 围成封闭曲面 Σ(见图 11.6.2)，求向量场从 Σ 内穿出 Σ 的通量.

解　Σ_1 表示曲面 Σ 的平面部分，Σ_2 表示 Σ 的圆锥面部分，则有

$$\Phi = \oiint_{\Sigma} r \cdot n \mathrm{d}s$$

$$\begin{aligned}\iint_{\Sigma_1} r \cdot n \mathrm{d}S &= \iint_{\Sigma_1} P\mathrm{d}y\mathrm{d}z + Q\mathrm{d}z\mathrm{d}x + R\mathrm{d}x\mathrm{d}y \\ &= \iint_{\Sigma_1} x\mathrm{d}y\mathrm{d}z + y\mathrm{d}z\mathrm{d}x + z\mathrm{d}x\mathrm{d}y \\ &= \iint_{\sigma_1} h\mathrm{d}x\mathrm{d}y = \pi \cdot h^3\end{aligned}$$

其中 σ_1 为 Σ_1 在 xOy 平面上的投影：$x^2 + y^2 \leqslant h^2$.

图 11.6.2

下面计算 $\iint_{\Sigma_1} \boldsymbol{r} \cdot \boldsymbol{n} \mathrm{d}S$. 注意，在 Σ_2 上，恒有 $\boldsymbol{r} \perp \boldsymbol{n}$，从而

$$\iint_{\Sigma_2} r \cdot n \mathrm{d}S = \iint_{\Sigma_2} 0 \mathrm{d}S = 0$$

故

$$\begin{aligned}\Phi = \oiint_{\Sigma} r \cdot n \mathrm{d}S &= \iint_{\Sigma_1} r \cdot n \mathrm{d}S + \iint_{\Sigma_2} r \cdot n \mathrm{d}S \\ &= \pi h^3\end{aligned}$$

对于通量元素

$$\mathrm{d}\Phi = F \cdot n \mathrm{d}S$$

是单位时间内向量场 $\boldsymbol{F}$ 在曲面 Σ 上 M 点的邻域(其面积为 $\mathrm{d}S$)沿 M 在 Σ 的法向量 $\boldsymbol{n}$ 通过的通量.

如图 11.6.3 所示，当 $\boldsymbol{F}$ 的方向与 $\boldsymbol{n}$ 的夹角为锐角时，$\mathrm{d}\Phi = \boldsymbol{F} \cdot \boldsymbol{n} \mathrm{d}S > 0$ 为正(流)通量；当 $\boldsymbol{F}$ 的方向与 $\boldsymbol{n}$ 的夹角为钝角时，$\mathrm{d}\Phi = F \cdot n \mathrm{d}S < 0$ 为负(流)通量，即从 $\mathrm{d}S$ 的正侧流向负侧的(流)通量. 因此，流量

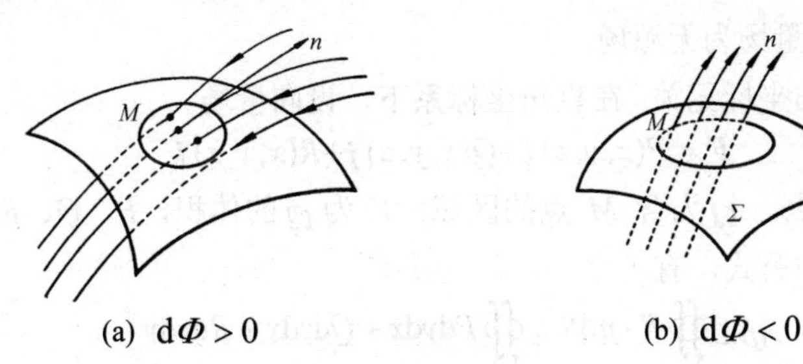

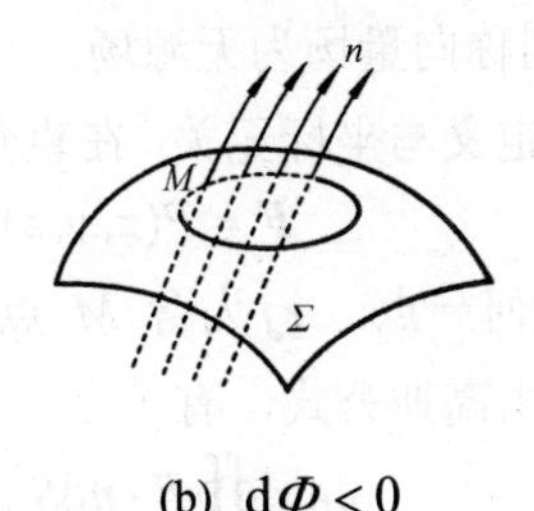

(a) $\mathrm{d}\Phi > 0$　　(b) $\mathrm{d}\Phi < 0$

图 11.6.3

$$\Phi = \iint_{\Sigma} \boldsymbol{F} \cdot \boldsymbol{n} \mathrm{d}S$$

是单位时间内向量场 $\boldsymbol{F}$ 穿过曲面 Σ 的正通量与负通量的代数和. 当 $\Phi > 0$ 时，说明向 Σ 正

侧穿过的通量多于沿相反方向穿过的通量；当$\Phi<0$时，说明向Σ负侧穿过的通量多于沿相反方向穿过的通量.

对于封闭曲面Σ，规定Σ的外侧是正向的，则

$$\Phi=\iint_{\Sigma_1}\boldsymbol{F}\cdot\boldsymbol{n}\mathrm{d}S \tag{11.6.8}$$

表示从Σ内部穿出的正通量与从外部穿入Σ内部的负通量之和，如图 11.6.4 所示.

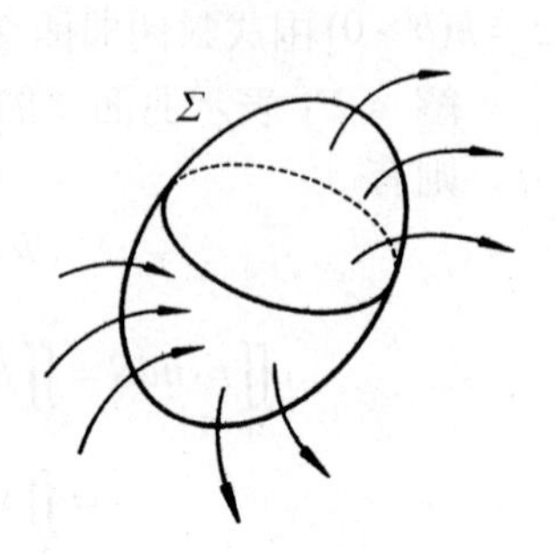

图 11.6.4

(1) 若$\Phi>0$，从Σ内穿出的通量多于从Σ外穿入的通量，说明Σ内有“源”，但可能有吸入的漏洞. 不管Σ内是否有漏洞，毕竟$\Phi>0$，我们认为Σ内有正源.

(2) 若$\Phi<0$，则说明Σ内有负源.

(3) 若$\Phi=0$，有两种可能：一是Σ内不存在(正或负)源；二是Σ内的正源和负源正好抵消.

2. 散度

以上考察的是向量场中一个区域流入或流出的流量(通量)，除此以外，还需考察场中一点的流入或流出(通量)的情景，从而弄清场中源的分布情况和强弱程度.

设M为向量场$\boldsymbol{F}$中的任一点，作一个含M在内的曲面Σ，Σ所围成的区域为Ω，其体积为V，则

$$\frac{\Phi}{V}=\frac{\iint_{\Sigma}\boldsymbol{F}\cdot\boldsymbol{n}\mathrm{d}S}{V} \tag{11.6.9}$$

为单位体积(穿过表面)的通量. 令Ω缩向一点M，若上式的极限存在，则称该极限为向量场$\boldsymbol{F}$在点M处的**散度**，记作$\mathrm{div}F(M)$，即

$$\mathrm{div}F(M)=\lim_{\Omega\to M}\frac{\Phi}{V}=\lim_{\Omega\to M}\frac{\oint\!\!\!\oint_{\Sigma}F\cdot\boldsymbol{n}\mathrm{d}S}{V}, \tag{11.6.10}$$

当$\mathrm{div}F(M)>0$时，表示场$\boldsymbol{F}$在M点有正源；当$\mathrm{div}F(M)<0$时，表示场$\boldsymbol{F}$在M点有吸收通量的负源；当$\mathrm{div}F(M)=0$时，表示F在M点无源. 若对任何点M，均有$\mathrm{div}F(M)=0$，则称向量场为无源场.

关于散度的定义与坐标无关. 在直角坐标系下，设向量场

$$\boldsymbol{F}=P(x,y,z)\,\boldsymbol{i}+Q(x,y,z)\,\boldsymbol{j}+R(x,y,z)\,\boldsymbol{k}$$

M为场中任何一点，Ω为含M点的区域，V为Ω的体积，P、Q、R在Ω上有一阶连续偏导数，则由高斯公式，有

$$\Phi=\oint\!\!\!\oint_{\Sigma}\boldsymbol{F}\cdot\boldsymbol{n}\mathrm{d}S=\oint\!\!\!\oint_{\Sigma}P\mathrm{d}y\mathrm{d}x+Q\mathrm{d}z\mathrm{d}x+R\mathrm{d}x\mathrm{d}y$$

$$=\iiint_{\Omega}\left(\frac{\partial P}{\partial x}+\frac{\partial Q}{\partial y}+\frac{\partial R}{\partial z}\right)dV=\left.\left(\frac{\partial P}{\partial x}+\frac{\partial Q}{\partial y}+\frac{\partial R}{\partial z}\right)\right|_{M'}\cdot V.$$

其中$M'\in\Omega$，等式右侧由积分中值定理得到，从而

$$\frac{\Phi}{V}=\left(\frac{\partial P}{\partial x}+\frac{\partial Q}{\partial y}+\frac{\partial R}{\partial z}\right)\bigg|_{M'}$$

当 $\Omega\to M$ 时，$M'\to M$，并由上式右端 $\frac{\partial P}{\partial x},\frac{\partial Q}{\partial y},\frac{\partial R}{\partial z}$ 在 Ω 连续，有

$$\operatorname{div}F(M)=\lim_{\Omega\to M}\frac{\Phi}{V}=\lim_{M'\to M}\left(\frac{\partial P}{\partial x}+\frac{\partial Q}{\partial y}+\frac{\partial R}{\partial z}\right)\bigg|_{M'}=\left(\frac{\partial P}{\partial x}+\frac{\partial Q}{\partial y}+\frac{\partial R}{\partial z}\right)\bigg|_{M}$$

于是有以下定理.

定理 11.6.2　点 $M(x,y,z)$处的散度

$$\operatorname{div}\boldsymbol{F}=\frac{\partial P}{\partial x}+\frac{\partial Q}{\partial y}+\frac{\partial R}{\partial z}\ .\tag{11.6.11}$$

推论 11.6.1　高斯公式有形式

$$\oiint_{\Sigma}\boldsymbol{F}\cdot\boldsymbol{n}\mathrm{d}S=\oiint_{\Sigma}P\mathrm{d}y\mathrm{d}z+Q\mathrm{d}z\mathrm{d}x+R\mathrm{d}x\mathrm{d}y=\iiint_{\Omega}\operatorname{div}\boldsymbol{F}\mathrm{d}V\ .\tag{11.6.12}$$

推论 11.6.2　若在封闭曲面 Σ 内处处 $\operatorname{div}\boldsymbol{F}=0$，则

$$\oiint_{\Sigma}\boldsymbol{F}\cdot\boldsymbol{n}\mathrm{d}S=0$$

例 11.6.6　如图 11.6.5 所示，求场 $F=\frac{1}{r^2}r$ 穿过区域 $\Omega:0<a^2\leqslant x^2+y^2+z^2\leqslant b^2$ 的边界向外的净流量，其中 $\boldsymbol{r}=x\boldsymbol{i}+y\boldsymbol{j}+z\boldsymbol{k}$，$r=\sqrt{x^2+y^2+z^2}$.

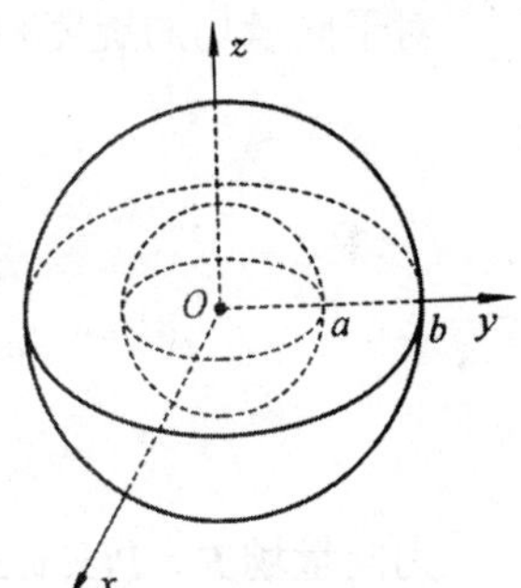

图 11.6.5

解　利用推论 11.6.1，先求出 $\boldsymbol{F}$ 在 Ω 中的散度 $\operatorname{div}\boldsymbol{F}$. 由于 $\boldsymbol{F}=\frac{1}{r^3}(x\boldsymbol{i}+y\boldsymbol{j}+z\boldsymbol{k})$，有

$$\frac{\partial P}{\partial x}=\frac{\partial}{\partial x}\left(\frac{x}{r^3}\right)=\frac{r^3-3xr^2\frac{\partial r}{\partial x}}{r^6}.$$

而

$$\frac{\partial r}{\partial x}=\frac{\partial}{\partial x}(\sqrt{x^2+y^2+z^2})=\frac{x}{\sqrt{x^2+y^2+z^2}}=\frac{x}{r},$$

故

$$\frac{\partial P}{\partial x}=\frac{r^3-3xr^2\cdot\frac{x}{r}}{r^6}=\frac{r^2-3x^2}{r^5}\ .$$

同理

$$\frac{\partial Q}{\partial y}=\frac{\partial}{\partial y}\left(\frac{y}{r^3}\right)=\frac{r^2-3y^2}{r^5},\quad \frac{\partial R}{\partial Z}=\frac{\partial}{\partial z}\left(\frac{z}{r^3}\right)=\frac{r^2-3z^2}{r^5},$$

则

$$\operatorname{div}F=\frac{\partial P}{\partial x}+\frac{\partial Q}{\partial y}+\frac{\partial R}{\partial z}=\frac{1}{r^5}[3r^2-3(x^2+y^2+z^2)]=\frac{1}{r^5}(3r^2-3r^2)=0,$$

从而由推论 11.6.1，有

$$\oiint_{\Sigma} F \cdot n \mathrm{d}S = \iiint_{\Omega} \mathrm{div} F \, \mathrm{d}V = 0 .$$

即过Ω边界向外的净流量为零. 下面来进一步研究是什么原因造成这种状况的. 先考察场F穿过球域$\Omega_1 : x^2 + y^2 + z^2 \leqslant a^2$的表面向外的流量$\Phi_1$, Ω_1的表面为球面$\Sigma_1 : x^2 + y^2 + z^2 = a^2$，则有

$$\Phi_1 = \oiint_{\Sigma_1} F \cdot n \, \mathrm{d}S = \oiint_{\Sigma_1} \frac{1}{r^3} \cdot r \cdot n \mathrm{d}S$$

n为球面Σ_1的单位法向量，则有

$$\boldsymbol{n} = \frac{x\boldsymbol{i} + y\boldsymbol{j} + z\boldsymbol{k}}{\sqrt{x^2 + y^2 + z^2}} = \frac{x\boldsymbol{i} + y\boldsymbol{j} + z\boldsymbol{k}}{a} = \frac{1}{a} r ,$$

$$\boldsymbol{r} \cdot \boldsymbol{n} = \frac{1}{a}(\boldsymbol{r} \cdot \boldsymbol{r}) = \frac{1}{a} r^2 .$$

在球面Σ_2上，恒有$r = a$，故

$$\Phi_1 = \oiint_{\Sigma_1} \frac{1}{a^3} r \cdot n \, \mathrm{d}S = \oiint_{\Sigma_1} \frac{1}{a^2} \mathrm{d}S = \frac{1}{a^2} \cdot (4\pi a^2) = 4\pi .$$

同理，场F穿过球面$x^2 + y^2 + z^2 = b^2$向外的流量$\Phi_2 = 4\pi$. 这说明从Ω的内球面流入Ω的流量(4π)又从Ω内穿过外球面流出了Ω，这些流量在Ω中既没有留下一些，也没有增加一些，Ω成为场中的过道.

对于向量场的旋度和散度，我们可以给出一个简单的记忆方法， 称

$$D(F) = \begin{pmatrix} \frac{\partial P}{\partial x} & \frac{\partial P}{\partial y} & \frac{\partial P}{\partial z} \\ \frac{\partial Q}{\partial x} & \frac{\partial Q}{\partial y} & \frac{\partial Q}{\partial z} \\ \frac{\partial R}{\partial x} & \frac{\partial R}{\partial y} & \frac{\partial R}{\partial z} \end{pmatrix}$$

为向量场$\boldsymbol{F} = P(x,y,z)\boldsymbol{i} + Q(x,y,z)\boldsymbol{j} + R(x,y,z)\boldsymbol{k}$的雅克比(Jacobi)矩阵.

$$\mathrm{div} F = \frac{\partial P}{\partial x} + \frac{\partial Q}{\partial y} + \frac{\partial R}{\partial z}$$

恰为$D(F)$对角线元素之和，而其余 6 个元素关于对角线对称两元素之差构成旋度

$$\mathrm{rot}\boldsymbol{F} = \left(\frac{\partial R}{\partial y} - \frac{\partial Q}{\partial z}\right)\boldsymbol{i} + \left(\frac{\partial P}{\partial z} - \frac{\partial R}{\partial x}\right)\boldsymbol{j} + \left(\frac{\partial Q}{\partial x} - \frac{\partial P}{\partial y}\right)\boldsymbol{k} \tag{11.6.13}$$

11.6.6 向量场的环量与旋度

对于一个力场$\boldsymbol{F} = P(x,y,z)\boldsymbol{i} + Q(x,y,z)\boldsymbol{j} + R(x,y,z)\boldsymbol{k}$，$C$为场中光滑曲线，力场$F(x, y, z)$沿$C$所做的功

$$W = \int_C F \cdot \tau \mathrm{d}s = \int_C F \cdot \mathrm{d}s \tag{11.6.14}$$

其中，τ 为 C 上的单位切向量，$\mathrm{d}\boldsymbol{s}=\boldsymbol{\tau}\mathrm{d}s$，功元素 $\mathrm{d}\boldsymbol{W}=\boldsymbol{F}\cdot\boldsymbol{\tau}\mathrm{d}s=\boldsymbol{F}\cdot\mathrm{d}\boldsymbol{s}$.

当 C 为封闭的光滑曲线，质点沿 C 移动一周所做的功为

$$W=\oint_C F\cdot\tau\mathrm{d}s=\oint_C P(x,y,z)\mathrm{d}x+Q(x,y,z)\mathrm{d}y+R(x,y,z)\mathrm{d}z$$

在一个流速场 $\boldsymbol{F}$，C 为场里的光滑曲线，则沿 C 的流量为 $\oint_C \boldsymbol{F}\cdot\boldsymbol{\tau}\mathrm{d}s$，同样，$C$ 为光滑简单闭曲线，则沿 C 流过的(环)流量为 $\oint_C \boldsymbol{F}\cdot\boldsymbol{\tau}\mathrm{d}s$.

1. 环量

定义 11.6.2　设向量场 $\boldsymbol{F}(x,y,z)=P(x,y,z)\boldsymbol{i}+Q(x,y,z)\boldsymbol{j}+R(x,y,z)\boldsymbol{k}$，$C$ 为场内简单分段光滑闭曲线，称

$$\Gamma=\oint_C \boldsymbol{F}\cdot\boldsymbol{\tau}\mathrm{d}s=\oint_C P\mathrm{d}x+Q\mathrm{d}y+R\mathrm{d}z \tag{11.6.15}$$

为向量场 $\boldsymbol{F}$ 沿 C 的环量，其中 τ 为 C 上的单位切向量.

若 $\boldsymbol{F}$ 为平面向量场，C 为场中简单分段光滑闭曲线，沿 C 的环量为

$$\Gamma=\oint_C P\mathrm{d}x+Q\mathrm{d}y \tag{11.6.16}$$

例 11.6.7　设向量场 $\boldsymbol{F}=2z\boldsymbol{i}+(8x-3y)\boldsymbol{j}+(3x+y)\boldsymbol{k}$，$C$ 为图 11.6.6 所示的有向闭曲线，求向量场 $\boldsymbol{F}$ 沿 C 的环量.

解　$C=C_1+C_2+C_3$. 写出 c_i 的参数式 $1\leqslant i\leqslant 3$.

$C_1: x=x, y=1-x, z=0$，x 从 1 到 0；

$C_2: x=0, y=y, z=1-y$，y 从 1 到 0；

$C_3: x=x, y=0, z=1-x$，x 从 0 到 1；

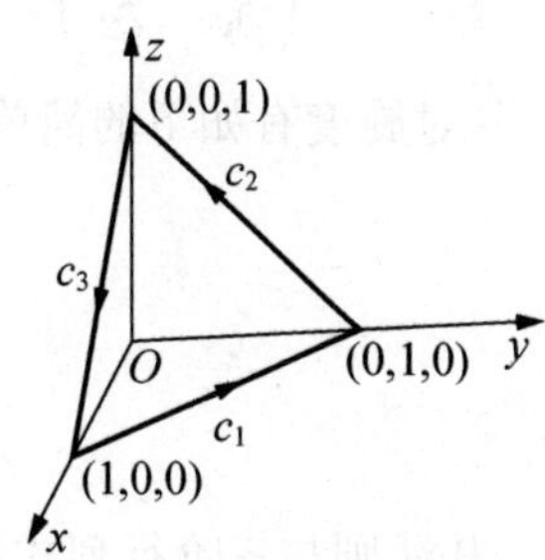

图 11.6.6

于是有

$$\oint_{C_1} \boldsymbol{F}\cdot\tau\mathrm{d}s=\int_{C_1} 2z\mathrm{d}x+(8x-3y)\mathrm{d}y+(3x+y)\mathrm{d}z$$

$$=-\int_1^0[8x-3(1-x)](-1)\mathrm{d}x$$

$$=-\int_1^0(11x-3)\,\mathrm{d}x=\frac{5}{2}$$

$$\oint_{C_2} \boldsymbol{F}\cdot\tau\mathrm{d}s=\int_{C_2} 2z\mathrm{d}x+(8x-3y)\mathrm{d}y+(3x+y)\mathrm{d}z$$

$$=\int_1^0(-3y-y)\mathrm{d}y=-\int_1^0 4y\mathrm{d}y=2$$

$$\oint_{C_3} \boldsymbol{F}\cdot\tau\mathrm{d}s=\int_{C_1} 2z\mathrm{d}x+(8x-3y)\mathrm{d}y+(3x+y)\mathrm{d}z$$

$$=\int_0^1[2(1-x)-3x]\mathrm{d}x=\int_0^1(2-5x)\mathrm{d}x=-\frac{1}{2}$$

从而，$\boldsymbol{F}$ 沿 C 的环量为

$$\Gamma=\oint_C \boldsymbol{F}\cdot\tau \mathrm{d}s=\oint_{C_1}\boldsymbol{F}\cdot\tau \mathrm{d}s+\oint_{C_2}\boldsymbol{F}\cdot\tau \mathrm{d}s+\oint_{C_3}\boldsymbol{F}\cdot\tau \mathrm{d}s=\frac{5}{2}+2-\frac{1}{2}=4 .$$

2. 旋度

设向量场 $\boldsymbol{F}=P(x,y,z)\boldsymbol{i}+Q(x,y,z)\boldsymbol{j}+R(x,y,z)\boldsymbol{k}$，$C$ 为简单分段光滑有向闭曲线，Σ 是以 C 为边界的分片光滑的曲面，且 C 的正向与 Σ 符合右手螺旋法则(见图 11.6.7)，P，Q，R 在含 Σ 的一个空间区域内存在连续偏导数. 斯托克斯公式，$\boldsymbol{F}$ 沿 C 的环量为

$$\Gamma=\oint_C \boldsymbol{F}\cdot\tau \mathrm{d}s=\oint_C P\mathrm{d}x+Q\mathrm{d}y+R\mathrm{d}z .$$

$$=\iint_\Sigma\left(\frac{\partial R}{\partial y}-\frac{\partial Q}{\partial z}\right)\mathrm{d}y\mathrm{d}z+\left(\frac{\partial P}{\partial z}-\frac{\partial R}{\partial x}\right)\mathrm{d}z\mathrm{d}x+\left(\frac{\partial Q}{\partial x}-\frac{\partial P}{\partial y}\right)\mathrm{d}x$$

$$=\iint_\Sigma\left[\left(\frac{\partial R}{\partial y}-\frac{\partial Q}{\partial z}\right)\cos\alpha+\left(\frac{\partial P}{\partial z}-\frac{\partial R}{\partial x}\right)\cos\beta+\left(\frac{\partial Q}{\partial x}-\frac{\partial P}{\partial y}\right)\cos\gamma\right]\mathrm{d}S .$$

其中，$(\cos\alpha,\cos\beta,\cos\gamma)$ 为 Σ 的法向量.

定义 11.6.3 有向量场 $\boldsymbol{F}=P(x,y,z)\boldsymbol{i}+Q(x,y,z)\boldsymbol{j}+R(x,y,z)\boldsymbol{k}$，在场中的点 M 处满足斯托克斯公式的条件，称

$$\left(\frac{\partial R}{\partial y}-\frac{\partial Q}{\partial z}\right)\boldsymbol{i}+\left(\frac{\partial P}{\partial z}-\frac{\partial R}{\partial x}\right)\boldsymbol{j}+\left(\frac{\partial Q}{\partial x}-\frac{\partial P}{\partial y}\right)\boldsymbol{k}$$

为向量场在点 M 处的旋度，记为 $\mathrm{rot}\boldsymbol{D}$. 也即

$$\mathrm{rot}\boldsymbol{F}=\left(\frac{\partial R}{\partial y}-\frac{\partial Q}{\partial z}\right)\boldsymbol{i}+\left(\frac{\partial P}{\partial z}-\frac{\partial R}{\partial x}\right)\boldsymbol{j}+\left(\frac{\partial Q}{\partial x}-\frac{\partial P}{\partial y}\right)\boldsymbol{k}, \quad (11.6.17)$$

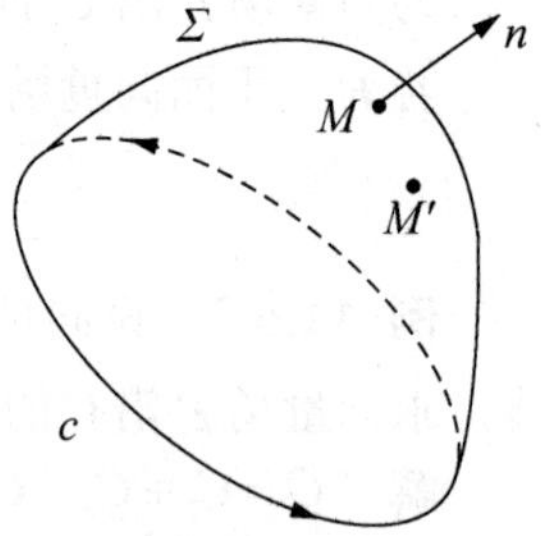

图 11.6.7

对旋度有如下的简单记忆法：

$$\mathrm{rot}\boldsymbol{F}=\begin{vmatrix}\boldsymbol{i} & \boldsymbol{j} & \boldsymbol{k}\\ \dfrac{\partial}{\partial x} & \dfrac{\partial}{\partial y} & \dfrac{\partial}{\partial z}\\ P & Q & R\end{vmatrix} \quad (11.6.18)$$

其法则与三阶行列式相同.

例 11.6.8 求向量场 $\boldsymbol{F}=xy^2z^2\boldsymbol{i}+z^2\sin y\boldsymbol{j}+x^2\mathrm{e}^y\boldsymbol{k}$ 的旋度.

解

$$\mathrm{rot}\boldsymbol{F}=\begin{vmatrix}\boldsymbol{i} & \boldsymbol{j} & \boldsymbol{k}\\ \dfrac{\partial}{\partial x} & \dfrac{\partial}{\partial y} & \dfrac{\partial}{\partial z}\\ xy^2z^2 & z^2\sin y & x^2e^y\end{vmatrix}$$

有了向量场 $\boldsymbol{F}$，可以求出 $\boldsymbol{F}$ 在任一点的旋度 $\mathrm{rot}\boldsymbol{F}$，则由

$$\int_C P\mathrm{d}x+Q\mathrm{d}y+R\mathrm{d}z=\oint_C\left(P\cos\alpha_1+Q\cos\beta_1+R\cos\gamma_1\right)\mathrm{d}s ,$$

$$\oint_C (P,Q,R)\cdot(\cos\alpha_1,\cos\beta_1,\cos\gamma_1)\mathrm{d}s=\oint_C \boldsymbol{F}\cdot\boldsymbol{\tau}\mathrm{d}s$$

其中τ为C的单位切向量，斯托克斯公式可以写成

$$\iint_\Sigma \mathrm{rot}\boldsymbol{F}\cdot\boldsymbol{n}\mathrm{d}s=\oint_C \boldsymbol{F}\cdot\boldsymbol{\tau}\mathrm{d}s.$$

旋度运算的基本公式如下：

(1) $\mathrm{rot}(C\cdot\boldsymbol{F})=C\cdot\mathrm{rot}\boldsymbol{F}$ (C 为常数)；

(2) $\mathrm{rot}(\boldsymbol{F}\pm\boldsymbol{E})=\mathrm{rot}\boldsymbol{F}\pm\mathrm{rot}\boldsymbol{E}$；

(3) $\mathrm{rot}(\boldsymbol{u}\cdot\boldsymbol{F})=\boldsymbol{u}\cdot\mathrm{rot}\boldsymbol{F}+\mathbf{grad}\boldsymbol{u}\times\boldsymbol{F}$ (u 为数量函数)；

(4) $\mathrm{rot}(\mathbf{grad}\boldsymbol{u})=0$.

习题

1. 利用高斯公式计算下列曲面积分.

(1) $\oiint_\Sigma x\mathrm{d}y\mathrm{d}z+y\mathrm{d}z\mathrm{d}x+(z+z^3)\mathrm{d}x\mathrm{d}y$，其中$\Sigma$是正方体$0\leqslant x\leqslant a$, $0\leqslant y\leqslant a$, $0\leqslant z\leqslant a$表面的外侧；

(2) $\oiint_\Sigma x^3\mathrm{d}y\mathrm{d}z+y^3\mathrm{d}z\mathrm{d}x+z^3\mathrm{d}x\mathrm{d}y$，其中$\Sigma$是球面$x^2+y^2+z^2=a^2$的外侧；

(3) $\oiint_\Sigma (x+1)\mathrm{d}y\mathrm{d}z+y\mathrm{d}z\mathrm{d}x+\mathrm{d}x\mathrm{d}y$，其中$\Sigma$是由平面$x+y+z=1$和三个坐标面围成立体的表面外侧；

(4) $\iint_\Sigma y\mathrm{d}y\mathrm{d}z+x\mathrm{d}z\mathrm{d}x+\mathrm{e}^z\mathrm{d}x\mathrm{d}y$，其中$\Sigma$是旋转抛物面$z=x^2+y^2$ $(0\leqslant z\leqslant 1)$的下侧.

2. 利用斯托克斯(Stokes)公式计算下列各曲线积分.

(1) $\oint_\Gamma 3y\mathrm{d}x-xz\mathrm{d}y+yz^2\mathrm{d}z$，其中$\Gamma$是圆周$\begin{cases}x^2+y^2=2z\\ z=1+y\end{cases}$，从$Oz$轴正向看去，取逆时针方向绕行；

(2) $\oint_\Gamma (x-z)\mathrm{d}x+(x^3+yz)\mathrm{d}y-3xy^2\mathrm{d}z$，其中$\Gamma$是圆周$\begin{cases}z=2-\sqrt{x^2+y^2}\\ z=0\end{cases}$，从$Oz$轴正向看去，取逆时针方向绕行；

(3) $\oint_\Gamma y^2\mathrm{d}x+z^2\mathrm{d}y+x^2\mathrm{d}z$，其中$\Gamma$是椭圆周$\begin{cases}\dfrac{x^2}{2}+y^2=1\\ z=1+y\end{cases}$，从$Oz$轴正向看去，取逆时针方向绕行.

3. 若空间曲线Γ是圆柱面$x^2+y^2=2y$与平面$y=z$的交线. 证明：

$$\oint_\Gamma y2\mathrm{d}x+xy\mathrm{d}y+xz\mathrm{d}z=0$$

总 习 题

1. 计算曲线积分$\oint_L xy\mathrm{d}s$，其中L为区域$0\leqslant x\leqslant 1, 0\leqslant y\leqslant 2$的边界.

2. 计算曲线积分$\oint_L \sqrt{x^2+y^2}\mathrm{d}s$，其中$L$是圆$x^2+y^2=ax\,(a>0)$的一周.

3. 求螺旋线$x=a\cos t$, , $y=a\sin t$, $z=kt$上对应于从$t=0$到$t=2\pi$的一段弧的质心，其中线密度函数为$\mu(x,y,z)=x^2+y^2+z^2$.

4. 计算曲线积分$\oint_L x\mathrm{d}y-y\mathrm{d}x$，其中$L$是沿圆弧$y=\sqrt{2x-x^2}$从点$A(2,0)$到原点的一段有向弧.

5. 计算曲线积分$\oint_L (2x-y+4)\mathrm{d}x+(3x+5y-6)\mathrm{d}y$，其中$L$是以点(0,0)，(3,0)，(3,2)为顶点的三角形正向边界.

6. 计算曲线积分$\oint_L \sqrt{x}\mathrm{d}x+(x+2y)\mathrm{d}y$，其中$L$是曲线$y=\sin x$上从$x=0$到$x=\pi$的一段有向曲线弧.

7. 计算曲线积分$\oint_L \frac{(\mathrm{e}^{x^2}-x^2y)\mathrm{d}x+(xy^2-\sin y^2)\mathrm{d}y}{x^2+y^2}$，其中$L$是按圆周$x^2+y^2=a^2$顺时针方向旋转一周.

8. 一质量为m的物体在力$\boldsymbol{F}(x,y,z)=x\boldsymbol{i}+y\boldsymbol{j}+z\boldsymbol{k}$作用下沿椭圆周$\begin{cases}x^2+y^2=1\\ z=x+y\end{cases}$移动一周.求力$F$所做的功(方向是从$Oz$轴正向看去取逆时针方向).

9. 计算曲面积分$\iint_\Sigma (3x+2y-z)\mathrm{d}S$，其中$\Sigma$是平面$z=1+x+2y$含在圆柱面$x^2+y^2=R^2$内的部分.

10. 计算曲面积分$\iint_\Sigma xyz\mathrm{d}x\mathrm{d}y$和$\iint_\Sigma xyz\mathrm{d}y\mathrm{d}z$. 其中$\Sigma$是球面$x^2+y^2+z^2=1$位于第一、五卦限部分的外侧.

11. 计算曲面积分$\iint_\Sigma (1+x^2)\mathrm{d}y\mathrm{d}z+(1+y^2)\mathrm{d}z\mathrm{d}x+(1+z^2)\mathrm{d}x\mathrm{d}y$，其中$\Sigma$是圆锥面$z=1-\sqrt{x^2+y^2}$位于面$xOy$上方部分的下侧.

12. 求向量场$\boldsymbol{F}=-y\boldsymbol{i}+x\boldsymbol{j}+C\boldsymbol{k}$ (C为常数)沿下列曲线的环量.

(1) 圆周$x^2+y^2=R^2, z=0$；

(2) 椭圆$x=\cos t, y=4\sin t, 0\leqslant t\leqslant 2\pi$.

13. 设Σ为曲面$x^2+y^2=z\left(0\leqslant z\leqslant h\right)$，求流速场$v=(x+y+z)k$在单位时间内向下侧穿过$\Sigma$的流量$Q$.

第12章 无 穷 级 数

无穷级数是高等数学的一个重要内容，是无限个常量或变量之和的数学模型，它是表示函数、研究函数性态以及进行数值计算的一种有效工具，在数学理论以及工程技术中都有广泛的应用.

12.1 常数项级数的概念及性质

12.1.1 常数项级数的概念

实例 小球运动的时间

小球从 1 m 高处自由落下，每次跳起的高度减少一半，问小球运动的总时间.

解 由自由落体运动方程 $s=\frac{1}{2}gt^2$ 知 $t=\sqrt{\frac{2s}{g}}$. 设 t_k 表示第 k 次小球落地的时间，则小球运动的总时间为

$$T=t_1+2t_2+2t_3+\cdots+2t_k+\cdots.$$

这里出现了无穷多个数依次相加的式子. 在物理、化学等许多学科中，也常遇到这种无穷多个数或函数相加的情形，在数学上称之为无穷级数.

定义 12.1.1 给定一个数列 $\{u_n\}$：u_1，u_2，⋯ ，u_n，⋯ ，将它的各项依次用加号连接起来的表达式

$$u_1+u_2+\cdots+u_n+\cdots$$

叫作常数项无穷级数，简称常数项级数或级数，记为 $\sum_{n=1}^{\infty}u_n$，即

$$\sum_{n=1}^{\infty}u_n=u_1+u_2+\cdots+u_n+\cdots \tag{12.1.1}$$

其中，第 n 项 u_n 称为此级数的一般项或通项.

上述级数的定义只是一个形式上的定义，怎样理解无穷级数中无穷多个数相加呢？我们可以从有限项出发，观察它们的变化趋势，由此来理解无穷多个数量相加的含义.

令 $S_n=u_1+u_2+\cdots+u_n$，称 S_n 为级数(12.1.1)的部分和. 当 n 依次为 1,2,3,⋯,时，得到一个数列 S_1，S_2，⋯，S_n，⋯，称为级数(12.1.1)的部分和数列. 从形式上不难知道 $\sum_{n=1}^{\infty}u_n=\lim_{n\to\infty}S_n$，所以我们可以根据部分和数列的收敛与发散来定义级数的敛散性.

当级数 $\sum_{n=1}^{\infty}u_n$ 收敛于 S 时，常用其部分和 S_n 作为和 S 的近似值，其差

$$S-S_n=\sum_{k=1}^{\infty}u_k-\sum_{k=1}^{n}u_k=\sum_{k=n+1}^{\infty}u_k$$

叫作该级数的余项，记为r_n．用部分和S_n近似代替和S所产生的绝对误差为$|r_n|$.

定义 12.1.2 如果无穷级数$\sum_{n=1}^{\infty}u_n$的部分和数列$\{S_n\}$有极限 S，即$\lim_{n\to\infty}S_n=S$，则称该级数收敛，并称极限值S为该级数的和，记作

$$S=\sum_{n=1}^{\infty}u_n=u_1+u_2+\cdots+u_n+\cdots.$$

如果数列$\{S_n\}$没有极限，即$\lim_{n\to\infty}S_n$不存在，则称该级数发散，发散的级数没有和.

例 12.1.1 判定级数$\frac{1}{1\cdot 2}+\frac{1}{2\cdot 3}+\cdots+\frac{1}{n\cdot(n+1)}+\cdots$的敛散性.

解 所给级数的一般项为$u_n=\frac{1}{n(n+1)}=\frac{1}{n}-\frac{1}{n+1}$，部分和

$$\begin{aligned}S_n&=\frac{1}{1\cdot 2}+\frac{1}{2\cdot 3}+\cdots+\frac{1}{n\cdot(n+1)}\\&=\left(1-\frac{1}{2}\right)+\left(\frac{1}{2}-\frac{1}{3}\right)+\cdots+\left(\frac{1}{n}-\frac{1}{n+1}\right)=1-\frac{1}{n+1},\end{aligned}$$

所以$\lim_{n\to\infty}S_n=\lim_{n\to\infty}\left(1-\frac{1}{n+1}\right)=1$，故该级数收敛于 1，即$\sum_{n=1}^{\infty}\frac{1}{n(n+1)}=1$.

例 12.1.2 考察波尔察诺级数$\sum_{n=1}^{\infty}(-1)^{n-1}$的敛散性.

解 它的部分和数列是 $1, 0, 1, 0, \cdots$，显然$\lim_{n\to\infty}S_n$不存在，$\sum_{n=1}^{\infty}(-1)^{n-1}$发散.

例 12.1.3 讨论几何级数(也称等比级数)

$$\sum_{n=0}^{\infty}aq^n=a+aq+aq^2+\cdots+aq^n+\cdots$$

的敛散性，其中$a\neq 0$, q称为级数的公比.

解 该几何级数前n项的部分和为

$$S_n=a+aq+aq^2+\cdots+aq^{n-1}=\begin{cases}\frac{a(1-q^n)}{1-q}, & q\neq 1\\ na, & q=1\end{cases},$$

当$q=1$时，由于$\lim_{n\to\infty}S_n=\lim_{n\to\infty}na=\infty$，所以级数发散；

当$q=-1$时，级数变为$a-a+a-a+\cdots$，显然$\lim_{n\to\infty}S_n$不存在，所以级数发散；

当$|q|>1$时，由于$\lim_{n\to\infty}S_n=\infty$，所以级数发散；

当$|q|<1$时，由于$\lim_{n\to\infty}S_n=\frac{a}{1-q}$，所以级数收敛于$\frac{a}{1-q}$.

因此，几何级数$\sum_{n=0}^{\infty}aq^n$当$|q|<1$时收敛于$\frac{a}{1-q}$；当$|q|\geqslant 1$时发散.

几何级数的敛散性非常重要，许多级数敛散性的判别，都要借助几何级数的敛散性来实现.

12.1.2　常数项级数的性质

根据级数敛散性的概念，可以得到级数的几个基本性质．

性质 1　若级数 $\sum_{n=1}^{\infty}u_n$ 收敛，则级数 $\sum_{n=1}^{\infty}ku_n$ 也收敛，其中 k 为常数．

证明　设级数 $\sum_{n=1}^{\infty}u_n$ 与 $\sum_{n=1}^{\infty}ku_n$ 的部分和分别为 S_n 和 σ_n，则

$$\sigma_n = ku_1 + ku_2 + \cdots + ku_n = k(u_1 + u_2 + \cdots + u_n) = kS_n,$$

$$\lim_{n\to\infty}\sigma_n = \lim_{n\to\infty}kS_n = k\lim_{n\to\infty}S_n = kS,$$

故级数 $\sum_{n=1}^{\infty}ku_n$ 收敛．

从性质 1 的证明可以看出，如果 S_n 没有极限且 $k\neq 0$，则 σ_n 也可能没有极限．换句话说，级数的每一项同乘以一个非零常数，其敛散性不改变．

性质 2　若级数 $\sum_{n=1}^{\infty}u_n$ 和 $\sum_{n=1}^{\infty}v_n$ 都收敛，则级数 $\sum_{n=1}^{\infty}(u_n \pm v_n)$ 收敛．

例如，$\sum_{n=1}^{\infty}\frac{2^n + (-1)^n}{3^n} = \sum_{n=1}^{\infty}\left(\frac{2}{3}\right)^n + \sum_{n=1}^{\infty}\left(-\frac{1}{3}\right)^n = \frac{\frac{2}{3}}{1-\frac{2}{3}} + \frac{-\frac{1}{3}}{1-\left(-\frac{1}{3}\right)} = 2 - \frac{1}{4} = \frac{7}{4}$．

性质 3　添加、去掉或改变级数的有限项，级数的敛散性不变，但收敛时，其和可能不同．

证明　不妨去掉级数 $\sum_{n=1}^{\infty}u_n$ 的前 k 项，得新级数

$$u_{k+1} + u_{k+2} + \cdots + u_{k+n} + \cdots$$

原级数与新级数的部分和分别记为 S_n 与 σ_n，则有

$$\begin{aligned}\sigma_n &= u_{k+1} + u_{k+2} + \cdots + u_{k+n} \\ &= (u_1 + \cdots + u_k + u_{k+1} + \cdots + u_{k+n}) - (u_1 + u_2 + \cdots + u_k) \\ &= S_{k+n} - S_k,\end{aligned}$$

$$\lim_{n\to\infty}\sigma_n = \lim_{n\to\infty}S_{k+n} - S_k.$$

由此可见，数列 $\{\sigma_n\}$ 与 $\{S_{k+n}\}$ 具有相同的敛散性，从而新级数与原级数有相同的敛散性．若原级数有和 S，即 $\lim_{n\to\infty}S_{n+k} = S$，则新级数仍收敛于和 $S - S_k$．

性质 4　收敛级数加括号后所形成的级数仍收敛于原级数的和．

由性质 4 知，若级数加括号后发散，则原级数必发散．但加括号后收敛的级数，去括号后未必收敛．例如，级数 $(1-1)+(1-1)+(1-1)+\cdots$ 收敛，但去括号后级数 $1-1+1-1+1-1+\cdots$ 却发散．

性质 5　(级数收敛的必要条件)　若级数 $\sum_{n=1}^{\infty}u_n$ 收敛，则必有 $\lim_{n\to\infty}u_n = 0$．

证明 设级数 $\sum_{n=1}^{\infty}u_n$ 收敛于 S，由于 $u_n=S_n-S_{n-1}$，所以

$$\lim_{n\to\infty}u_n=\lim_{n\to\infty}(S_n-S_{n-1})=\lim_{n\to\infty}S_n-\lim_{n\to\infty}S_{n-1}=S-S=0.$$

由级数收敛的必要条件可知，如果 $\lim_{n\to\infty}u_n\neq 0$ 或不存在，则级数一定发散．因此可用性质 5 判定级数 $\sum_{n=1}^{\infty}u_n$ 发散性，有时性质 5 也称为“级数发散的第 n 项判别法”．

例 12.1.4 判定级数 $\sum_{n=1}^{\infty}\frac{n}{2n+1}$ 的敛散性．

解 由于 $\lim_{n\to\infty}u_n=\lim_{n\to\infty}\frac{n}{2n+1}=\frac{1}{2}\neq 0$，故此级数发散．

例 12.1.5 证明调和级数 $1+\frac{1}{2}+\frac{1}{3}+\cdots+\frac{1}{n}+\cdots$ 发散．

证明 将调和级数的两项、两项、四项、…、2^m 项、…加括号，得到一个新级数

$$\left(1+\frac{1}{2}\right)+\left(\frac{1}{3}+\frac{1}{4}\right)+\left(\frac{1}{5}+\frac{1}{6}+\frac{1}{7}+\frac{1}{8}\right)+\cdots+\left(\frac{1}{2^m+1}+\frac{1}{2^m+2}+\cdots+\frac{1}{2^{m+1}}\right)+\cdots.$$

因为

$$1+\frac{1}{2}>\frac{1}{2},\quad \frac{1}{3}+\frac{1}{4}>\frac{1}{4}+\frac{1}{4}=\frac{1}{2},$$

$$\frac{1}{5}+\frac{1}{6}+\frac{1}{7}+\frac{1}{8}>\frac{1}{8}+\frac{1}{8}+\frac{1}{8}+\frac{1}{8}=\frac{1}{2},\cdots,$$

$$\frac{1}{2^m+1}+\frac{1}{2^m+2}+\cdots+\frac{1}{2^{m+1}}>\frac{1}{2^{m+1}}+\frac{1}{2^{m+1}}+\cdots+\frac{1}{2^{m+1}}=\frac{1}{2},$$

所以新级数前 $m+1$ 项的和大于 $\frac{m+1}{2}$，故新级数发散．由性质 4 知，调和级数发散．

由于调和级数的一般项 $u_n=\frac{1}{n}\to 0(n\to\infty)$，因此例 12.1.5 说明：级数的一般项 u_n 趋于零仅仅是级数收敛的必要条件，并非充分条件．所以，不可用性质 5 来判定级数的收敛性．

例 12.1.6 有甲、乙、丙三人按以下方式分一个苹果：先将苹果分成 4 份，每人各取一份；然后将剩下的一份又分成 4 份，每人又取一份；按此方法一直下去．那么最终每人分得多少苹果？

解 依题意，每人分得的苹果为

$$\frac{1}{4}+\frac{1}{4^2}+\frac{1}{4^3}+\cdots+\frac{1}{4^n}+\cdots.$$

它是 $a=q=\frac{1}{4}$ 的等比级数，因此其和为

$$S=\frac{\frac{1}{4}}{1-\frac{1}{4}}=\frac{1}{3}.$$

即最终每人分得苹果的 $\frac{1}{3}$．

习题

1. 写出下列级数的一般项.

(1) $\frac{2}{1}-\frac{3}{2}+\frac{4}{3}-\frac{5}{4}+\frac{6}{5}-\cdots$；　(2) $\frac{a^2}{3}-\frac{a^3}{5}+\frac{a^4}{7}-\frac{a^5}{9}+\cdots$.

2. 判断下列级数的敛散性.

(1) $\sum_{n=1}^{\infty}(\sqrt{n+1}-\sqrt{n})$；　(2) $\sum_{n=1}^{\infty}\sin\frac{n\pi}{6}$；

(3) $\frac{1}{1\cdot 3}+\frac{1}{3\cdot 5}+\cdots+\frac{1}{(2n-1)\cdot(2n+1)}+\cdots$；　(4) $1+2+\cdots+100+\frac{1}{2}+\frac{1}{3}+\frac{1}{4}+\cdots$；

(5) $\sum_{n=1}^{\infty}(-1)^{n-1}\left(1+\frac{1}{n}\right)^{-n}$；　(6) $\sum_{n=1}^{\infty}\left(\frac{1}{3^n}+n\right)$；

(7) $\sum_{n=1}^{\infty}\sqrt[n^2]{0.0001}$.

12.2　常数项级数审敛法

12.2.1　正项级数及其审敛法

定义 12.2.1　对于常数项级数$\sum_{n=1}^{\infty}u_n$，如果$u_n\geqslant 0\ (n=1,2,\cdots)$，则称之为正项级数.

对于正项级数$\sum_{n=1}^{\infty}u_n$，其部分和$S_n=S_{n-1}+u_n\geqslant S_{n-1}\ (n=2,3,\cdots)$，即部分和数列$\{S_n\}$单调递增．若数列$\{S_n\}$有界，则由单调有界数列必有极限的准则知，数列$\{S_n\}$收敛，所以正项级数$\sum_{n=1}^{\infty}u_n$必收敛，设其和为$S$，则有$S_n\leqslant S$．反之，若正项级数$\sum_{n=1}^{\infty}u_n$收敛于$S$，则由收敛数列必有界的性质知，数列$\{S_n\}$必有界．于是我们得到下述重要结论：

定理 12.2.1　正项级数$\sum_{n=1}^{\infty}u_n$收敛的充分必要条件是其部分和数列$\{S_n\}$有上界.

例 12.2.1　证明正项级数$\sum_{n=0}^{\infty}\frac{1}{n!}=1+\frac{1}{1!}+\frac{1}{2!}+\cdots+\frac{1}{n!}+\cdots$收敛.

证明　因为

$$\frac{1}{n!}=\frac{1}{1\cdot 2\cdot\cdots\cdot n}\leqslant\frac{1}{1\cdot 2\cdot 2\cdot\cdots\cdot 2}=\frac{1}{2^{n-1}}\ (n=1,2,\cdots),$$

于是对任意的n，有

$$S_n=1+\frac{1}{1!}+\frac{1}{2!}+\cdots+\frac{1}{(n-1)!}\leqslant 1+1+\frac{1}{2}+\frac{1}{2^2}+\cdots+\frac{1}{2^{n-2}}$$

$$=1+\frac{1-\frac{1}{2^{n-1}}}{1-\frac{1}{2}}=3-\frac{1}{2^{n-2}}<3,$$

即正项级数$\sum_{n=0}^{\infty}\frac{1}{n!}$的部分和数列有界，故级数$\sum_{n=0}^{\infty}\frac{1}{n!}$收敛．利用定理 12.2.1，可导出正项级数的若干审敛法，这里只介绍其中较为重要的两个．

定理 12.2.2(比较审敛法) 设$\sum_{n=1}^{\infty}u_n$与$\sum_{n=1}^{\infty}v_n$为两个正项级数，且$u_n\leqslant v_n(n=1,2,\cdots)$．

(1) 如果级数$\sum_{n=1}^{\infty}v_n$收敛，则级数$\sum_{n=1}^{\infty}u_n$也收敛；

(2) 如果级数$\sum_{n=1}^{\infty}u_n$发散，则级数$\sum_{n=1}^{\infty}v_n$也发散．

证明 (1) 若正项级数$\sum_{n=1}^{\infty}v_n$收敛，则其部分和σ_n有界，即存在正数M，使

$$\sigma_n=v_1+v_2+\cdots+v_n\leqslant M,$$

于是正项级数$\sum_{n=1}^{\infty}u_n$的部分和$S_n=u_1+u_2+\cdots+u_n\leqslant v_1+v_2+\cdots+v_n\leqslant M$，即正项级数$\sum_{n=1}^{\infty}u_n$的部分和数列$\{S_n\}$有界，由定理 12.2.1 知，级数$\sum_{n=1}^{\infty}u_n$收敛．

(2) 用反证法证明，读者不妨一试．

例 12.2.2 讨论广义调和级数(又称p-级数)$\sum_{n=1}^{\infty}\frac{1}{n^p}=1+\frac{1}{2^p}+\frac{1}{3^p}+\cdots+\frac{1}{n^p}+\cdots$(其中$p$为常数)的敛散性．

解 当$p\leqslant 1$时，有$\frac{1}{n^p}\geqslant\frac{1}{n}$，由于$\sum_{n=1}^{\infty}\frac{1}{n}$发散，由定理 12.2.2 知，$p$级数发散．

当$p>1$时，取$n-1<x\leqslant n$，有$\frac{1}{n^p}\leqslant\frac{1}{x^p}$，得到

$$\frac{1}{n^p}=\int_{n-1}^{n}\frac{1}{n^p}\mathrm{d}x\leqslant\int_{n-1}^{n}\frac{1}{x^p}\mathrm{d}x\quad(n=2,3,\cdots),$$

于是p-级数的部分和

$$S_n=1+\frac{1}{2^p}+\frac{1}{3^p}+\cdots+\frac{1}{n^p}\leqslant 1+\int_1^2\frac{1}{x^p}\mathrm{d}x+\int_2^3\frac{1}{x^p}\mathrm{d}x+\cdots+\int_{n-1}^{n}\frac{1}{x^p}\mathrm{d}x,$$

$$=1+\int_1^n\frac{1}{x^p}\mathrm{d}x=1+\frac{1}{p-1}\left(1-\frac{1}{n^{p-1}}\right)<1+\frac{1}{p-1},$$

即部分和数列$\{S_n\}$有界，由定理 12.2.1 知，p-级数收敛．

综上所述，当$p>1$时，p-级数收敛；当$p\leqslant 1$时，p-级数发散，以后我们常用p-级数作为比较审敛法时使用的级数．

例 12.2.3 判定下列级数的敛散性．

(1) $\sum_{n=1}^{\infty}\frac{1}{n^2+1}$；　　(2) $\sum_{n=1}^{\infty}\frac{1}{\sqrt{n^2-1}}$．

解　(1) 因为$u_n=\dfrac{1}{n^2+1}\leqslant\dfrac{1}{n^2}$，而级数$\sum\limits_{n=1}^{\infty}\dfrac{1}{n^2}$为$p=2>1$的$p$-级数，故收敛，所以由比较审敛法知，级数$\sum\limits_{n=1}^{\infty}\dfrac{1}{n^2+1}$也收敛.

(2) 因为$u_n=\dfrac{1}{\sqrt{n^2-1}}\geqslant\dfrac{1}{\sqrt{n^2}}=\dfrac{1}{n}$，而调和级数$\sum\limits_{n=1}^{\infty}\dfrac{1}{n}$发散，故级数$\sum\limits_{n=1}^{\infty}\dfrac{1}{\sqrt{n^2-1}}$也发散.

使用比较审敛法时，需要找到一个敛散性已知的正项级数来与所给正项级数进行比较，为了更利于寻找已知敛散性的级数，下面给出比较审敛法的极限形式.

定理 12.2.3(比较审敛法的极限形式)　设$\sum\limits_{n=1}^{\infty}u_n$与$\sum\limits_{n=1}^{\infty}v_n$为正项级数，且$\lim\limits_{n\to\infty}\dfrac{u_n}{v_n}=l$，则

(1) 当$0<l<+\infty$时，$\sum\limits_{n=1}^{\infty}u_n$与$\sum\limits_{n=1}^{\infty}v_n$具有相同的敛散性；

(2) 当$l=0$时，若$\sum\limits_{n=1}^{\infty}v_n$收敛，则$\sum\limits_{n=1}^{\infty}u_n$收敛；

(3) 当$l=+\infty$时，若$\sum\limits_{n=1}^{\infty}v_n$发散，则$\sum\limits_{n=1}^{\infty}u_n$发散.

无论比较审敛法还是比较审敛法的极限形式，找一个合适的已知敛散性的级数，这对有些正项级数来说是很困难的. 自然提出这样的问题：能否仅通过级数自身就能判定级数的敛散性呢？以下介绍两种常用的审敛法判定级数的敛散性，就是达朗贝尔审敛法和柯西根值审敛法.

定理 12.2.4(达朗贝尔比值审敛法)　设$\sum\limits_{n=1}^{\infty}u_n$为正项级数. 若$\lim\limits_{n\to\infty}\dfrac{u_{n+1}}{u_n}=l$，则:

(1) 当$l<1$时，级数收敛；
(2) 当$l>1$时，级数发散；
(3) 当$l=1$时，级数可能收敛，也可能发散.

定理 12.2.5(柯西根值审敛法)　设$\sum\limits_{n=1}^{\infty}u_n$为正项级数. 若$\lim\limits_{n\to\infty}\sqrt[n]{u_n}=l$，则:

(1) 当$l<1$时，级数收敛；
(2) 当$l>1$时，级数发散；
(3) 当$l=1$时，级数可能收敛，也可能发散.

例 12.2.4　判定下列级数的敛散性.

(1) $\sum\limits_{n=1}^{\infty}\dfrac{n}{n^2+1}$；　　(2) $\sum\limits_{n=1}^{\infty}\arcsin\dfrac{1}{n^2}$.

解　(1) 因为$\sum\limits_{n=1}^{\infty}\dfrac{1}{n}$发散，且$\lim\limits_{n\to\infty}\dfrac{u_n}{v_n}=\lim\limits_{n\to\infty}\dfrac{\frac{n}{n^2+1}}{\frac{1}{n}}=\lim\limits_{n\to\infty}\dfrac{n^2}{n^2+1}=1$，所以级数$\sum\limits_{n=1}^{\infty}\dfrac{n}{n^2+1}$发散.

(2) 因为$\sum_{n=1}^{\infty}\frac{1}{n^2}$收敛，且$\lim_{n\to\infty}\frac{u_n}{v_n}=\lim_{n\to\infty}\frac{\arcsin\frac{1}{n^2}}{\frac{1}{n^2}}=\lim_{n\to\infty}\frac{\frac{1}{n^2}}{\frac{1}{n^2}}=1$，所以级数$\sum_{n=1}^{\infty}\arcsin\frac{1}{n^2}$收敛.

例 12.2.5 判定下列级数的敛散性.

(1) $\sum_{n=1}^{\infty}\frac{3^n}{n^2 2^n}$； (2) $\sum_{n=1}^{\infty}\frac{1}{(n-1)!}$； (3) $\sum_{n=1}^{\infty}\frac{1}{n(2n+1)}$.

解 (1) 因为$\lim_{n\to\infty}\frac{u_{n+1}}{u_n}=\lim_{n\to\infty}\frac{3^{n+1}}{(n+1)^2 2^{n+1}}\cdot\frac{n^2 2^n}{3^n}=\lim_{n\to\infty}\frac{3n^2}{2(n+1)^2}=\frac{3}{2}>1$，所以级数$\sum_{n=1}^{\infty}\frac{3^n}{n^2 2^n}$发散.

(2) 因为$\lim_{n\to\infty}\frac{u_{n+1}}{u_n}=\lim_{n\to\infty}\frac{(n-1)!}{n!}=\lim_{n\to\infty}\frac{1}{n}=0<1$，所以级数$\sum_{n=1}^{\infty}\frac{1}{(n-1)!}$收敛.

(3) 因为$\lim_{n\to\infty}\frac{u_{n+1}}{u_n}=\lim_{n\to\infty}\frac{n(2n+1)}{(n+1)(2n+3)}=1$，此时比值审敛法失效，必须改用其他方法判别此级数的敛散性. 由于$u_n=\frac{1}{n(2n+1)}<\frac{1}{2n^2}<\frac{1}{n^2}$，而级数$\sum_{n=1}^{\infty}\frac{1}{n^2}$为$p=2>1$的$p$-级数，故收敛，所以由比较审敛法可知，级数$\sum_{n=1}^{\infty}\frac{1}{n(2n+1)}$也收敛.

例 12.2.6 判定下列级数的敛散性：

(1) $\sum_{n=1}^{\infty}\left(\frac{x}{n}\right)^{2n}\ (x>0)$； (2) $\sum_{n=1}^{\infty}\left(\arctan\frac{1}{n}\right)^n$.

解 (1) 因为$\lim_{n\to\infty}\sqrt[n]{u_n}=\lim_{n\to\infty}\sqrt[n]{\left(\frac{x}{n}\right)^{2n}}=\lim_{n\to\infty}\left(\frac{x}{n}\right)^2=0<1$，所以级数$\sum_{n=1}^{\infty}\left(\frac{x}{n}\right)^{2n}$收敛.

(2) 因为$\lim_{n\to\infty}\sqrt[n]{u_n}=\lim_{n\to\infty}\sqrt[n]{\left(\arctan\frac{1}{n}\right)^n}=\lim_{n\to\infty}\arctan\frac{1}{n}=0<1$，所以级数$\sum_{n=1}^{\infty}\left(\arctan\frac{1}{n}\right)^n$收敛.

12.2.2 交错级数及其审敛法

定义 12.2.2 形如$\sum_{n=1}^{\infty}(-1)^n u_n$或$\sum_{n=1}^{\infty}(-1)^{n-1}u_n\ (u_n\geqslant 0,\ n=1,2,\cdots)$的级数，称为交错级数.

交错级数的特点是正负项交替出现. 关于交错级数敛散性的判定，有如下重要定理.

定理 12.2.6(莱布尼兹审敛法) 如果交错级数$\sum_{n=1}^{\infty}(-1)^{n-1}u_n$满足莱布尼兹条件：

(1) $\lim_{n\to\infty}u_n=0$；

(2) $u_n\geqslant u_{n+1}\ (n=1,2,\cdots)$.

则交错级数收敛，且其和$S\leqslant u_1$，其余项r_n的绝对值$|r_n|\leqslant u_{n+1}$.

例 12.2.7　判定交错级数$1-\frac{1}{2}+\frac{1}{3}-\frac{1}{4}+\cdots+(-1)^{n-1}\frac{1}{n}+\cdots$的敛散性.

解　此交错级数的$u_n=\frac{1}{n}$，且满足 $u_n=\frac{1}{n}>\frac{1}{n+1}=u_{n+1}$及$\lim\limits_{n\to\infty}u_n=\lim\limits_{n\to\infty}\frac{1}{n}=0$，由定理 12.2.6 知，该交错级数收敛，其和小于 1.

12.2.3　任意项级数及其审敛法

设有级数$\sum\limits_{n=1}^{\infty}u_n$，其中$u_n(n=1,2,\cdots)$为任意实数，称此级数为任意项级数．对于任意项级数，如何来研究其敛散性？除了用级数敛散性的定义来判断外，还有什么办法？为此要介绍绝对收敛与条件收敛概念.

定义 12.2.3　设$\sum\limits_{n=1}^{\infty}u_n$为任意项级数．如果级数$\sum\limits_{n=1}^{\infty}|u_n|$收敛，则称级数$\sum\limits_{n=1}^{\infty}u_n$绝对收敛；如果级数$\sum\limits_{n=1}^{\infty}u_n$收敛，但级数$\sum\limits_{n=1}^{\infty}|u_n|$发散，则称级数$\sum\limits_{n=1}^{\infty}u_n$条件收敛.

例如，级数$\sum\limits_{n=1}^{\infty}(-1)^{n-1}\frac{1}{n^2}$绝对收敛，级数$\sum\limits_{n=1}^{\infty}(-1)^{n-1}\frac{1}{n}$条件收敛.

定理 12.2.7　如果级数$\sum\limits_{n=1}^{\infty}|u_n|$收敛，则级数$\sum\limits_{n=1}^{\infty}u_n$必收敛.

证明　令$v_n=\frac{1}{2}(u_n+|u_n|)$，则$0\leqslant v_n\leqslant|u_n|$．由于$\sum\limits_{n=1}^{\infty}|u_n|$收敛，由比较审敛法知，级数$\sum\limits_{n=1}^{\infty}v_n$收敛，又因$u_n=2v_n-|u_n|$，所以由常数项级数的性质 2 知，级数$\sum\limits_{n=1}^{\infty}u_n$收敛.

定理 12.2.7 说明，对于任意项级数$\sum\limits_{n=1}^{\infty}u_n$，如果它所对应的级数$\sum\limits_{n=1}^{\infty}|u_n|$收敛，则该级数必收敛，从而将任意项级数的敛散性判别问题转化为正项级数来讨论．但应注意，如果级数$\sum\limits_{n=1}^{\infty}|u_n|$发散，一般不能判定级数$\sum\limits_{n=1}^{\infty}u_n$也发散.

例 12.2.8　判定级数$\sum\limits_{n=1}^{\infty}\frac{\sin(n\alpha)}{2^n}$的敛散性，其中$\alpha$为常数.

解　由于$0\leqslant\left|\frac{\sin(n\alpha)}{2^n}\right|\leqslant\frac{1}{2^n}$，而级数$\sum\limits_{n=1}^{\infty}\frac{1}{2^n}$是收敛的，由比较审敛法可知，级数$\sum\limits_{n=1}^{\infty}\left|\frac{\sin(n\alpha)}{2^n}\right|$收敛，即级数$\sum\limits_{n=1}^{\infty}\frac{\sin(n\alpha)}{2^n}$绝对收敛，由定理 12.2.7 知，级数$\sum\limits_{n=1}^{\infty}\frac{\sin(n\alpha)}{2^n}$收敛.

例 12.2.9　讨论交错 p-级数$\sum\limits_{n=1}^{\infty}(-1)^{n-1}\frac{1}{n^p}$的绝对收敛与条件收敛性，其中 p 为常数.

解　当$p\leqslant 0$时，$u_n=(-1)^{n-1}\frac{1}{n^p}$不趋于$0(n\to\infty)$，故该级数发散.

当$p>1$时，有$\left|(-1)^{n-1}\frac{1}{n^p}\right|=\frac{1}{n^p}$，且级数$\sum\limits_{n=1}^{\infty}\frac{1}{n^p}$收敛，故该级数绝对收敛.

当 $0 < p \leqslant 1$ 时，级数 $\sum_{n=1}^{\infty}\frac{1}{n^p}$ 发散，但 $\sum_{n=1}^{\infty}(-1)^{n-1}\frac{1}{n^p}$ 是交错级数，且满足定理 12.2.6 的条件，故所给级数条件收敛.

习题

1. 判定下列级数的敛散性.

(1) $\sum_{n=1}^{\infty}(\sqrt{n^3+1}-\sqrt{n^3})$；

(2) $\sum_{n=1}^{\infty}\frac{1}{1+a^n}(a>0)$；

(3) $\sum_{n=1}^{\infty}\frac{3n}{n^2+2n-3}$；

(4) $\sum_{n=1}^{\infty}\frac{2^n\cdot n!}{n^n}$；

(5) $\sum_{n=1}^{\infty}\frac{n^2}{3^n}$；

(6) $\sum_{n=1}^{\infty}1-\cos\frac{\pi}{n}$.

2. 判定下列级数是否收敛，若收敛，是条件收敛还是绝对收敛？

(1) $\sum_{n=1}^{\infty}(-1)^{n-1}\frac{n}{3^{n-1}}$；

(2) $\sum_{n=1}^{\infty}\frac{\sin n\alpha}{\sqrt{n^3}}$.

12.3 幂 级 数

12.3.1 函数项级数的概念

实例 存款问题

设年利率为 r (实际上其随时间而改变)，依复利计算，想要在第一年末提取 1 元，第二年末提取 4 元，第三年末提取 9 元，第 n 年末提取 n^2 元，要能永远如此提取，问至少需要事先存入多少本金？

分析：这里本金为存入的钱，设为 A，则一年后本金与利息之和为一年的本利和，即为 $A(1+r)$，两年后的本利和为 $A(1+r)^2$，n 年后的本利和为 $A(1+r)^n$.

解 若本金 A 为 $(1+r)^{-n}$ 元，n 年后可提取本利和 $(1+r)^{-n}\cdot(1+r)^n=1$ (元). 从而若要 n 年后提取本利和 n^2 元，则本金应为 $n^2(1+r)^{-n}$ 元.

所以，为使第一年末提 1 元本利和，则要有本金 $(1+r)^{-1}$；第二年末能提取本利和 2^2=4 元，则要有本金 $2^2(1+r)^{-2}$ 元；第三年末能提取本利和 3^2=9 元，则要有本金 $3^2(1+r)^{-3}$ 元，…第 n 年末能提取 n^2 元本利和，则要有本金 $n^2(1+r)^{-n}$ 元；如此下去，所需本金总数为

$$\sum_{n=1}^{\infty}n^2(1+r)^{-n}.$$

令 $x=\frac{1}{1+r}$，得 $\sum_{n=1}^{\infty}n^2(1+r)^{-n}=\sum_{n=1}^{\infty}n^2x^n$.

实例中的 $\sum_{n=1}^{\infty}n^2x^n$ 即为一个无穷级数，但通项不再是我们前面所学的常数，而是函

数，称为函数项无穷级数.

定义 12.3.1　设有定义在区间 I 上的函数列 $\{u_n(x)\}$: $u_1(x), u_2(x),\cdots, u_n(x),\cdots$，则和式

$$u_1(x)+u_2(x)+\cdots+u_n(x)+\cdots$$

称为定义在区间 I 上的函数项无穷级数，简称函常数项级数或级数．记作

$$\sum_{n=1}^{\infty} u_n(x)=u_1(x)+u_2(x)+\cdots+u_n(x)+\cdots. \tag{12.3.1}$$

对于区间 I 上的任意确定值 x_0，函数项级数(12.3.1)便成为常数项级数

$$u_1(x_0)+u_2(x_0)+\cdots+u_n(x_0)+\cdots. \tag{12.3.2}$$

如果常数项级数式(12.3.2)收敛，则称点 x_0 为函数项级数式(12.3.1)的收敛点；如果常数项级数式(12.3.2)发散，则称点 x_0 为函数项级数式(12.3.1)的发散点．函数项级数式(12.3.1)的全体收敛点(或发散点)的集合叫作该级数的收敛域(或发散域).

设函数项级数式(12.3.1)的收敛域为 D，则对于任意的 $x\in D$，函数项级数式(12.3.1)都收敛，其和显然与 x 有关，记作 $S(x)$，称为函数项级数式(12.3.1)的和函数，并记作

$$S(x)=u_1(x)+u_2(x)+\cdots+u_n(x)+\cdots,\quad x\in D.$$

例如，级数 $\sum\limits_{n=0}^{\infty} x^n=1+x+x^2+\cdots+x^n+\cdots$ 的收敛域为$(-1, 1)$，和函数为 $\dfrac{1}{1-x}$，即

$$\frac{1}{1-x}=\sum_{n=0}^{\infty} x^n \quad x\in(-1, 1).$$

把函数项级数(12.3.1)的前 n 项的和记作 $S_n(x)$，则在收敛域上有

$$\sum_{n=1}^{\infty} u_n=\lim_{n\to\infty} S_n(x)=S(x).$$

将 $r_n(x)=S(x)-S_n(x)$称作该函数项级数的余项，则 $\lim\limits_{n\to\infty} r_n(x)=0$.

12.3.2　幂级数及其收敛性

定义 12.3.2　形如

$$\sum_{n=0}^{\infty} a_n(x-x_0)^n=a_0+a_1(x-x_0)+a_2(x-x_0)^2+\cdots+a_n(x-x_0)^n+\cdots \tag{12.3.3}$$

的常数项级数称为关于 $x-x_0$ 的幂级数，其中常数 $a_0, a_1,\cdots, a_n,\cdots$叫作幂级数的系数.

证明　(1) 假设 $x_0\neq 0$ 是幂级数 $\sum\limits_{n=0}^{\infty} a_n x^n$ 的收敛点，即级数 $a_0+a_1x_0+a_2x_0^2+\cdots+a_nx_0^n+\cdots$ 收敛，由级数收敛的必要条件知 $\lim\limits_{n\to\infty} a_nx_0^n=0$．因为收敛数列必有界，故存在正数 M，使得$|a_nx_0^n|\leqslant M$ $(n=0,1,2,\cdots)$，因此

$$|a_nx^n|=|a_nx_0^n|\left|\frac{x}{x_0}\right|^n\leqslant M\left|\frac{x}{x_0}\right|^n.$$

当$|x|<|x_0|$ 时，几何级数 $\sum\limits_{n=0}^{\infty} M\left|\dfrac{x}{x_0}\right|^n$ $\left(公比q=\left|\dfrac{x}{x_0}\right|<1\right)$ 收敛，从而级数 $\sum\limits_{n=0}^{\infty}|a_nx^n|$ 收敛，即幂

级数$\sum_{n=0}^{\infty}a_nx^n$绝对收敛.

(2) 用反证法，假设有一点x_1满足不等式$|x_1|>|x_0|$，而幂级数$\sum_{n=0}^{\infty}a_nx^n$在$x=x_1$处收敛，则根据定理 12.3.1 的(1)知，幂级数$\sum_{n=0}^{\infty}a_nx^n$在$x_0$处也收敛，这与幂级数$\sum_{n=0}^{\infty}a_nx^n$在$x_0$点发散矛盾．定理得证.

特别地，当$x_0=0$时，

$$\sum_{n=0}^{\infty}a_nx^n=a_0+a_1x+a_2x^2+\cdots+a_nx^n+\cdots \tag{12.3.4}$$

称为关于x的幂级数.

本节主要讨论幂级数式(12.3.4)，幂级数式(12.3.3)可通过代换$t=x-x_0$化成幂级数式(12.3.4)来研究．下面首先讨论幂级数式(12.3.4)的收敛域问题，即x取数轴上哪些点时幂级数式(12.3.4)收敛.

定理 12.3.1(阿贝尔定理) 如果幂级数$\sum_{n=0}^{\infty}a_nx^n$

(1) 在$x=x_0(x_0\neq 0)$处收敛，则对于适合不等式$|x|<|x_0|$的一切x，幂级数都绝对收敛；

(2) 在$x=x_0$处发散，则对于适合不等式$|x|>|x_0|$的一切x，幂级数都发散.

定理 12.3.1 表明，如果幂级数式(12.3.4)在$x=x_0$处收敛(发散)，则对于开区间$(-|x_0|, |x_0|)$内(闭区间$[-|x_0|, |x_0|]$外)的一切x，幂级数式(12.3.4)都收敛(发散)．

推论 如果幂级数$\sum_{n=0}^{\infty}a_nx^n$既有非零的收敛点，又有发散点，则必存在正数$R$，使得

(1) 当$|x|<R$时，幂级数$\sum_{n=0}^{\infty}a_nx^n$绝对收敛；

(2) 当$|x|>R$时，幂级数$\sum_{n=0}^{\infty}a_nx^n$发散；

(3) 当$|x|=R$时，幂级数$\sum_{n=0}^{\infty}a_nx^n$可能收敛也可能发散.

这样的正数R称为幂级数式(12.3.4)的收敛半径．由于幂级数式(12.3.4)在区间$(-R, R)$一定是绝对收敛的，所以我们把$(-R, R)$称为幂级数式(12.3.4)的收敛区间．幂级数在收敛区间内部有很好的性质．幂级数式(12.3.4)在区间$(-R, R)$的两个端点$x=\pm R$处可能发散也可能收敛，需要把$x=\pm R$代入幂级数式(12.3.4)，化为常数项级数来具体讨论．一旦知道了$x=\pm R$处幂级数式(12.3.4)的敛散性，则幂级数式(12.3.4)的收敛域为四个区间$(-R, R)$, $[-R, R)$, $(-R, R]$, $[-R, R]$之一.

若幂级数式(12.3.4)仅在$x=0$处收敛，则规定收敛半径$R=0$，此时收敛域退缩为一点，即原点；若对一切实数x，幂级数式(12.3.4)都收敛，则规定收敛半径$R=+\infty$，此时收敛区间与收敛域都是$(+\infty,-\infty)$.

下面给出幂级数式(12.3.4)的收敛半径的求法.

定理 12.3.2　对于幂级数 $\sum_{n=0}^{\infty} a_n x^n$，如果 $\lim_{n\to\infty}\left|\frac{a_{n+1}}{a_n}\right| = \rho$，则该级数的收敛半径

$$R = \begin{cases} \frac{1}{\rho}, & \rho \neq 0 \\ +\infty, & \rho = 0 \\ 0, & \rho = +\infty \end{cases}.$$

证明　考虑正项级数

$$\sum_{n=0}^{\infty}\left|a_n x^n\right| = \left|a_0\right| + \left|a_1 x\right| + \left|a_2 x^2\right| + \cdots + \left|a_n x^n\right| + \cdots, \tag{12.3.5}$$

有

$$\lim_{n\to\infty}\frac{\left|a_{n+1}x^{n+1}\right|}{\left|a_n x^n\right|} = \lim_{n\to\infty}\left|\frac{a_{n+1}}{a_n}\right| \cdot |x| = \rho|x|.$$

(1) 如果 $\rho \neq 0$，根据正项级数的比值审敛法知，当 $\rho|x|<1$，即 $|x|<\frac{1}{\rho}$ 时，级数式(12.3.5)收敛，从而级数 $\sum_{n=0}^{\infty} a_n x^n$ 绝对收敛；当 $\rho|x|>1$，即 $|x| > \frac{1}{\rho}$ 时，级数式(12.3.5)发散，此时存在正整数 N，当 $n \geqslant N$ 时，有 $\left|a_{n+1}x^{n+1}\right| > \left|a_n x^n\right|$，因此 $\lim_{n\to\infty}\left|a_n x^n\right| \neq 0$，于是 $\lim_{n\to\infty} a_n x^n \neq 0$，故幂级数 $\sum_{n=0}^{\infty} a_n x^n$ 发散，所以幂级数 $\sum_{n=0}^{\infty} a_n x^n$ 的收敛半径 $R = \frac{1}{\rho}$.

(2) 如果 $\rho = 0$，则对于一切 $x \neq 0$，都有

$$\lim_{n\to\infty}\frac{\left|a_{n+1}x^{n+1}\right|}{\left|a_n x^n\right|} = \rho|x| = 0 < 1,$$

因此，由正项级数的比值审敛法知，级数式(12.3.5)收敛，即级数 $\sum_{n=0}^{\infty} a_n x^n$ 绝对收敛，故幂级数 $\sum_{n=0}^{\infty} a_n x^n$ 的收敛半径 $R = +\infty$.

(3) 如果 $\rho = +\infty$，则对于任意的 $x \neq 0$，存在正整数 N，当 $n \geqslant N$ 时，有

$$\frac{\left|a_{n+1}x^{n+1}\right|}{\left|a_n x^n\right|} = \rho|x| > 1,$$

即 $\left|a_{n+1}x^{n+1}\right| > \left|a_n x^n\right|$，因此 $\lim_{n\to\infty}\left|a_n x^n\right| \neq 0$，于是 $\lim_{n\to\infty} a_n x^n \neq 0$，故级数 $\sum_{n=0}^{\infty} a_n x^n$ 发散．但在 $x = 0$ 处级数 $\sum_{n=0}^{\infty} a_n x^n$ 收敛，因此幂级数 $\sum_{n=0}^{\infty} a_n x^n$ 的收敛半径 $R = 0$.

例 12.3.1　求下列幂级数的收敛半径.

(1) $\sum_{n=1}^{\infty}\frac{(-1)^n}{3^n+1}x^n$　　(2) $\sum_{n=0}^{\infty}\frac{x^n}{n!}$；　　(3) $\sum_{n=0}^{\infty}\frac{x^{2n}}{2^n}$.

解 (1) 因$\rho=\lim\limits_{n\to\infty}\left|\dfrac{a_{n+1}}{a_n}\right|=\lim\limits_{n\to\infty}\left|\dfrac{\dfrac{(-1)^{n+1}}{3^{n+1}+1}}{\dfrac{(-1)^n}{3^n+1}}\right|=\lim\limits_{n\to\infty}\dfrac{3^n+1}{3^{n+1}+1}=\dfrac{1}{3}$，故收敛半径$R=\dfrac{1}{\rho}=3$.

(2) 因$\rho=\lim\limits_{n\to\infty}\left|\dfrac{a_{n+1}}{a_n}\right|=\lim\limits_{n\to\infty}\left|\dfrac{\dfrac{1}{(n+1)!}}{\dfrac{1}{n!}}\right|=\lim\limits_{n\to\infty}\dfrac{1}{n+1}=0$，故收敛半径$R=+\infty$.

(3) 因为该级数缺少奇次幂的项，定理12.3.2失效，换用比值审敛法求收敛半径.由于

$$\lim_{n\to\infty}\left|\frac{u_{n+1}}{u_n}\right|=\lim_{n\to\infty}\left|\frac{\dfrac{x^{2(n+1)}}{2^{n+1}}}{\dfrac{x^{2n}}{2^n}}\right|=\frac{1}{2}|x|^2,$$

因此，由正项级数的比值审敛法知，当$\dfrac{1}{2}|x|^2<1$，即$|x|<\sqrt{2}$时该幂级数绝对收敛；当$\dfrac{1}{2}|x|^2>1$，即$|x|>\sqrt{2}$时该幂级数发散．故收敛半径$R=\sqrt{2}$.

例 12.3.2 求下列幂级数的收敛区间和收敛域.

(1) $\sum\limits_{n=1}^{\infty}\dfrac{(-1)^{n+1}}{n}x^n$；　　(2) $\sum\limits_{n=1}^{\infty}\dfrac{(x-2)^n}{n^2}$.

解 (1) 因为

$$\rho=\lim_{n\to\infty}\left|\frac{a_{n+1}}{a_n}\right|=\lim_{n\to\infty}\left|\frac{\dfrac{(-1)^{n+2}}{n+1}}{\dfrac{(-1)^{n+1}}{n}}\right|=\lim_{n\to\infty}\frac{n}{n+1}=1,$$

所以收敛半径$R=\dfrac{1}{\rho}=1$，收敛区间是$(-1, 1)$，即该级数在$(-1, 1)$内绝对收敛.

在端点$x=1$处，级数成为交错级数$\sum\limits_{n=1}^{\infty}\dfrac{(-1)^{n+1}}{n}$，这是收敛的级数．在端点$x=-1$处，级数成为$-\sum\limits_{n=1}^{\infty}\dfrac{1}{n}$，这是发散的级数，故该级数的收敛域为$(-1, 1]$.

(2) 令$t=x-2$，则所给级数变成$\sum\limits_{n=1}^{\infty}\dfrac{t^n}{n^2}$．因为

$$\rho=\lim_{n\to\infty}\left|\frac{a_{n+1}}{a_n}\right|=\lim_{n\to\infty}\left|\frac{\dfrac{1}{(n+1)^2}}{\dfrac{1}{n^2}}\right|=\lim_{n\to\infty}\frac{n^2}{(n+1)^2}=1,$$

故级数$\sum\limits_{n=1}^{\infty}\dfrac{t^n}{n^2}$的收敛半径$R=\dfrac{1}{\rho}=1$，即级数$\sum\limits_{n=1}^{\infty}\dfrac{t^n}{n^2}$在区间$(-1, 1)$内绝对收敛.

在端点 $t=1$ 处，级数 $\sum\limits_{n=1}^{\infty}\frac{t^n}{n^2}$ 变成 p 级数 $\sum\limits_{n=1}^{\infty}\frac{1}{n^2}$，故收敛；在 $t=-1$ 处，级数 $\sum\limits_{n=1}^{\infty}\frac{t^n}{n^2}$ 变成交错级数 $\sum\limits_{n=1}^{\infty}(-1)^n\frac{1}{n^2}$ 也收敛．因此，幂级数 $\sum\limits_{n=1}^{\infty}\frac{t^n}{n^2}$ 的收敛区间为(−1, 1)，收敛域为[−1, 1]，从而级数 $\sum\limits_{n=1}^{\infty}\frac{(x-1)^n}{n^2}$ 的收敛区间为(1, 3)，收敛域为[1, 3](因为 $-1\leqslant t\leqslant 1$，即 $-1\leqslant x-2\leqslant 1$，所以 $1\leqslant x\leqslant 3$).

12.3.3　幂级数的运算

1. 四则运算

设幂级数 $\sum\limits_{n=0}^{\infty}a_nx^n$ 和 $\sum\limits_{n=0}^{\infty}b_nx^n$ 的收敛半径分别为 R_1 和 R_2，它们的和函数分别为 $S_1(x)$ 和 $S_2(x)$，令 $R=\min\{R_1,R_2\}$，则在 $(-R,R)$ 内有运算规律.

(1) 加法运算：

$$\sum_{n=0}^{\infty}a_nx^n\pm\sum_{n=0}^{\infty}b_nx^n=\sum_{n=0}^{\infty}(a_n\pm b_n)x^n=S_1(x)\pm S_2(x).$$

(2) 乘法运算：

$$\left(\sum_{n=0}^{\infty}a_nx^n\right)\cdot\left(\sum_{n=0}^{\infty}b_nx^n\right)=\sum_{n=0}^{\infty}c_nx^n=S_1(x)\cdot S_2(x).$$

其中 $c_n=a_0b_n+a_1b_{n-1}+\cdots+a_{n-1}b_1+a_nb_0$.

2. 分析运算

设幂级数 $\sum\limits_{n=0}^{\infty}a_nx^n$ 的收敛半径为 $R(R>0)$，在 $(-R,R)$ 内的和函数为 $S(x)$，则有

(1) 幂级数 $\sum\limits_{n=0}^{\infty}a_nx^n$ 的和函数 $S(x)$ 在其收敛区间 $(-R,R)$ 内连续.

(2) 幂级数 $\sum\limits_{n=0}^{\infty}a_nx^n$ 的和函数 $S(x)$ 在其收敛区间 $(-R,R)$ 内可导，且有逐项求导公式

$$S'(x)=\left(\sum_{n=0}^{\infty}a_nx^n\right)'=\sum_{n=0}^{\infty}(a_nx^n)'=\sum_{n=1}^{\infty}na_nx^{n-1},x\in(-R,R).$$

(3) 幂级数 $\sum\limits_{n=0}^{\infty}a_nx^n$ 的和函数 $S(x)$ 在其收敛区间 $(-R,R)$ 内可积，且有逐项积分公式

$$\int_0^x S(x)\mathrm{d}x=\int_0^x\left(\sum_{n=0}^{\infty}a_nx^n\right)\mathrm{d}x=\sum_{n=0}^{\infty}\int_0^x a_nx^n\mathrm{d}x=\sum_{n=0}^{\infty}\frac{a_n}{n+1}x^{n+1},x\in(-R,R).$$

注意：逐项求导和逐项积分前后，两幂级数具有相同的收敛半径和收敛区间.

例 12.3.3　求下列幂级数的和函数.

(1) $\sum\limits_{n=1}^{\infty}nx^{n-1}\ (-1<x<1)$；　　(2) $\sum\limits_{n=0}^{\infty}\frac{x^{n+1}}{n+1}\ (-1<x<1)$.

解 (1) 设$S(x)=\sum\limits_{n=1}^{\infty}nx^{n-1},\ x\in(-1,\ 1)$，两端积分，得

$$\int_0^x S(x)\mathrm{d}x=\sum_{n=1}^{\infty}\int_0^x nx^{n-1}\mathrm{d}x=\sum_{n=1}^{\infty}x^n=\frac{x}{1-x},$$

上式两端对x求导，得

$$S(x)=\frac{1}{(1-x)^2},\ x\in(-1,\ 1).$$

(2) 设$S(x)=\sum\limits_{n=0}^{\infty}\frac{x^{n+1}}{n+1},\ x\in(-1,\ 1)$，两端对$x$求导，得

$$S'(x)=\sum_{n=1}^{\infty}\left(\frac{n^{n+1}}{n+1}\right)'=\sum_{n=0}^{\infty}x^n=\frac{1}{1-x}.$$

上式两端从0到x积分，得

$$S(x)-S(0)=\int_0^x\frac{1}{1-x}\mathrm{d}x=-\ln(1-x),$$

而$S(0)=0$，所以

$$S(x)=-\ln(1-x),x\in(-1,1).$$

例 12.3.4 求幂级数$\sum\limits_{n=0}^{\infty}\frac{x^{2n}}{2n+1}$，$x\in(-1,\ 1)$的和函数，并计算$\sum\limits_{n=0}^{\infty}\frac{1}{2n+1}\left(\frac{1}{2}\right)^{2n}$的值.

解 设$S(x)=\sum\limits_{n=0}^{\infty}\frac{x^{2n}}{2n+1},\ x\in(-1,\ 1)$，两端同时乘以$x$，得

$$xS(x)=\sum_{n=0}^{\infty}\frac{x^{2n+1}}{2n+1}$$

两端对x求导，得

$$[xS(x)]'=\sum_{n=0}^{\infty}\left(\frac{x^{2n+1}}{2n+1}\right)'=\sum_{n=0}^{\infty}x^{2n}=\frac{1}{1-x^2},$$

上式两端从0到x积分，得

$$xS(x)=\int_0^x\frac{1}{1-x^2}\mathrm{d}x=\frac{1}{2}\ln\frac{1+x}{1-x},$$

所以

$$S(x)=\begin{cases}\dfrac{1}{2x}\ln\dfrac{1+x}{1-x}, & x\in(-1,\ 1)且x\neq0,\\ 0, & x=0.\end{cases}$$

因为$x=\frac{1}{2}$在$(-1,1)$内部，代入上式，得

$$\sum_{n=0}^{\infty}\frac{1}{2n+1}\left(\frac{1}{2}\right)^{2n}=\frac{1}{2\times\frac{1}{2}}\ln\frac{1+\frac{1}{2}}{1-\frac{1}{2}}=\ln3.$$

习题

1. 求下列幂级数的收敛域.

(1) $\frac{x}{2}+\frac{x^2}{2\cdot 4}+\frac{x^3}{2\cdot 4\cdot 6}+\cdots$；　(2) $\sum_{n=1}^{\infty}\frac{(x-5)^n}{\sqrt{n}}$.

2. 求下列幂级数的和函数.

(1) $\sum_{n=0}^{\infty}\frac{x^{4n+1}}{4n+1}$；　(2) $\sum_{n=1}^{\infty}\frac{2n-1}{2^n}x^{2n-2}$；

(3) $\sum_{n=1}^{\infty}(-1)^n\frac{x^{2n+1}}{2n+1}$；　(4) $\sum_{n=0}^{\infty}2(n+1)x^{2(n+1)}$，并求级数 $\sum_{n=0}^{\infty}\frac{n+1}{2^{2n-1}}$ 的和.

12.4　函数展开成幂级数

前面我们讨论了幂级数在收敛区间内求和函数的问题，在实际应用中常常遇到与之相反的问题，就是对一个给定的函数，能否在一个区间内展开成幂级数？如果可以，又如何将其展开成幂级数？其收敛情况如何？本节就来解决这些问题.

12.4.1　泰勒级数

如果函数 $f(x)$ 在点 x_0 的某邻域 $U(x_0, \delta)$ 内有定义，且能展开成 $x-x_0$ 的幂级数，即对于任意的 $x\in U(x_0, \delta)$，有

$$f(x)=a_0+a_1(x-x_0)+a_2(x-x_0)^2+\cdots+a_n(x-x_0)^n+\cdots \tag{12.4.1}$$

若函数 $f(x)$ 在该邻域内具有任意阶导数，由幂级数的分析性质知

$$f^{(n)}(x)=n!a_n+(n+1)!a_{n+1}(x-x_0)+\cdots\quad (n=1,2,\cdots). \tag{12.4.2}$$

在式(12.4.1)和式(12.4.2)中，令 $x=x_0$，得

$$a_0=f(x_0),\quad a_1=\frac{f'(x_0)}{1!},\quad a_2=\frac{f''(x_0)}{2!},\cdots,a_n=\frac{f^{(n)}(x_0)}{n!},\cdots \tag{12.4.3}$$

将式(12.4.3)代入式(12.4.1)中，有

$$f(x)=f(x_0)+\frac{f'(x_0)}{1!}(x-x_0)+\frac{f''(x_0)}{2!}(x-x_0)^2+\cdots+\frac{f^{(n)}(x_0)}{n!}(x-x_0)^n+\cdots$$

这说明，如果函数 $f(x)$ 在 x_0 的某邻域 $U(x_0, \delta)$ 内能用形如式(12.4.1)右端的幂级数表示，则其系数必由式(12.4.3)确定，即函数 $f(x)$ 的幂级数展开式是唯一的.

定义 12.4.1　如果函数 $f(x)$ 在点 x_0 的某邻域 $U(x_0, \delta)$ 内有任意阶导数，则称级数

$$f(x_0)+\frac{f'(x_0)}{1!}(x-x_0)+\frac{f''(x_0)}{2!}(x-x_0)^2+\cdots+\frac{f^{(n)}(x_0)}{n!}(x-x_0)^n+\cdots \tag{12.4.4}$$

为函数 $f(x)$ 在点 x_0 处的泰勒级数.

函数 $f(x)$ 的泰勒级数式(12.4.4)的前 $n+1$ 项之和记为 $S_{n+1}(x)$，即

$$S_{n+1}(x)=f(x_0)+\frac{f'(x_0)}{1!}(x-x_0)+\frac{f''(x_0)}{2!}(x-x_0)^2+\cdots+\frac{f^{(n)}(x_0)}{n!}(x-x_0)^n,$$

并把差式$f(x)-S_{n+1}(x)$叫作泰勒级数式(12.4.4)的余项，记作$R_n(x)$，即

$$R_n(x)=f(x)-S_{n+1}(x).$$

显然，只要函数$f(x)$在点x_0的某邻域$U(x_0,\delta)$内具有任意阶导数，则它的泰勒级数式(12.4.4)就已经确定，问题是级数式(12.4.4)是否在x_0的某邻域内收敛？若收敛，是否以$f(x)$为其和函数？为此，有下面的定理.

定理 12.4.1 函数$f(x)$在点x_0的某邻域$U(x_0,\delta)$内具有任意阶导数，则泰勒级数式(12.4.4)在该邻域内收敛于$f(x)$的充分必要条件是：对任意的$x\in U(x_0,\delta)$，都有$\lim\limits_{n\to\infty}R_n(x)=0$.

显然，使用定理 12.4.1 来进行收敛性的判定是困难的．下面直接给出余项$R_n(x)$的表达式

$$R_n(x)=\frac{f^{(n+1)}(\xi)}{(n+1)!}(x-x_0)^{n+1}\ (\xi\text{介于}x_0\text{与}x\text{之间}),$$

称上式为拉格朗日型余项.

在实际应用，若取常数$x_0=0$，此时泰勒级数式(12.4.4)变成

$$f(0)+\frac{f'(0)}{1!}x+\frac{f''(0)}{2!}x^2+\cdots+\frac{f^{(n)}(0)}{n!}x^n+\cdots$$

称为$f(x)$的麦克劳林级数，其余项为

$$R_n(x)=\frac{f^{(n+1)}(\xi)}{(n+1)!}x^{n+1}\quad(\xi\text{介于}0\text{与}x\text{之间}).$$

12.4.2 函数展开成幂级数

将函数$f(x)$展开成$x-x_0$或x的幂级数，就是用其泰勒级数或麦克劳林级数表示$f(x)$．下面结合例题来研究如何将函数展开成幂级数.

1. 直接展开法

直接利用麦克劳林公式将函数$f(x)$展开为x的幂级数的方法称为直接展开法，可以按照下列步骤进行(展开为$(x-x_0)$的幂级数与之类似).

第一步：求出函数$f(x)$在$x=0$处的各阶导数$f(0),f'(0),f''(0),\cdots,f^{(n)}(0),\cdots$

若函数在$x=0$处的某阶导数不存在，就停止进行，该函数不能展开为x的幂级数．例如，在点$x=0$处，$f(x)=x^{\frac{7}{3}}$的三阶导数不存在，它就不能展开为x的幂级数.

第二步：写出幂级数

$$f(0)+f'(0)x+\frac{f''(0)}{2!}x^2+\cdots+\frac{f^{(n)}(0)}{n!}x^n+\cdots$$

并求出收敛半径R及收敛区间$(-R,R)$.

第三步：在收敛区间$(-R,R)$内，考察余项$R_n(x)$的极限

$$\lim_{n\to\infty}R_n(x)=\lim_{n\to\infty}\frac{f^{(n+1)}(\xi)}{(n+1)!}x^{n+1}\,(\xi\text{介于 0 与 }x\text{ 之间})$$

是否为零？如果为零，第二步所写出的幂级数就是函数$f(x)$在$(-R,R)$内的展开式，即

$$f(x)=f(0)+f'(0)x+\frac{f''(0)}{2!}x^2+\cdots+\frac{f^{(n)}(0)}{n!}x^n+\cdots,x\in(-R,R).$$

如果不为零，第二步写出的幂级数虽然收敛，但它的和并不是所给的函数$f(x)$.

例 12.4.1 将下列函数展开为 x 的幂级数.

(1) $f(x)=\mathrm{e}^x$； (2) $f(x)=\sin x$； (3) $f(x)=(1+x)^m$ (m 为任意常数).

解 (1) 因为$f(x)=\mathrm{e}^x$，故$f^{(n)}(0)=1(n=0,1,2,\cdots)$．从而 e^x 的麦克劳林级数为

$$1+x+\frac{x^2}{2!}+\frac{x^3}{3!}+\cdots+\frac{x^n}{n!}+\cdots$$

容易求得它的收敛半径 $R=+\infty$，下面考察余项

$$R_n(x)=\frac{\mathrm{e}^{\xi}}{(n+1)!}x^{n+1}\qquad(\xi\text{介于 0 与 }x\text{ 之间}).$$

因为ξ介于 0 与 x 之间，所以 $\mathrm{e}^{\xi}<\mathrm{e}^{|x|}$，因而有

$$|R_n(x)|=\frac{\mathrm{e}^{\xi}}{(n+1)!}|x|^{n+1}<\frac{\mathrm{e}^{|x|}}{(n+1)!}|x|^{n+1}.$$

对于任一确定的 x 值，$\mathrm{e}^{|x|}$是一个确定的常数，而级数$1+x+\frac{x^2}{2!}+\frac{x^3}{3!}+\cdots+\frac{x^n}{n!}+\cdots$是绝对收敛的，由级数收敛的必要条件可知

$$\lim_{n\to\infty}\frac{|x|^{n+1}}{(n+1)!}=0,$$

所以

$$\lim_{n\to\infty}\mathrm{e}^{|x|}\frac{|x|^{n+1}}{(n+1)!}=0.$$

由此可得，$\lim\limits_{n\to\infty}R_n(x)=0$，这表明级数收敛于 e^x，所以

$$\mathrm{e}^x=1+x+\frac{x^2}{2!}+\frac{x^3}{3!}+\cdots+\frac{x^n}{n!}+\cdots\quad(-\infty<x<+\infty).$$

(2) 因为 $f(x)=\sin x$，所以 $f^{(n)}(x)=\sin\left(x+\frac{n\pi}{2}\right)$ $(n=1,2,\cdots)$，则

$$f(0)=0,f'(0)=1,f''(0)=0,f'''(0)=-1,\cdots,f^{(2n)}(0)=0,f^{(2n+1)}(0)=(-1)^n,\cdots.$$

于是 $\sin x$ 的麦克劳林级数为

$$x-\frac{x^3}{3!}+\frac{x^5}{5!}-\frac{x^7}{7!}+\cdots+(-1)^n\frac{x^{2n+1}}{(2n+1)!}+\cdots.$$

它的收敛半径 $R=+\infty$，考察余项的绝对值

$$|R_n(x)|=\left|\sin\left(\xi+\frac{n+1}{2}\pi\right)\frac{x^{n+1}}{(n+1)!}\right|\leqslant\frac{|x|^{n+1}}{(n+1)!}\to 0(n\to\infty).$$

于是得展开式

$$\sin x = x - \frac{x^3}{3!} + \frac{x^5}{5!} - \cdots + (-1)^n \frac{x^{2n+1}}{(2n+1)!} + \cdots \quad (-\infty < x < +\infty).$$

(3) 用同样的方法，可以推得牛顿二项展开式

$$(1+x)^m = 1 + mx + \frac{m(m-1)}{2!}x^2 + \cdots + \frac{m(m-1)\cdots(m-n+1)}{n!}x^n + \cdots \quad (-1 < x < 1).$$

这里 m 为任意实数．当 m 为正整数时，就退化为中学所学的二项式定理．

最常用的是 $m = \pm\frac{1}{2}$ 的情形，读者可自己写出这两个式子．

2．间接展开法

以上几个例子是用直接展开法把函数展开为麦克劳林级数，直接展开法虽然步骤明确，但运算常常过于烦琐，尤其最后一步要考察 $n\to\infty$ 时余项 $R_n(x)$ 是否趋近于零，这不是一件容易的事．下面我们从一些已知函数的幂级数展开式出发，利用变量代换或幂级数的运算求得另外一些函数的幂级数展开式，这种将函数展开成幂级数的方法叫间接展开法．

例 12.4.2 将下列函数展开为 x 的幂级数．

(1) $f(x) = \cos x$；　　(2) $f(x) = \ln(1+x)$．

解 (1) 由例 12.4.1 中的(2)知

$$\sin x = x - \frac{x^3}{3!} + \frac{x^5}{5!} - \cdots + (-1)^n \frac{x^{2n+1}}{(2n+1)!} + \cdots \quad (-\infty < x < +\infty),$$

两边对 x 逐项求导，得

$$\cos x = 1 - \frac{x^2}{2!} + \frac{x^4}{4!} - \cdots + (-1)^n \frac{x^{2n}}{(2n)!} + \cdots \quad (-\infty < x < +\infty).$$

(2) 由牛顿二项展开式得

$$\frac{1}{1+x} = 1 - x + x^2 - x^3 + \cdots + (-1)^n x^n + \cdots \quad (-1 < x < 1).$$

上式两端从 0 到 x 逐项积分，得

$$\ln(1+x) = x - \frac{x^2}{2} + \frac{x^3}{3} - \frac{x^4}{4} + \cdots + (-1)^n \frac{x^{n+1}}{n+1} + \cdots \quad (-1 < x < 1).$$

又因为当 $x = -1$ 时该级数发散，当 $x = 1$ 时该级数收敛，故有

$$\ln(1+x) = \sum_{n=0}^{\infty} (-1)^n \frac{1}{n+1} x^{n+1} (-1 < x \leqslant 1).$$

例 12.4.3 将下列函数展开为 $x-1$ 的幂级数．

(1) $f(x) = \ln x$；　　(2) $f(x) = \frac{x}{x^2 - x - 2}$．

解 (1) $f(x) = \ln x = \ln[1 + (x-1)]$，利用 $\ln(1+x)$ 的展开式得

$$\ln x = (x-1) - \frac{(x-1)^2}{2} + \frac{(x-1)^3}{3} - \cdots + (-1)^n \frac{(x-1)^{n+1}}{n+1} + \cdots \quad (-1 < x-1 \leqslant 1),$$

即
$$\ln x=\sum_{n=0}^{\infty}(-1)^n\frac{(x-1)^{n+1}}{n+1}\quad(0<x\leqslant 2).$$

(2)
$$f(x)=\frac{x}{x^2-x-2}=\frac{x}{(x-2)(x-1)}=\frac{1}{3}\left(\frac{1}{x+1}-\frac{2}{2-x}\right)$$
$$=\frac{1}{3}\left[\frac{1}{2\left(1+\frac{x-1}{2}\right)}-\frac{2}{1-(x-1)}\right].$$

由 $\frac{1}{1+x}=\sum_{n=0}^{\infty}(-1)^n x^n\quad(-1<x<1)$，得
$$\frac{1}{1+\frac{x-1}{2}}=1-\left(\frac{x-1}{2}\right)+\left(\frac{x-1}{2}\right)^2-\cdots+(-1)^n\left(\frac{x-1}{2}\right)^n+\cdots\quad\left(-1<\frac{x-1}{2}<1\right).$$
$$\frac{1}{1-(x-1)}=1+(x-1)+(x-1)^2+\cdots+(x-1)^n+\cdots\quad(-1<x-1<1).$$

于是
$$\frac{x}{x^2-x-2}=\frac{1}{3}\left[\frac{1}{2}\sum_{n=0}^{\infty}(-1)^n\left(\frac{x-1}{2}\right)^n-2\sum_{n=0}^{\infty}(x-1)^n\right]=\frac{1}{3}\sum_{n=0}^{\infty}\left[\frac{(-1)^n}{2^{n+1}}-2\right](x-1)^n,\quad(0<x<2).$$

12.4.3 幂级数展开式的应用

利用函数的幂级数展开式，可以进行近似计算，即展开式成立的区间内，函数值用级数的部分和按规定的精度要求近似计算.

例 12.4.4　计算 $\sqrt{2}$ 的近似值(精确到小数点后第4位，即误差不超过0.0001).

解　由于 $(1+x)^{\alpha}=1+\frac{\alpha}{1!}\cdot x+\frac{\alpha(\alpha-1)}{2!}x^2+\cdots+\frac{\alpha(\alpha-1)\cdots(\alpha-n+1)}{n!}x^n+\cdots$

$$\sqrt{2}=\sqrt{4-2}=2\left(1-\frac{1}{2}\right)^{\frac{1}{2}}$$

根据12.4.1节二项式展开式，取 $x=-\frac{1}{2}$，$\alpha=\frac{1}{2}$

$$\sqrt{2}=\sqrt{4-2}=2\left(1-\frac{1}{2}\right)^{\frac{1}{2}}=2\left(1-\frac{1}{2^2}-\frac{1}{2!}\frac{1}{2^4}-\frac{1\cdot 3}{3!}\frac{1}{2^6}-\frac{1\cdot 3\cdot 5}{4!}\frac{1}{2^8}-\cdots\right)$$

取前四项的和作为近似值，其差(称截断误差)为
$$|r_4|=2\left(\frac{1\cdot 3\cdot 5}{4!}\frac{1}{2^8}+\frac{1\cdot 3\cdot 5\cdot 7}{5!}\frac{1}{2^{10}}+\cdots\right)$$
$$<2\frac{1\cdot 3\cdot 5}{4!}\frac{1}{2^8}\left(1+\frac{1}{2}+\left(\frac{1}{2}\right)^2+\left(\frac{1}{2}\right)^3+\cdots\right)=\frac{5}{2^{10}}\cdot 2=\frac{5}{2^9}\approx 0.0098$$

于是，近似值为

$$\sqrt{2}\approx 2\left(1-\frac{1}{2^2}-\frac{1}{2!}\frac{1}{2^4}-\frac{1\cdot 3}{3!}\frac{1}{2^6}\right)\approx 1.4219.$$

由“四舍五入”引起的误差叫作舍入误差. 计算时取五位小数，四舍五入后误差不会超过小数点后四位.

本题如果用下面做法，展开的级数收敛很快，同样取前四项计算，误差很小.

$$\begin{aligned}\sqrt{2}&=1.4\times\left(1-\frac{1}{50}\right)^{-\frac{1}{2}}\\&=1.4\times\left[1+\frac{1}{2}\cdot\frac{1}{50}+\frac{3}{8}\cdot\frac{1}{50^2}+\frac{5}{16}\cdot\frac{1}{50^3}+\frac{35}{128}\cdot\frac{1}{50^4}+\cdots\right]\end{aligned}$$

取前四项来做计算， 则

$$\sqrt{2}\approx 1.4\times\left[1+\frac{1}{2}\cdot\frac{1}{50}+\frac{3}{8}\cdot\frac{1}{50^2}+\frac{5}{16}\cdot\frac{1}{50^3}\right]\approx 1.4142$$

前四项的截断误差

$$\begin{aligned}r_4&<1.4\times\frac{35}{128}\times\left(\frac{1}{50^4}+\frac{1}{50^5}+\cdots\right)\\&=1.4\times\frac{35}{128}\times\frac{1}{50^4}\times\left(1+\frac{1}{50}+\frac{1}{50^2}+\cdots\right)\\&=1.4\times\frac{35}{128}\times\frac{1}{50^4}\times\frac{50}{49}=\frac{1.4\times 35}{128\times 50^3\times 49}=\frac{1}{128\times 50^3}\approx 6.25\times 10^{-8}\end{aligned}$$

例 12.4.5 计算 $\ln 2$ 的近似值(精确到小数点后第 4 位).

解 将展开式

$$\ln(1+x)=x-\frac{x^2}{2}+\frac{x^3}{3}-\frac{x^4}{4}+\cdots+(-1)^{n-1}\frac{x^n}{n}+\cdots\quad(-1<x\leqslant 1)$$

中的 x 换成 $-x$，得

$$\ln(1-x)=-x-\frac{x^2}{2}-\frac{x^3}{3}-\frac{x^4}{4}-\cdots-\frac{x^n}{n}-\cdots\quad(-1\leqslant x<1),$$

两式相减，得到不含有偶次幂的展开式

$$\ln\frac{1+x}{1-x}=2\left(\frac{x}{1}+\frac{x^3}{3}+\frac{x^5}{5}+\frac{x^7}{7}\cdots\right)\qquad(-1<x<1)$$

令 $\frac{1+x}{1-x}=2$，解出 $x=\frac{1}{3}$. 以 $x=\frac{1}{3}$ 代入，得

$$\ln 2=2\left(\frac{1}{1}\cdot\frac{1}{3}+\frac{1}{3}\cdot\frac{1}{3^3}+\frac{1}{5}\cdot\frac{1}{3^5}+\frac{1}{7}\cdot\frac{1}{3^7}+\cdots\right)$$

若取前四项作为 ln2 的近似值，则误差为

$$|r_4| = 2\left(\frac{1}{9}\times\frac{1}{3^9}+\frac{1}{11}\times\frac{1}{3^{11}}+\frac{1}{13}\times\frac{1}{3^{13}}+\cdots\right)$$

$$<\frac{2}{3^{11}}\left[1+\frac{1}{9}+\left(\frac{1}{9}\right)^2+\cdots\right]$$

$$=\frac{2}{3^{11}}\times\frac{1}{1-\frac{1}{9}}=\frac{1}{4\times 3^9}<\frac{1}{70000}<0.0001$$

于是取 $\ln 2\approx 2\left(\frac{1}{1}\cdot\frac{1}{3}+\frac{1}{3}\cdot\frac{1}{3^3}+\frac{1}{5}\cdot\frac{1}{3^5}+\frac{1}{7}\cdot\frac{1}{3^7}\right)\approx 0.6931$.

例 12.4.6 利用$\sin x$求$\sin 12^\circ$的近似值(精确到小数点后第 6 位).

解 由于展开式

$$\sin x = x-\frac{x^3}{3!}+\frac{x^5}{5!}-\cdots+(-1)^{n-1}\frac{x^{2n-1}}{(2n-1)!}+\cdots \quad (-\infty<x<+\infty)$$

是交错级数，取前n项部分和做近似估计，误差

$$|R_n(x)|\leqslant\left|\frac{x^{2n+1}}{(2n+1)!}\right|=\frac{|x|^{2n+1}}{(2n+1)!} \quad (-\infty<x<+\infty)$$

$x=12^\circ=12\times\frac{\pi}{180}=\frac{\pi}{15}$，取前三项能满足精度要求，于是

$$\sin 12^\circ=\sin\frac{\pi}{15}\approx\frac{\pi}{15}-\frac{1}{3!}\left(\frac{\pi}{15}\right)^3+\frac{1}{5!}\left(\frac{\pi}{15}\right)^5$$

$$\approx 0.20943951-\frac{1}{6}(0.20943951)^3+\frac{1}{120}(0.20943951)^5\approx 0.20791170$$

精确到六位小数，$\sin 12^\circ\approx 0.207912$.

例 12.4.7 计算定积分$I=\int_0^1\frac{\sin x}{x}\mathrm{d}x$的近似值，精确到 0.0001.

解 因$\lim\limits_{x\to 0}\frac{\sin x}{x}=1$，所给积分不是广义积分，若定义函数在$x=0$处的值为 1，则它在区间$[0,1]$上连续. 由 12.3 节知，被积函数的展开时为

$$\frac{\sin x}{x}=1-\frac{x^2}{3!}+\frac{x^4}{5!}-\cdots+(-1)^{n-1}\frac{x^{2(n-1)}}{(2n-1)!}+\cdots \quad (-\infty<x<\infty)$$

在区间$[0,1]$上逐项积分，得

$$\int_0^1\frac{\sin x}{x}\mathrm{d}x=1-\frac{1}{3\cdot 3!}+\frac{1}{5\cdot 5!}-\frac{1}{7\cdot 7!}+\cdots+(-1)^{n-1}\frac{1}{(2n-1)\cdot(2n-1)!}+\cdots$$

这是交错级数，因为第四项$\frac{1}{7\cdot 7!}=\frac{1}{35280}<2.9\times 10^{-5}$，所以取前三项的和作为积分的近似值就能满足精度要求.

$$I\approx 1-\frac{1}{3\cdot 3!}+\frac{1}{5\cdot 5!}\approx 0.9461$$

例 12.4.8 在爱因斯坦(Einstein)的狭义相对论中，速度为v的运动物体的质量为

$$m=\frac{m_0}{\sqrt{1-v^2/c^2}}$$

其中m_0为静止物体的质量，c为光速．物体的动能是它的总动能与它的静止能量之差：

$$K=mc^2-m_0c^2 .$$

(1) 证明在v与c相比很小时，关于K的表达式就是经典牛顿物理学中的动能公式

$$K=\frac{1}{2}m_0v^2 ;$$

(2) 估计$|v|\leqslant 100\text{m/s}$时，这两个动能公式的差别．

解 (1) $K=mc^2-m_0c^2=m_0c^2\left[\left(1-\dfrac{v^2}{c^2}\right)^{-\frac{1}{2}}-1\right]$，记$x=-\dfrac{v^2}{c^2}$，展开成泰勒级数，有

$$K=m_0c^2\left[\left(1+\frac{1}{2}\cdot\frac{v^2}{c^2}+\frac{3}{8}\cdot\frac{v^4}{c^4}+\frac{5}{16}\cdot\frac{v^6}{c^6}+\cdots\right)-1\right]$$

$$=m_0c^2\left(\frac{1}{2}\cdot\frac{v^2}{c^2}+\frac{3}{8}\cdot\frac{v^4}{c^4}+\frac{5}{16}\cdot\frac{v^6}{c^6}+\cdots\right)$$

当$\dfrac{v}{c}$很小时，$K\approx m_0c^2\cdot\dfrac{1}{2}\cdot\dfrac{v^2}{c^2}=\dfrac{1}{2}m_0v^2$．

(2) 由解(1)可见，泰勒公式中一阶余项为

$$\left(x=-\frac{v^2}{c^2}\right)r_1(x)=\frac{f''(\theta x)}{2!}x^2=\frac{3m_0c^2}{8(1+\theta x)^{\frac{5}{2}}}x^2\leqslant\frac{3m_0c^2}{8(1+x)^{\frac{5}{2}}}x^2=\frac{3m_0cv^4}{8(c^2-v^2)^{\frac{5}{2}}}\ (0<\theta<1).$$

因为$c=3\times10^8\text{m/s}$，$|v|\leqslant 100\text{m/s}$，则

$$r_1(x)\leqslant\frac{3m_0c^2}{8(1-x)^{\frac{5}{2}}}x^2=\frac{3m_0cv^4}{8(c^2+v^2)^{\frac{5}{2}}}\leqslant\frac{3m_0\times100^4\times(3\times10^8)^3}{8[(3\times10^8)^2-(100)^2]^{\frac{5}{2}}}<(4.7\times10^{-10})m_0 .$$

可见，误差极小，说明两个公式极为接近．

习题

1. 将下列函数展开成x的幂级数，并指出其收敛区间．

(1) $f(x)=\dfrac{1}{3-x}$；　　(2) $f(x)=x\mathrm{e}^{-x}$；

(3) $f(x)=\cos^2 x$；　　(4) $f(x)=\arcsin x$．

2. 将函数$f(x)=\dfrac{1}{x^2+3x+2}$展开成$(x+4)$的幂级数．

3. 利用函数的幂级数展开式求下列各函数的近似值．

(1) $\ln 3$ (误差不超过0.0001)；

(2) $\cos 2^\circ$ (误差不超过0.0001)．

4. 利用函数的幂级数展开式求下列定积分的近似值.

(1) $\int_0^{0.5}\frac{1}{1+x^4}\mathrm{d}x$ (误差不超过0.0001)；

(2) $\int_0^{0.5}\frac{\arctan x}{x}\mathrm{d}x$ (误差不超过0.0001).

12.5　傅里叶级数

实例1　振动问题

一根弹簧受力后产生振动，如不考虑各种阻尼，其振动方程为$y=A\sin(\omega t+\varphi)$，其中$A$为振幅，$\omega$为频率，$\varphi$为初相，$t$为时间，称为简谐振动.人们对它已有充分的认识.如果遇到复杂的振动，能否把它分解为一系列简谐振动的叠加，从而由简谐振动去认识复杂的振动呢?

实例2　正弦波问题

在电子线路中，对一个周期性的脉冲$f(t)$，能否把它分解为一系列正弦波的叠加，从而由正弦波去认识脉冲$f(t)$呢?

实际上科学技术中其他一些周期运动也有类似的问题，这些问题的解决都要用到一类重要的函数项级数——傅里叶级数.

为了研究傅里叶级数，我们先来认识下面一个概念——三角级数. 它在数学与工程技术中有着广泛的应用. 三角级数的一般形式是

$$\frac{a_0}{2}+\sum_{n=1}^{\infty}(a_n\cos nx+b_n\sin nx),$$

其中a_0,a_n,b_n ($n=1,2,\cdots$)都是常数，称为三角级数的系数. 特别地，当$a_n=0$ ($n=0,1,2,\cdots$)时，级数只含正弦项，称为正弦级数；当$b_n=0$ ($n=1,2,\cdots$)时，级数只含常数项和余弦项，称为余弦级数. 对于三角级数，我们讨论它的收敛性以及如何把一个周期为$2l$的周期函数展开为三角级数的问题.

12.5.1　以2π为周期的函数展开成傅里叶级数

1. 三角函数系

函数列

$$1,\ \cos x,\ \sin x,\ \cos 2x,\ \sin 2x,\ \cdots,\ \cos nx,\ \sin nx,\ \cdots \tag{12.5.1}$$

称作三角函数系. 三角函数系(12.5.1)有下列重要性质.

定理 12.5.1(三角函数系的正交性)　三角函数系(12.5.1)中任意两个不同函数的乘积在[−π，π]上的积分等于0，而任意两个相同函数之积在[−π，π]上的积分不等于0，即

$$\int_{-\pi}^{\pi}\cos nx\mathrm{d}x=0 \qquad (n=1,2,3,\cdots)$$

$$\int_{-\pi}^{\pi}\sin nx\mathrm{d}x=0 \quad (n=1,2,3,\cdots)$$

$$\int_{-\pi}^{\pi}\sin kx\cos nx\mathrm{d}x=0 \quad (k,n=1,2,3,\cdots)$$

$$\int_{-\pi}^{\pi}\cos kx\cos nx\mathrm{d}x=0 \quad (k,n=1,2,3,\cdots,k\neq n)$$

$$\int_{-\pi}^{\pi}\sin kx\sin nx\mathrm{d}x=0 \quad (k,n=1,2,3,\cdots,k\neq n)$$

$$\int_{-\pi}^{\pi}1\mathrm{d}x=2\pi$$

$$\int_{-\pi}^{\pi}\cos kx\cos nx\mathrm{d}x=0 \quad (k,n=1,2,3,\cdots,k\neq n)$$

$$\int_{-\pi}^{\pi}\cos^2 nx\mathrm{d}x=\pi \quad (n=1,2,3,\cdots)$$

这个定理的证明很容易，只要通过积分的计算即可验证，请读者自己进行.

设两个函数φ和ψ在$[a,b]$上可积，且满足

$$\int_a^b\varphi(x)\psi(x)\mathrm{d}x=0\text{，}$$

则称函数φ和ψ在$[a,b]$上正交．由定理 12.5.1，三角函数系(12.5.1)在$[-\pi,\pi]$上具有正交性，称为正交函数系.

2. 周期为 2π的函数的傅里叶级数

设函数$f(x)$是周期为 2π的周期函数，且能展开成三角级数，即设

$$f(x)=\frac{a_0}{2}+\sum_{n=1}^{\infty}(a_n\cos nx+b_n\sin nx)\text{．} \tag{12.5.2}$$

为了求出式(12.5.2)中的系数，假设式(12.5.2)可逐项积分，把它从−π到π逐项积分，得

$$\int_{-\pi}^{\pi}f(x)\,\mathrm{d}x=\int_{-\pi}^{\pi}\frac{a_0}{2}\mathrm{d}x+\sum_{k=1}^{\infty}\left(a_n\int_{-\pi}^{\pi}\cos nx\mathrm{d}x+b_n\int_{-\pi}^{\pi}\sin nx\mathrm{d}x\right),$$

由三角函数系的正交性知，上式右端除第一项外均为 0，所以

$$\int_{-\pi}^{\pi}f(x)\,\mathrm{d}x=\int_{-\pi}^{\pi}\frac{a_0}{2}\mathrm{d}x=a_0\pi,$$

于是得

$$a_0=\frac{1}{\pi}\int_{-\pi}^{\pi}f(x)\,\mathrm{d}x,$$

为求 $a_n(n=1,2,\cdots)$，先用 $\cos kx$ 乘以式(12.5.2)两端，再从−π到π逐项积分，得

$$\int_{-\pi}^{\pi}f(x)\cos kx\mathrm{d}x=\int_{-\pi}^{\pi}\frac{a_0}{2}\cos kx\mathrm{d}x+\sum_{k=1}^{\infty}\left(a_n\int_{-\pi}^{\pi}\cos nx\cos kx\mathrm{d}x+b_n\int_{-\pi}^{\pi}\sin nx\cos kx\mathrm{d}x\right).$$

由三角函数系正交性知，上式右端除 $k=n$ 的一项外其余各项均为 0，所以

$$\int_{-\pi}^{\pi}f(x)\cos nx\mathrm{d}x=a_n\int_{-\pi}^{\pi}\cos^2 nx\mathrm{d}x=a_n\pi,$$

于是得

$$a_n=\frac{1}{\pi}\int_{-\pi}^{\pi}f(x)\cos nx\mathrm{d}x \quad (n=1,2,3,\cdots)\text{．}$$

类似地，为求 $b_n(n=1,2,\cdots)$，用 $\sin kx$ 乘以式(12.5.2)两端，再从−π到π逐项积分，得

$$b_n=\frac{1}{\pi}\int_{-\pi}^{\pi}f(x)\sin nx\mathrm{d}x\quad(n=1,2,3,\cdots).$$

定义 12.5.1　由公式

$$\begin{cases}a_n=\dfrac{1}{\pi}\displaystyle\int_{-\pi}^{\pi}f(x)\cos nx\mathrm{d}x & (n=0,1,2,3,\cdots)\\ b_n=\dfrac{1}{\pi}\displaystyle\int_{-\pi}^{\pi}f(x)\sin nx\mathrm{d}x & (n=1,2,3,\cdots)\end{cases}\tag{12.5.3}$$

确定的系数 a_0，a_1，b_1，⋯ 称为函数 $f(x)$的傅里叶系数．由函数 $f(x)$的傅里叶系数所确定的三角级数

$$\frac{a_0}{2}+\sum_{n=1}^{\infty}(a_n\cos nx+b_n\sin nx)$$

称为函数 $f(x)$傅里叶级数．

显然，当 $f(x)$为奇函数时，式(12.5.3)中的 $a_n=0$ $(n=0, 1, 2, 3,\cdots)$；当 $f(x)$为偶函数时，式(12.5.3)中的 $b_n=0$ $(n=1, 2, 3,\cdots)$，所以有：

(1) 当 $f(x)$是周期为 2π的奇函数时，其傅里叶级数为正弦级数 $\sum\limits_{n=1}^{\infty}b_n\sin nx$，其中

$$b_n=\frac{2}{\pi}\int_{-\pi}^{\pi}f(x)\sin nx\mathrm{d}x\quad(n=1,2,3,\cdots)；$$

(2) 当 $f(x)$ 是周期为 2π的偶函数时，其傅里叶级数为余弦级数 $\dfrac{a_0}{2}+\sum\limits_{n=1}^{\infty}a_n\cos nx$，其中

$$a_n=\frac{2}{\pi}\int_{-\pi}^{\pi}f(x)\cos nx\mathrm{d}x\quad(n=1,2,3,\cdots).$$

3. 傅里叶级数的收敛性

对于给定的函数 $f(x)$，只要 $f(x)$ 能使式(12.5.3)的积分可积，就可以计算出 $f(x)$ 的傅里叶系数，从而得到 $f(x)$ 的傅里叶级数．但是这个傅里叶级数不一定收敛，即使收敛也不一定收敛于 $f(x)$．为了确保得出的傅里叶级数收敛于 $f(x)$，还需给 $f(x)$ 附加一些条件．对此有下面的定理．

例 12.5.1　如图 12.5.1 所示，一矩形波的表达式为

$$f(x)=\begin{cases}-1 & (2k-1)\pi\leqslant x<2k\pi\\ 1 & 2k\pi\leqslant x<(2k+1)\pi\end{cases}，k\text{ 为整数}.$$

求函数 $f(x)$ 的傅里叶级数展开式．

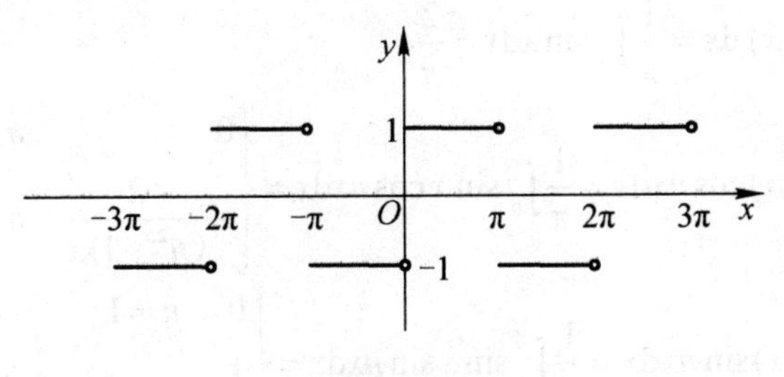

图 12.5.1

解　函数 $f(x)$ 除点 $x=k\pi$ (k 为整数)外处处连续，由收敛定理知，在连续点($x\neq k\pi$)

处，$f(x)$的傅里叶级数收敛于$f(x)$．在不连续点($x=k\pi$)处，级数收敛于$\frac{1+(-1)}{2}=0$．又因$f(x)$是周期为2π的奇函数，因此，函数$f(x)$的傅里叶系数为

$$a_n=0 \quad (n=0,1,2,3,\cdots),$$

$$b_n=\frac{2}{\pi}\int_0^{\pi}f(x)\sin nx\mathrm{d}x=\frac{2}{\pi}\int_0^{\pi}1\cdot\sin nx\mathrm{d}x=\begin{cases}\frac{4}{n\pi} & n\text{为奇数}\\ 0 & n\text{为偶数}\end{cases}.$$

所以$f(x)$的傅里叶展开式为

$$f(x)=\frac{4}{\pi}\left(\sin x+\frac{\sin 3x}{3}+\frac{\sin 5x}{5}+\cdots+\frac{\sin(2k-1)x}{2k-1}+\cdots\right) \quad (x\neq k\pi，k\text{为整整}).$$

该例中$f(x)$的展开式说明：如果把$f(x)$理解为矩形波的波函数，则矩形波可看作是由一系列不同频率的正弦波叠加而成．

定理 12.5.2(收敛定理) 设$f(x)$是以2π为周期的周期函数，且在一个周期$[-\pi, \pi]$上满足狄利克雷条件：(1) 连续或仅有有限个第一类间断点；(2) 至多只有有限个极值点，则$f(x)$的傅里叶级数收敛，且

(1) 当x是$f(x)$的连续点时，级数收敛于$f(x)$；

(2) 当x是$f(x)$的间断点时，级数收敛于$\frac{1}{2}[f(x-0)+f(x+0)]$．

例 12.5.2 正弦交流电$i(x)=\sin x$经二极管整流后变为(见图 12.5.2)

$$f(x)=\begin{cases}0 & (2k-1)\pi\leqslant x<2k\pi\\ \sin x & 2k\pi\leqslant x<(2k+1)\pi\end{cases},$$

其中k为整数．把函数$f(x)$展开为傅里叶级数．

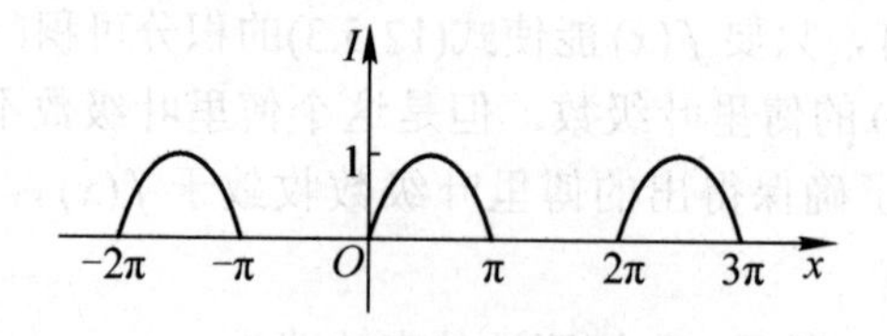

图 12.5.2

解 函数$f(x)$满足收敛定理的条件，且在整个数轴上连续，因此$f(x)$的傅里叶级数处处收敛于$f(x)$．函数$f(x)$的傅里叶系数为

$$a_0=\frac{1}{\pi}\int_{-\pi}^{\pi}f(x)\,\mathrm{d}x=\frac{1}{\pi}\int_0^{\pi}\sin x\mathrm{d}x=\frac{2}{\pi},$$

$$a_n=\frac{1}{\pi}\int_{-\pi}^{\pi}f(x)\cos nx\mathrm{d}x=\frac{1}{\pi}\int_0^{\pi}\sin x\cos nx\mathrm{d}x=\begin{cases}0 & n\text{为奇数}\\ -\frac{2}{(n^2-1)\pi} & n\text{为偶数}\end{cases},$$

$$b_n=\frac{1}{\pi}\int_{-\pi}^{\pi}f(x)\sin nx\mathrm{d}x=\frac{1}{\pi}\int_0^{\pi}\sin x\sin nx\mathrm{d}x=\begin{cases}0 & n\neq 1\\ \frac{1}{2} & n=1\end{cases}.$$

所以 $f(x)$ 的傅里叶展开式为

$$f(x)=\frac{1}{\pi}+\frac{1}{2}\sin x-\frac{2}{\pi}\left(\frac{\cos 2x}{3}+\frac{\cos 4x}{15}+\frac{\cos 6x}{35}+\cdots+\frac{\cos 2kx}{4k^2-1}+\cdots\right),\quad (-\infty<x<+\infty).$$

4. $[-\pi,\pi]$ 或 $[0,\pi]$ 上的函数展开成傅里叶级数

在实际应用中，经常会遇到函数 $f(x)$ 只在 $[-\pi,\pi]$ 上有定义，或虽在 $[-\pi,\pi]$ 外也有定义但不是周期函数，而且函数 $f(x)$ 在 $[-\pi,\pi]$ 上满足收敛定理的条件，要求把其展开为傅里叶级数．由于求 $f(x)$ 的傅里叶系数只用到 $f(x)$ 在 $[-\pi,\pi]$ 上的部分，所以我们仍可用式(12.5.3)求 $f(x)$ 的傅里叶系数，至少 $f(x)$ 在 $(-\pi,\pi)$ 内的连续点处傅里叶级数是收敛于 $f(x)$ 的，而在 $x=\pm\pi$ 处，级数收敛于 $\frac{1}{2}[f(\pi-0)+f(-\pi+0)]$．

类似地，如果 $f(x)$ 只在 $[0,\pi]$ 上有定义且满足收敛定理条件，要得到 $f(x)$ 在 $[0,\pi]$ 上的傅里叶级数展开式，可以任意补充 $f(x)$ 在 $[-\pi,0]$ 上的定义(只要式(12.5.3)中的积分可积)，称为函数的延拓，常用的两种延拓办法是把 $f(x)$ 延拓成偶函数或奇函数(称为奇延拓或偶延拓)，然后将奇延拓或偶延拓后的函数展开成傅里叶级数，再限制 x 在 $[0,\pi]$ 上，此时延拓后的函数 $F(x)\equiv f(x)$，这个级数必定是正弦级数或余弦级数，这一展开式至少在 $(0,\pi)$ 内的连续点处是收敛于 $f(x)$ 的．这样做的好处是可以把 $f(x)$ 展开成正弦级数或余弦级数．

例 12.5.3　将函数 $f(x)=x,\ x\in[0,\pi]$ 分别展开成正弦级数和余弦级数．

解　为了把 $f(x)$ 展开成正弦级数，先把 $f(x)$ 延拓为奇函数 $F(x)=x,\ x\in[-\pi,\pi]$，如图 12.5.3 所示，则

$$b_n=\frac{2}{\pi}\int_0^{\pi}F(x)\sin nx\mathrm{d}x=\frac{2}{\pi}\int_0^{\pi}x\cdot\sin nx\mathrm{d}x=(-1)^{n+1}\frac{2}{n}.$$

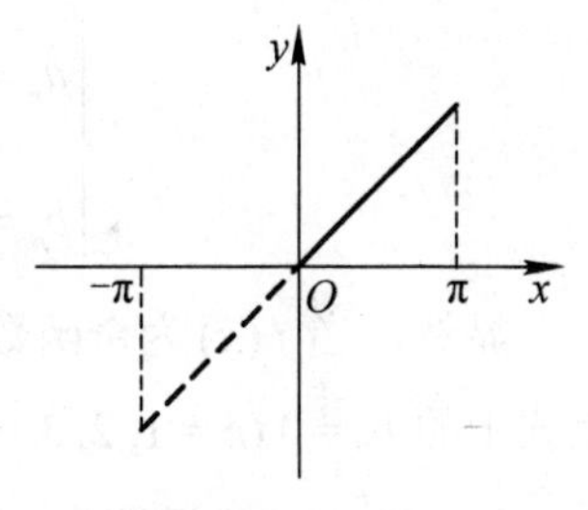

图 12.5.3

由此得 $F(x)$ 在 $(-\pi,\pi)$ 上的展开式，也即 $f(x)$ 在 $[0,\pi)$ 上的展开式为

$$x=2\left(\sin x-\frac{\sin 2x}{2}+\frac{\sin 3x}{3}-\cdots+(-1)^{n+1}\frac{\sin nx}{n}+\cdots\right)\quad(0\leqslant x<\pi).$$

在 $x=\pi$ 处，上述正弦级数收敛于

$$\frac{1}{2}[f(-\pi+0)+f(\pi-0)]=\frac{1}{2}(-\pi+\pi)=0.$$

为了把 $f(x)$ 展开成余弦级数，把 $f(x)$ 延拓为偶函数 $F(x)=|x|,\ x\in[-\pi,\pi]$，如图 12.5.4 所示，则

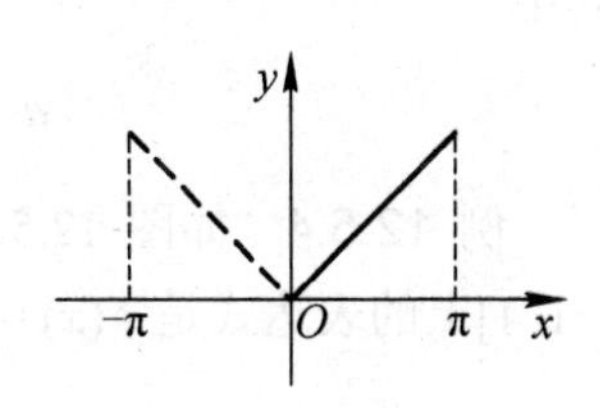

图 12.5.4

$$a_0=\frac{2}{\pi}\int_0^{\pi}F(x)\,\mathrm{d}x=\frac{2}{\pi}\int_0^{\pi}x\mathrm{d}x=\pi,$$

$$a_n=\frac{2}{\pi}\int_0^{\pi}F(x)\cos nx\mathrm{d}x=\frac{2}{\pi}\int_0^{\pi}x\cos nx\mathrm{d}x$$

$$=\begin{cases}\dfrac{-4}{n^2\pi}, & n\text{为奇数时}\\ 0, & n\text{ 为偶数时}\end{cases}$$

于是得到 $f(x)$ 在$[0, \pi]$上的余弦级数展开式为

$$x=\frac{\pi}{2}-\frac{4}{\pi}\left(\cos x+\frac{\cos 3x}{3^2}+\frac{\cos 5x}{5^2}+\cdots+\frac{\cos(2k-1)x}{(2k-1)^2}+\cdots\right)\quad(0\leqslant x\leqslant\pi)$$

由此例可见，$f(x)$在$[0, \pi]$上的傅里叶级数展开式不是唯一的.

12.5.2 以 2l 为周期的函数展开成傅里叶级数

设 $f(x)$ 是以 $2l$ 为周期的周期函数，且在$[-l, l]$上满足收敛定理的条件，作代换 $x=\frac{l}{\pi}t$，即 $t=\frac{\pi}{l}x$，$f(x)=f\left(\frac{l}{\pi}t\right)=F(t)$，则 $F(t)$是以 2π为周期的函数，且在$[-\pi, \pi]$上满足收敛定理的条件. 于是可用前面的办法得到 $F(t)$的傅里叶级数展开式

$$F(t)=\frac{a_0}{2}+\sum_{n=1}^{\infty}(a_n\cos nt+b_n\sin nt),$$

然后再把 t 换回 x，就得到 $f(x)$ 的傅里叶级数展开式

$$f(x)=\frac{a_0}{2}+\sum_{n=1}^{\infty}\left(a_n\cos\frac{n\pi}{l}x+b_n\sin\frac{n\pi}{l}x\right),$$

其中傅里叶系数为

$$\begin{cases}a_n=\dfrac{1}{l}\displaystyle\int_{-l}^{l}f(x)\cos\frac{n\pi x}{l}\mathrm{d}x & (n=0,1,2,3,\cdots)\\ b_n=\dfrac{1}{l}\displaystyle\int_{-l}^{l}f(x)\sin\frac{n\pi x}{l}\mathrm{d}x & (n=1,2,3,\cdots)\end{cases}.$$

显然，当 $f(x)$ 为奇函数时，上式中的 $a_n=0\ (n=0, 1, 2, 3,\cdots)$；当 $f(x)$ 为偶函数时，上式中的 $b_n=0\ (n=1, 2, 3,\cdots)$，所以有：

(1) 当 $f(x)$ 是周期为 $2l$ 的奇函数时，其傅里叶级数为正弦级数 $\sum\limits_{n=1}^{\infty}b_n\sin\frac{n\pi x}{l}$，其中

$$b_n=\frac{1}{l}\int_{-l}^{l}f(x)\sin\frac{n\pi x}{l}\mathrm{d}x\quad(n=1,2,3,\cdots).$$

(2) 当 $f(x)$ 是周期为 $2l$ 的偶函数时，其傅里叶级数为余弦级数 $\frac{a_0}{2}+\sum\limits_{n=1}^{\infty}a_n\cos\frac{n\pi x}{l}$，其中

$$a_n=\frac{1}{l}\int_{-l}^{l}f(x)\cos\frac{n\pi x}{l}\mathrm{d}x\quad(n=0,1,2,3,\cdots).$$

例 12.5.4 如图 12.5.5 所示的三角波的波形函数是以 2 为周期的周期函数 $f(x)$，在$[-1, 1]$上的表达式是 $f(x)=|x|$，$|x|\leqslant 1$，求 $f(x)$ 的傅里叶展开式.

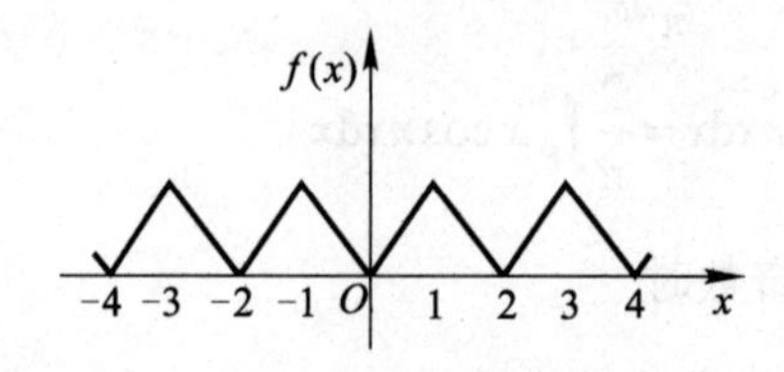

图 12.5.5

解　作变换 $x=\dfrac{1}{\pi}t$，则得 $F(t)$在$[-\pi,\pi]$上的表达式为

$$F(t)=\left|\frac{1}{\pi}t\right|=\frac{1}{\pi}|t|,\ |t|\leqslant\pi .$$

因 $f(x)$ 是周期为 2 的偶函数，满足收敛定理的条件，可利用例 12.5.3 的后半部分直接写出系数

$$b_n=0,(n=1,2,3\cdots),\quad a_0=1,\ a_n=\begin{cases}\dfrac{-4}{n^2\pi^2} & n\text{为奇数时}\\ 0 & n\text{为偶数时}\end{cases}.$$

于是得

$$f(x)=\frac{1}{2}-\frac{4}{\pi^2}\left(\cos\pi x+\frac{\cos 3\pi x}{3^2}+\frac{\cos 5\pi x}{5^2}+\cdots\right)\quad(-\infty<x<+\infty).$$

依照例 12.5.3 的作法，也可以把$[0,l]$上的函数 $f(x)$ 展开成正弦级数或余弦级数.

习题

1. 设 $f(x)$是以 2π为周期的函数，在$[-\pi,\pi]$上的表达式如下：

$$f(x)=\begin{cases}0, & -\pi\leqslant x<0\\ x, & 0\leqslant x<\pi\end{cases}$$

试将 $f(x)$展开成傅里叶级数.

2. 设 $f(x)$以 2π为周期的函数，并且 $f(x)=x^2(-\pi\leqslant x\leqslant\pi)$，将 $f(x)$展开成傅里叶级数，并用此级数求常数项级数 $\sum\limits_{n=1}^{\infty}\dfrac{1}{n^2}$ 的和.

3. 在$(0,\pi)$内将函数 $f(x)=1$ 展开成正弦级数.

4. 设 $f(x)$是周期函数，试将 $f(x)$展开成傅里叶级数，$f(x)$在一个周期内的表达式为

$$f(x)=\begin{cases}x & -1\leqslant x<0\\ x+1 & 0\leqslant x<1\end{cases}.$$

5. 将函数 $f(x)=\begin{cases}0, & 0\leqslant x<\dfrac{1}{2}\\ 1, & \dfrac{1}{2}\leqslant x\leqslant 1\end{cases}$ 分别展开成正弦级数和余弦级数.

总　习　题

一、填空题

1. 若 $\sum\limits_{n=1}^{\infty}u_n$ 收敛于 s，则 $\sum\limits_{n=2}^{\infty}u_n$ 收敛于________________.

2. 若 $\sum\limits_{n=1}^{\infty}u_n$ 收敛，$\sum\limits_{n=1}^{\infty}v_n$ 发散，则 $\sum\limits_{n=1}^{\infty}(u_n+v_n)$ 的敛散性是________________.

3. 级数$\sum_{n=1}^{\infty}\left(\frac{1}{2^n}+r^n\right)$，当$r$取________________时收敛.

4. 当p满足________________时，级数$\sum_{n=1}^{\infty}(-1)^n\frac{1}{n^p}$条件收敛.

5. 幂级数$\sum_{n=1}^{\infty}(-1)^{n-1}\frac{(x-1)^n}{3n}$的收敛区间是________________.

二、判断题

1. 若$\lim_{n\to\infty}u_n\neq 0$或不存在，则$\sum_{n=1}^{\infty}u_n$发散.　　(　　)

2. $\sum_{n=1}^{\infty}|u_n|$发散，则$\sum_{n=1}^{\infty}u_n$发散.　　(　　)

3. 正项级数$\sum_{n=1}^{\infty}u_n$收敛，则级数$\sum_{n=1}^{\infty}(-1)^n u_n$一定收敛.　　(　　)

4. 级数$\sum_{n=1}^{\infty}\frac{a^n}{n}$绝对收敛的充分条件是$|a|<1$.　　(　　)

5. 函数的幂级数展开式一定是此函数的泰勒级数.　　(　　)

三、选择题

1. 当(　　)时无穷级数$\sum_{n=1}^{\infty}(-1)^n u_n(u_n>0)$收敛.

A. $u_{n+1}\leqslant u_n(n=1,2,\cdots)$　　B. $\lim_{n\to\infty}u_n=0$

C. $u_{n+1}\geqslant u_n(n=1,2,\cdots)$且$\lim_{n\to\infty}u_n=0$　　D. $\sum_{n=1}^{\infty}u_n$收敛

2. 级数$\sum_{n=1}^{\infty}u_n$与$\sum_{n=1}^{\infty}v_n$满足$u_n\leqslant v_n(n=1,2,\cdots)$，则(　　).

A. $\sum_{n=1}^{\infty}v_n$收敛时，$\sum_{n=1}^{\infty}u_n$也收敛　　B. $\sum_{n=1}^{\infty}u_n$发散时，$\sum_{n=1}^{\infty}v_n$也发散

C. $\sum_{n=1}^{\infty}v_n$收敛时，$\sum_{n=1}^{\infty}u_n$未必收敛　　D. $\sum_{n=1}^{\infty}u_n$发散时，$\sum_{n=1}^{\infty}v_n$未必发散

3. 当(　　)时，级数$\sum_{n=1}^{\infty}\frac{a}{q^n}$收敛($a$为常数).

A. $q<1$　　B. $|q|<1$　　C. $q<-1$　　D. $|q|>1$

4. 级数$\sum_{n=1}^{\infty}(-1)^{n-1}\frac{1}{3^n}$是(　　).

A. 交错级数　　B. 等比级数　　C. 条件收敛　　D. 绝对收敛

5. 下列级数绝对收敛的有(　　).

A. $\sum_{n=1}^{\infty}(-1)^{n-1}\frac{1}{n}$　　B. $\sum_{n=1}^{\infty}(-1)^{n-1}\frac{n}{2n-1}$

C. $\sum_{n=1}^{\infty}(-1)^{n-1}\frac{1}{3^n}$　　D. $\sum_{n=1}^{\infty}(-1)^{n-1}\frac{1}{n^2}$

6. 幂级数$\sum_{n=1}^{\infty}\frac{x^n}{n}$的收敛区域是(　　).

A. $[-1,1]$　　B. $[-1,1)$　　C. $(-1,1)$　　D. $(-1,1]$

四、综合题

1. 判断下列级数的敛散性.

(1) $1+\frac{2}{3}+\frac{2^2}{3\cdot5}+\frac{2^3}{3\cdot5\cdot7}+\frac{2^4}{3\cdot5\cdot7\cdot9}+\cdots+\frac{2^{n-1}}{3\cdot5\cdot7\cdots(2n-1)}+\cdots$;

(2) $\frac{2}{1\cdot3}+\frac{2^2}{3\cdot3^2}+\frac{2^3}{5\cdot3^3}+\frac{2^4}{7\cdot3^4}+\cdots$;

(3) $\sum_{n=1}^{\infty}\frac{1}{(2n+1)!}$;　　(4) $1-\frac{1}{2!}+\frac{1}{3!}-\frac{1}{4!}+\cdots$;

(5) $\frac{1}{\ln2}+\frac{1}{\ln5}+\frac{1}{\ln10}+\cdots$;　　(6) $\sum_{n=1}^{\infty}\frac{1}{n^2}\sin\frac{\pi}{3n}$.

2. 判断下列级数哪些是绝对收敛，哪些是条件收敛.

(1) $1-\frac{1}{3^2}+\frac{1}{5^2}-\frac{1}{7^2}+\frac{1}{9^2}-\cdots$;　　(2) $\sum_{n=1}^{\infty}\frac{(-1)^{n+1}}{\ln(n+1)}$;

(3) $\frac{1}{2}-\frac{3}{10}+\frac{1}{2^2}-\frac{3}{10^2}+\frac{1}{2^3}-\frac{3}{10^3}+\cdots$;

(4) $\frac{1}{\sqrt{2}-1}-\frac{1}{\sqrt{2}+1}+\frac{1}{\sqrt{3}-1}-\frac{1}{\sqrt{3}+1}+\frac{1}{\sqrt{4}-1}-\frac{1}{\sqrt{4}+1}+\cdots$;

3. 求下列级数的收敛域，并求和函数.

(1) $x-\frac{x^3}{3}+\frac{x^5}{5}-\frac{x^7}{7}+\cdots$;

(2) $2x+4x^3+6x^5+8x^7+\cdots$;

(3) $\sum_{n=1}^{\infty}n2^{n+1}x^n$.

4. 将下列函数展开为 x 的幂级数，并确定其收敛区间.

(1) $f(x)=\mathrm{e}^{-x^2}$;　　(2) $f(x)=\frac{1}{\sqrt{1-x^2}}$;　　(3) $f(x)=\frac{1}{3-x}$;

(4) $f(x)=a^x(a>0)$;　　(5) $f(x)=\sin\frac{x}{2}$.

5. 将函数$f(x)=\begin{cases}-\pi, & -\pi\leqslant x<0\\ 3x^2+1, & 0\leqslant x\leqslant\pi\end{cases}$展成以 2π 为周期的傅里叶级数.

6. 将函数 $f(x)=x^2$ 在 $(0, 2\pi)$ 上展成以 2π 为周期的傅里叶级数.

参 考 文 献

[1] 同济大学应用数学系．高等数学[M]．5 版．北京：高等教育出版社，2002．

[2] 祁忠斌等．高等数学[M]．北京：高等教育出版社，2010．

[3] 杨宏．高等数学[M]．上海：同济大学出版社，2011．

[4] 同济大学应用数学系陈传璋，等．数学分析[M]．2 版．北京：高等教育出版社，1983．

[5] 华东师范大学数学系．数学分析[M]．2 版．北京：高等教育出版社，2001．

[6] 陈纪修，等．数学分析[M]．2 版．北京：高等教育出版社，2004．

[7] 李忠，等．高等数学[M]．2 版．北京：北京大学出版社，2006．

[8] 盛祥耀，等．高等数学辅导[M]．3 版．北京：清华大学出版社，2006．